21 世纪高等学校数字媒体专业规划教材

Photoshop 图像处理技术及应用

刘　全　颜　彬　王义汉　主　编

胡瑞鹏　向　华　彭勇军　副主编

清华大学出版社

北　京

内 容 简 介

本书结合 Photoshop CS3 的实际用途，全面介绍了 Photoshop CS3 的功能，其内容涉及图像基础知识、Photoshop CS3 的基本操作，图片色彩和色调调整，选区的选取，绘画与修饰，文本的处理，图层、通道、滤镜的运用，动作的应用等。

本书内容安排循序渐进，讲解通俗易懂，操作步骤介绍清楚，使读者能够很容易上手，并逐渐成为具有很强动手能力和全面理论知识的 Photoshop 高手。

本书可作为高等学校图像处理课程本科教材或参考书，也可作为相关培训班的培训教材，还可作为 Photoshop CS3 爱好者和初学者的参考书。

图书在版编目（CIP）数据

Photoshop 图像处理技术及应用 / 刘全，颜彬，王义汉主编. —北京：清华大学出版社，2012.9
21 世纪高等学校数字媒体专业规划教材
ISBN 978-7-302-28816-9

Ⅰ. ①P… Ⅱ. ①刘… ②颜… ③王… Ⅲ. ①图像处理软件–高等学校–教材 Ⅳ. ①TP391.41

中国版本图书馆 CIP 数据核字（2012）第 103099 号

责任编辑：魏江江　王冰飞
封面设计：杨　兮
责任校对：白　蕾
责任印制：李红英

出版发行：清华大学出版社
　　　　网　　　址：http://www.tup.com.cn，http://www.wqbook.com
　　　　地　　　址：北京清华大学学研大厦 A 座　　　　邮　　编：100084
　　　　社 总 机：010-62770175　　　　　　　　　　邮　　购：010-62786544
　　　　投稿与读者服务：010-62776969，c-service@tup.tsinghua.edu.cn
　　　　质 量 反 馈：010-62772015，zhiliang@tup.tsinghua.edu.cn
　　　　课 件 下 载：http://www.tup.com.cn，010-62795954
印 刷 者：三河市君旺印装厂
装 订 者：三河市新茂装订有限公司
经　　销：全国新华书店
开　　本：185mm×260mm　　　印　张：22.75　　　字　数：537 千字
版　　次：2012 年 9 月第 1 版　　　　　　　　印　次：2012 年 9 月第 1 次印刷
印　　数：1～3000
定　　价：39.00 元

产品编号：036627-01

◀◀ 出 版 说 明

　　数字媒体专业作为一个朝阳专业，其当前和未来快速发展的主要原因是数字媒体产业对人才的需求增长。当前数字媒体产业中发展最快的是影视动画、网络动漫、网络游戏、数字视音频、远程教育资源、数字图书馆、数字博物馆等行业，它们的共同点之一是以数字媒体技术为支撑，为社会提供数字内容产品和服务，这些行业发展所遇到的最大瓶颈就是数字媒体专门人才的短缺。随着数字媒体产业的飞速发展，对数字媒体技术人才的需求将成倍增长，而且这一需求是长远的、不断增长的。

　　正是基于对国家社会、人才的需求分析和对数字媒体人才的能力结构分析，国内高校掀起了建设数字媒体专业的热潮，以承担为数字媒体产业培养合格人才的重任。教育部在2004 年将数字媒体技术专业批准设置在目录外新专业中（专业代码： 080628S），其培养目标是"培养德智体美全面发展的、面向当今信息化时代的、从事数字媒体开发与数字传播的专业人才。毕业生将兼具信息传播理论、数字媒体技术和设计管理能力，可在党政机关、新闻媒体、出版、商贸、教育、信息咨询及 IT 相关等领域，从事数字媒体开发、音视频数字化、网页设计与网站维护、多媒体设计制作、信息服务及数字媒体管理等工作"。

　　数字媒体专业是个跨学科的学术领域，在教学实践方面需要多学科的综合，需要在理论教学和实践教学模式与方法上进行探索。为了使数字媒体专业能够达到专业培养目标，为社会培养所急需的合格人才，我们和全国各高等院校的专家共同研讨数字媒体专业的教学方法和课程体系，并在进行大量研究工作的基础上，精心挖掘和遴选了一批在教学方面具有潜心研究并取得了富有特色、值得推广的教学成果的作者，把他们多年积累的教学经验编写成教材，为数字媒体专业的课程建设及教学起一个抛砖引玉的示范作用。

　　本系列教材注重学生的艺术素养的培养，以及理论与实践的相结合。为了保证出版质量，本系列教材中的每本书都经过编委会委员的精心筛选和严格评审，坚持宁缺毋滥的原则，力争把每本书都做成精品。同时，为了能够让更多、更好的教学成果应用于社会和各高等院校，我们热切期望在这方面有经验和成果的教师能够加入到本套丛书的编写队伍中，为数字媒体专业的发展和人才培养做出贡献。

21 世纪高等学校数字媒体专业规划教材
联系人：魏江江　weijj@tup.tsinghua.edu.cn

Photoshop 是 Adobe 公司推出的图像设计及处理软件，其以强大的功能受到广大用户的青睐，得到广泛的应用。Photoshop CS3 速度更快，功能更强大，操作更简便。

本书分为 10 章，全面介绍了 Photoshop CS3 的基本知识及操作，在内容上注重深入浅出、循序渐进。其中，第 1～2 章介绍了图像基础知识及图像基本操作，第 3～5 章介绍了选区、路径、绘图工具及图层的基本操作，第 6 章详细介绍了文字工具的使用，第 7 章介绍了通道和蒙版，第 8 章详细介绍了修饰工具与图像色彩，第 9～10 章介绍了滤镜、自动化等功能。

对于本书的编写，力求做到了以下几点：

（1）章节顺序安排合理，叙述文字通俗易懂，概念正确，条理清楚。

（2）实例丰富，操作步骤详细、明了。

（3）在实例安排上，充分考虑到实用性，达到即学即用的目的。

本书适合各个层次的 Photoshop 学习者，包括 Photoshop 的初学者、广大从事计算机平面设计的人员，同时也可作为普通高等院校、高职院校和培训学校的教学用书。

本书由江汉大学的刘全副教授、颜彬教授、王义汉副教授主编，参与编写工作的还有江汉大学的向华老师、武汉工业大学的胡瑞鹏老师、国防信息学院的彭勇军老师，最后由刘全副教授统编全书。

在本书的编写过程中，自始至终得到了江汉大学数学与计算机学院领导和清华大学出版社的重视与关心，在此表示衷心的感谢。

由于作者水平有限，加之编写时间仓促，书中难免有不足之处，恳请读者批评指正。

编 者

2012 年 5 月

VII

IX

1.1 图像处理的基本概念

在利用 Photoshop CS3 对图像进行各种编辑与处理之前，大家应该先了解有关图像颜色模式、图像格式，以及图像大小、分辨率的知识。只有掌握了这些图像处理的基本概念，才能很好地将处理润色好的图像打印出来，才不至于失真或达不到自己预想的效果。计算机定义了许多颜色模式来表现颜色，在 Photoshop CS3 中，颜色模式决定用来显示和打印 Photoshop CS3 文档的颜色模型。常见的颜色模式有 HSB 颜色模式、RGB 颜色模式、CMYK 颜色模式、Lab 颜色模式，以及一些为特别颜色输出的模式，比如索引颜色和双色调。不同的颜色模式定义的颜色范围不同。颜色模式除确定图像中能显示的颜色数之外，还影响图像的通道数和文件大小。在正式介绍各种颜色模式之前，必须首先了解几个概念，包括色相、饱和度、明度、对比度、位深度、色域等。

1.1.1 色相、饱和度和明度

人眼看到的各种颜色都具有色相、饱和度和明度 3 种属性，可以把这 3 种属性称为色彩的三要素。在色彩缤纷的世界里，人们可以区分红、橙、黄、绿等不同特征的颜色，并用不同的词语给这些不同特征的颜色命名，如红色、洋红色、浅蓝色等。当人们称呼某种颜色时就会联想到这种颜色的相貌来，所以，色相就是颜色，即红、橙、黄、绿、青、蓝、紫。饱和度（或称纯度）是指一种颜色的鲜艳程度或浓淡程度，同一种色相，有的看上去很鲜艳，有的看上去暗淡无光，这是因为它们的饱和度不同。颜色越浓，饱和度就越大；颜色越淡，饱和度就越小。明度是指色彩的明亮程度，一种物体的表面光反射率越大，对视觉刺激的程度越大，看上去就越亮，颜色的明度就越高。因此，明度表示的是颜色的明暗程度。鲜艳明亮的颜色能够与人的心灵相互映照，是最有激情的情感语言。图 1-1 和图 1-2 可以帮助大家对色相、饱和度和明度的理解。

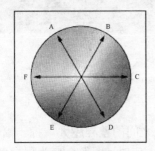

图 1-1 色轮图

A. 绿色；B. 黄色；C. 红色；
D. 洋红色；E. 蓝色；F. 青色

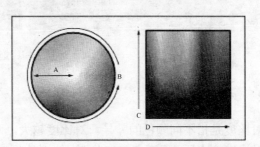

图 1-2 色相、饱和度和明度示意图

A. 饱和度；B. 色相；C. 明度；D. 全部色相

在图 1-1（称为色轮图）中，处于相对位置的两种颜色为一对互补色。例如，红色与青色、黄色与蓝色、绿色与洋红色互为互补色。所谓互补，就是色轮图中一种颜色的减少必然导致其互补色的增加。从色轮图中还可以看出，每一种颜色都可以由它两边的颜色混合得到。例如，洋红色是由红色和蓝色混合得到的。在【色相/饱和度】对话框中左右移动色相滑块（见图 1-3），可以改变色相，其文本框中显示的值反映了像素原来的颜色在色轮（见图 1-2 左）中旋转的度数，正值表示顺时针旋转，负值表示逆时针旋转（见图 1-2 右），其数值的变化范围为–180～+180（或 0～360）。

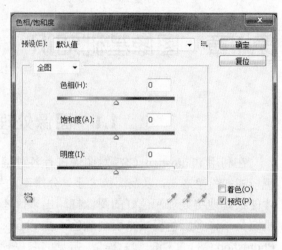

图 1-3 【色相/饱和度】对话框

在该对话框中左右移动饱和度滑块，可以改变色彩的饱和度，即改变颜色的浓淡程度。相对于选定像素的起始颜色值，颜色偏移从色轮中心向外移动，或从外向色轮中心移动，其数值的变化范围为–100～+100。在该对话框中左右移动明度滑块，可以改变色彩的明度。将滑块向右拖动表示增加明度，向左拖动表示减少明度，其数值的变化范围为–100～+100。通过调整色相、饱和度和明度，可以得到不同的色彩视觉效果，示例如图 1-4 所示。

图 1-4 调整色相、饱和度和明度

1.1.2 对比度

对比度是指不同颜色的差异。对比度越大，两种颜色之间的差异越大。将一幅灰度图像的对比度增大后，会变得黑白分明。当对比度增加到最大值时，图像会变为黑白两色图。反之，当对比度减小到最小值时，图像会变为灰色底图。调整对比度前后的图像效果如图 1-5 所示。

图 1-5　调整对比度

1.1.3　位深度

位深度也叫作像素深度或颜色深度，用来度量在图像中有多少颜色信息来显示或打印像素。较大的位深度意味着数字图像中有更多的颜色和更精确的颜色表示。例如，1 位深度的像素有两个可能的值，即黑和白，8 位深度的像素有 28 或 256 个可能的值，24 位深度的像素有 224 或约 1 670 万个可能的值。常用的位深度的范围为 1～64 位。

1.1.4　色域

色域表示一个色系能够显示或打印的颜色范围。人眼看到的色谱比任何颜色模型中的色域都宽。在 Photoshop 使用的颜色模式中，Lab 颜色模式具有最宽的色域，其包括 RGB 颜色模式和 CMYK 颜色模式色域中的所有颜色。通常，RGB 色域包含能在计算机显示器或电视屏幕上显示的所有颜色。因而，纯青或纯黄等颜色不能在显示器上精确显示。CMYK 颜色模式的色域较窄，仅包含使用印刷色油墨能够打印的颜色。当不能被打印的颜色在屏幕上显示时，称为溢色，即超出 CMYK 色域之外。

1.1.5　颜色通道

颜色通道——每个 Photoshop 图像都具有一个或多个通道，每个通道都存放着图像中颜色元素的信息。图像中默认的颜色通道数取决于其颜色模式。例如，CMYK 图像至少有 4 个通道，分别代表青色、洋红色、黄色和黑色信息。可以将通道看作与印刷中的印版相似，即单个印版对应每个颜色图层。一个图像能有多达 24 个通道。在默认情况下，位图模式、灰度模式、双色调模式和索引颜色模式的图像只有一个通道；RGB 颜色模式和 Lab 颜色模式的图像有 3 个通道；CMYK 图像有 4 个通道。可以将通道添加到除位图模式图像以外的所有类型的图像中，除了可以添加这些默认的颜色通道外，还可以将叫作 Alpha 通道的额外通道添加到图像中，以便将选区作为蒙版存放和编辑，并且可以添加专色通道，为印刷增加专色印版。

1.1.6　Photoshop 中的颜色模式

1. 位图模式

位图模式使用两种颜色值（即黑色和白色）来表示图像中的像素。位图模式的图像也叫作黑白图像，或一位图像，因为其位深度为 1，并且所要求的磁盘空间最少。在该模式下不能制作出色彩丰富的图像，只能制作一些黑白图，但可以利用图像的调整功能为该图像着色。如图 1-6 所示为位图模式的图像，该图像的文件大小为 53KB。

2．索引颜色模式

索引颜色模式的图像是单通道图像（8 位/像素），使用 256 种颜色。当将图像转换为索引颜色时，Photoshop 会构建一个颜色查照表，存放并索引图像中的颜色。如果原图像中的一种颜色没有出现在查照表中，程序会选取已有颜色中最相近的颜色或使用已有颜色模拟该种颜色。因此索引颜色可以大大减小文件大小，同时保持视觉上的品质不变，该性质对于多媒体动画或网页制作很有用。但在这种模式中只提供有限的编辑，如果要进一步编辑，应将图像临时转换为 RGB 模式。如图 1-7 所示为索引颜色模式的图像，该图像的文件大小为 322KB。

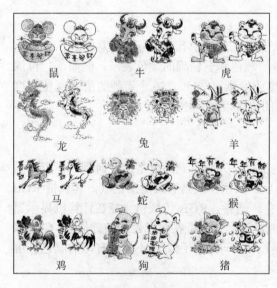
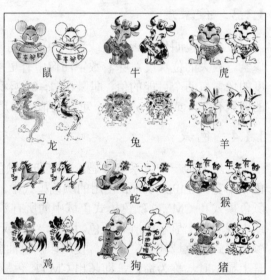

图 1-6　位图模式图像　　　　　　　　图 1-7　索引颜色模式图像

3．灰度模式

灰度模式的图像可以表现出丰富的色调，该模式最多使用 256 级灰度。灰度图像的每个像素都有一个 0（黑色）～255（白色）的明度值。使用黑白或灰度扫描仪产生的图像常以灰度模式显示。要将彩色图像转换成高品质的黑白图像，Photoshop 会扔掉原图像中所有的颜色信息。当从灰度模式再转换为 RGB 颜色模式时，像素的颜色值会基于以前的灰度值。灰度图像也可以转换为 CMYK 图像或 Lab 图像。如图 1-8 所示为灰度模式的图像，该图像的文件大小为 345KB。

4．RGB 颜色模式

RGB 颜色模式是 Photoshop 中最常用的一种颜色模式。绝大多数的可见光谱都可以用红（R）、绿（G）和蓝（B）3 种色光按不同比例和强度的混合来表示。在颜色重叠的位置，会产生青色、洋红色和黄色。因为 RGB 颜色合成会产生白色，所以也称为加色。加色用于光照、视频和显示器。例如，显示器是通过发射 3 种不同强度的光束，使屏幕内侧覆盖的红、绿、蓝磷光材料发光，从而产生颜色的。当用户在 Photoshop 中看到红色时，显示器已经打开了它的红色光束，红色光束刺激红色的磷光材料，从而在屏幕上亮出一个红色像素。因此，观看屏幕上一个苹果的扫描图像与观看放在计算机顶部一个待吃的苹果是不一样的。当用户关闭了室内的灯光时，将看不到自己的苹果，但是能看到苹果的扫描图像，因为光线是从显示器发射出来的。Photoshop 的 RGB 模式给彩色图像中每个像素的 RGB 分量分配一个 0（黑色）～255（白色）范围的强度值。例如，一种明亮的红色可能 R 值为 246、G 值为 20、B 值为 50。当 3 种分量的值相等时，结果是灰色；当所有分量的值都是 255 时，结果是白色；而当所有值都是 0 时，结果是黑色。在 Photoshop 的 RGB 颜色模式中，可通过对红、绿、蓝的各种值进行组合来改变像素的颜色。这 3 种基色中的每一种都有一个 0～255 的值的范围，当用户把 256 种红色值、256 种绿色值和 256 种蓝色值进行组合时，所有能够得到的颜色之和将大约为 1.67 千万（256×256×256）种。看起来这好像已经是很多种颜色了，但是大家别忘了，这些仅是自然界中可见颜色的一部分罢了。不过，1.67 千万种颜色对于在一台与装备有 24 位颜色的计算机相连的显示器上复制水晶般清楚的数字化图像来说已经足够了。新建 Photoshop 图像的默认颜色模式为 RGB，计算机显示器总是使用 RGB 模型显示颜色。这意味着在非 RGB 颜色模式（如 CMYK）下工作时，Photoshop 会临时将数据转换成 RGB 数据，然后在屏幕上显示。图 1-9 所示为 RGB 颜色模式的图像，该图像的文件大小为 850KB。

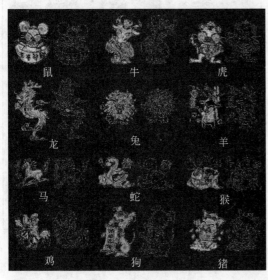

图 1-8　灰度模式图像

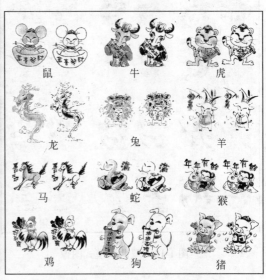

图 1-9　RGB 颜色模式图像

5. 双色调模式

双色调模式用两种颜色的油墨制作图像，可以增加灰度图像的色调范围。如果仅用黑色油墨打印灰度图像，效果必然很粗糙；如果用能重现多达 50 阶灰度的两种、3 种或 4 种油墨打印图像，效果看起来要明显很多。用黑色油墨和灰色油墨打印双色调图像时，黑色用于暗调部分，灰色用于中间调和高光部分。因为双色调模式只表示色调，所以可以用彩色油墨来打印高光颜色。因为双色调使用不同的彩色油墨重现不同的灰阶，在 Photoshop 中双色调被当作单通道、8 位的灰度图像。在双色调模式中，不能像在 RGB、CMYK 和 Lab 颜色模式中那样，直接访问单个的图像通道，而是通过【双色调选项】对话框中的曲线操纵通道。如图 1-10 所示为双色调模式的图像，该图像的文件大小为 345KB。

6．CMYK 颜色模式

CMYK 颜色模式是一种印刷模式，与 RGB 颜色模式不同的是，它是一种减色法。CMYK 即生成 CMYK 颜色模式的三原色（100%的青色、100%的洋红色、100%的黄色）和黑色，其中黑色用 K 来表示。虽然三原色混合可以生成黑色，但实际上并不能生成完美的黑色（或灰色），所以要加上黑色。在 CMYK 颜色模式中，每个像素的每种印刷油墨会被分配一个百分比值。最亮的颜色会分配较低的印刷油墨颜色百分比值，较暗的颜色会分配较高的百分比值。例如，明亮的红色可能会包含 2%青色、93%洋红色、90%黄色和 0%黑色。在 CMYK 图像中，当所有 4 种分量的值都是 0%时，就会产生白色。要用印刷色打印所制作的图像时，应该使用 CMYK 颜色模式。将 RGB 图像转换成 CMYK 会产生分色。如果一幅图像是在 RGB 颜色模式下编辑的，在打印前最好先转换成 CMYK。在 RGB 颜色模式中，可以使用【CMYK 预览】命令模拟更改后的效果，而不用真的更改图像数据。当然，也可以使用 CMYK 颜色模式直接处理图像。减色和加色是互补色，每对减色会产生一种加色，反之亦然。如图 1-11 所示为 CMYK 颜色模式的图像，该图像的文件大小为 825KB。

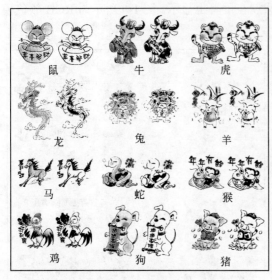

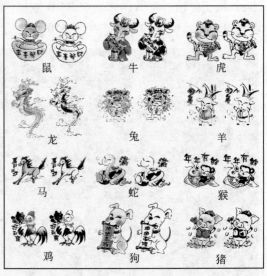

图 1-10　双色调模式图像　　　　　图 1-11　CMYK 颜色模式图像

7．Lab 颜色模式

Lab 颜色模式是 Photoshop 在不同颜色模式之间转换时使用的内部颜色模式，能毫无偏差地在不同系统和平台之间进行转换。其中，L 代表明度分量，范围为 0～100；a 分量表示从绿到红的光谱变化，b 表示从蓝到黄的光谱变化，两者的范围都是–120～120。计算机将 RGB 颜色模式转换成 CMYK 颜色模式时，实际上是先将 RGB 颜色模式转换成 Lab 颜色模式，然后再将 Lab 颜色模式转换成 CMYK 颜色模式。用户可以使用 Lab 颜色模式处理 PhotoCD（照片光盘）图像，或单独编辑图像中的明度和颜色值。如图 1-12 所示为 Lab 颜色模式的图像，该图像的文件大小为 825KB。

8．多通道模式

多通道模式在每个通道中使用 256 级灰度。用户可以将由一个以上通道合成的任何图像转换为多通道图像，原来的通道将被转换为专色通道。例如，将 CMYK 图像转换为多通道可创建青、洋红、黄和黑专色通道；将 RGB 图像转换为多通道可创建青、洋红和黄专色通道。从 RGB、CMYK 或 Lab 图像中删除一个通道会自动将图像转换为多通道模式。注意：不能打印多通道模式中的彩色复合图像。而且，大多数输出文件格式不支持多通道模式图像。如图 1-13 所示为多通道模式的图像，该图像的文件大小为 345KB。

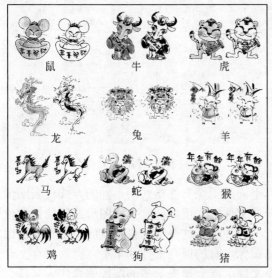 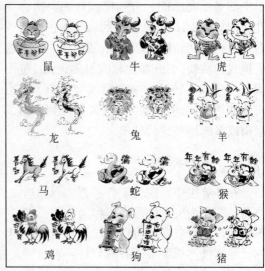

图 1-12　Lab 颜色模式图像　　　　　　　图 1-13　多通道模式图像

9. HSB 颜色模式

HSB 颜色模式基于人类对颜色的感觉，利用该模式可以任意选择不同明度的颜色。

HSB 颜色模式描述颜色的 3 个基本特征：

（1）H 表示色相，色相是从物体反射或透过物体传播的颜色。在 0°～360°的标准色轮上，色相是按位置度量的。在通常的使用中，色相是由颜色名称标识的，比如红色、橙色或绿色。

（2）S 表示饱和度，有时也称为彩度，是指颜色的强度或纯度。饱和度表示色相中灰色成分所占的比例，用 0%（灰色）～100%（完全饱和）来度量。在标准色轮上，从中心向边缘，饱和度是递增的。

（3）B 表示明度，明度是颜色的相对明暗程度，通常用 0%（黑）～100%（白）来度量。

用户虽然可以在 Photoshop 中使用 HSB 颜色模式在调色板或拾色器中定义一种颜色，但 Photoshop 不支持 HSB 颜色模式的图像，所以不可以创建和编辑 HSB 图像。

1.1.7　图像的模式转换

由于实际需要，有时会将图像从一种模式转换为另一种模式。但由于各种颜色模式的色域不同，所以在进行颜色模式转换时会永久性地改变图像中的颜色值。例如，将 RGB 图像转换为 CMYK 颜色模式时，CMYK 色域之外的 RGB 颜色值被调整到 CMYK 色域之内。因此，在转换图像之前，最好在图像原来的模式下进行尽可能多的编辑工作；在转换之前要保存一个备份，这样可以在转换之后编辑原来的图像；由于模式改变时，图层的混

8

合模式之间颜色的相互作用也将改变，所以在转换之前应拼合文件。

要将图像转换为另一种模式可以执行菜单命令。选择【图像】→【模式】命令，并从子菜单中选择需要的模式即可，如图 1-14 所示。注意，当前图像不能使用的模式在菜单中的显示是暗的。有些模式转换会拼合文件，例如，RGB 颜色模式到索引颜色模式或多通道模式的转换；CMYK 颜色模式到多通道模式的转换；Lab 颜色模式到多通道、位图或灰度模式的转换；灰度模式到位图、索引或多通道模式的转换；双色调模式到位图、索引或多通道模式的转换。

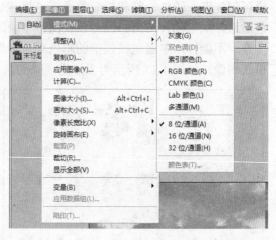

图 1-14　模式转换命令

1.1.8　图像格式

在计算机中，图像文件有很多存储格式。不同的图像文件格式用不同的方式代表图像信息，即作为矢量图形还是作为位图图像。一些文件格式仅能包含矢量图形或仅能包含位图图像，但有些格式可以把这两种包含在同一个文件中。这些文件格式或应用于专用的图像处理软件，或兼容于各种软件。对于同一幅图像，有的保存文件非常小，有的保存文件非常大，这与文件的压缩形式有关。当然，小文件可能会损失更多的图像信息，大文件会更好地保持图像质量。小文件可以节省存储空间，这当然也是优点。总之，不同的文件格式有不同的特点。大家只有熟练掌握各种文件格式的特点，才能扬长补短，提高处理图像的效率。计算机图形分为两大类：位图图像和矢量图形。

1. 位图图像

位图图像也叫作栅格图像，是用小方形网格（位图或栅格），即像素来代表图像，每个像素都被分配一个特定位置和颜色值。例如，在位图图像中各种景物是由该位置的像素拼合而成的。在处理位图图像时，编辑的是像素而不是对象或形状。Photoshop 和其他的绘画以及图像编辑软件都产生位图图像。

位图图像与分辨率有关，换句话说，它包含固定数量的像素，代表图像数据。因此，如果在屏幕上以较大的倍数放大显示，或以过低的分辨率打印，位图图像都会出现锯齿边缘，且会遗漏细节。在表现阴影和色彩的细微变化方面，位图图像是最佳选择。

2. 矢量图形

矢量图形是由数学对象所定义的直线和曲线组成的。矢量根据图形的几何特性来对其进行描述。例如，矢量图形中的各种景物是由数学定义的各种几何图形组成的，放在特定位置并填充有特定的颜色。移动、缩放景物或更改景物的颜色不会降低图像的品质，使用 Adobe Illustrator 之类的绘图软件可以创建矢量图形。

矢量图形与分辨率无关，也就是说，用户可以将它缩放到任意大小或以任意分辨率在输出设备上打印出来，且都不会遗漏细节或清晰度。因此，矢量图形是文字（尤其是小字）和粗图形的最佳选择，这些图形在缩放到不同大小时必须保持线条清晰。

因为计算机显示器通过网格上的显示来呈现图像，因此，矢量图形和位图图像在屏幕上都是以像素显示的。

3. 文件的压缩

许多图像文件格式使用压缩技术，以减少位图图像数据所需的存储空间。压缩技术以是否去掉图像的细节和颜色来区分，可分为无损压缩技术和有损压缩技术。无损压缩技术对图像数据进行压缩时不去掉图像细节；有损压缩技术通过去掉图像细节来压缩图像。下面介绍几种常用的压缩技术。

（1）RLE（行程长度受限编码）：是一种无损压缩技术，为 Photoshop 和 TIFF 文件格式及常用 Windows 文件格式所支持。

（2）LZW（Lemple-Zif-Wdlch）：是一种无损压缩技术，为 TIFF、PDF、GIF 和 PostScript 语言文件格式所支持。这种技术最适合用于压缩包含大面积单色彩的图像，如屏幕快照或简单的绘画图像。

（3）JPEG（联合图片专家组）：是一种有损压缩技术，为 JPEG、PDF 和 PostScript 语言文件格式所支持。JPEG 压缩可生成连续色调的图像，为照片提供了最好的效果。

（4）CCITT 编码：是一种黑白图像无损压缩技术系列，为 PDF 和 PostScript 语言文件格式所支持。CCITT 是"国际电话电报咨询委员会"的法语拼写的缩写。

（5）ZIP 编码：是一种无损压缩技术，为 PDF 文件格式所支持。和 LZW 一样，ZIP 压缩对于压缩包含大面积单色彩的图像是较有效的。

1.1.9 图像的尺寸大小与分辨率

要使用 Photoshop 制作出高品质的图像，了解位图图像的像素数据是如何度量和显示的非常重要。

1. 像素尺寸

像素尺寸即位图图像高度和宽度的像素数目。屏幕上图像的显示尺寸是由图像的像素尺寸加上显示器的大小和设置确定的，图像的文件大小与其像素尺寸成正比。

当制作用于网上显示的图像时，因为要在不同显示器上显示，所以像素尺寸变得尤其重要。

2. 屏幕显示大小

图像在屏幕上显示的大小取决于图像的像素尺寸、显示器尺寸以及显示器分辨率设置等因素。

3. 图像分辨率

图像分辨率即图像中每单位打印长度显示的像素数目，通常用像素/英寸（ppi）表示。

在相同的打印尺寸下，高分辨率的图像比低分辨率的图像包含的像素多，因而像素点较小，图像更清晰。

通常制作的图像用于在屏幕上显示，因此图像分辨率只需满足典型的显示器分辨率（72 或 96ppi）即可。使用太低的分辨率打印图像会导致画面粗糙；使用太高的分辨率会增加文件大小，并降低图像的打印速度。

4. 显示器分辨率

显示器分辨率即显示器上每单位长度显示的像素或点的数目，通常以点/英寸（dpi）为度量单位。显示器分辨率取决于显示器大小加上其像素设置。一般显示器的典型分辨率约为 96dpi，苹果机显示器的典型分辨率约为 72dpi。

5. 打印机分辨率

打印机分辨率即照排机或激光打印机产生的每英寸的油墨点数（dpi）。为获得最佳效果，通常使用与打印机分辨率成正比（但不相同）的图像分辨率。大多数激光打印机的输出分辨率为 300～600dpi，但对 72～150ppi 的图像打印效果较好。

6. 网频

网频即打印灰度图像或分色时，每英寸的点数或半调单元数。网频也称网线（或线网），单位是线/英寸（lpi），即在半调网屏中每英寸的单元线数。

7. 文件大小

文件大小即图像以数字表示的大小，单位是千字节（K）、兆字节（MB）或千兆字节（GB）。文件大小与图像的像素尺寸成正比，在给定打印尺寸的情况下，像素多的图像会产生更多细节，但要求有更大的磁盘空间存放，而且编辑和打印的速度会慢些。例如，1×1英寸 200ppi 的图像包含的像素 4 倍于 1×1 英寸 100ppi 的图像，因此文件大小也是它的 4 倍。因而，图像分辨率是图像品质和文件大小的"代名词"。

1.2 Photoshop CS3 功能简介

Photoshop CS3 的版本号是 10.0。其实除了速度方面的提升外，它算是变化不大的版本。从早先的 3.0 开始，都是奇数版本比较有革新和变动，偶数版本则是完善和补充的过渡版本。到了 CS 时代，这个规律好像重新被延续了。说"重新"是因为 CS 本身应该算是 Photoshop 8.0，按之前的规律应该是个过渡版本。但作为 CS 编号的产品，它算是奇数版本。而且实际上，它也的确带来了很大的改变。之后经过 CS2 的过渡，CS3 又带来了更多惊喜，看来这个规律还在延续。

1. 新的用户界面

第一次运行 Photoshop CS3，大家会感觉其界面比 CS2 更简洁、更漂亮了，如图 1-15 和图 1-16 所示。

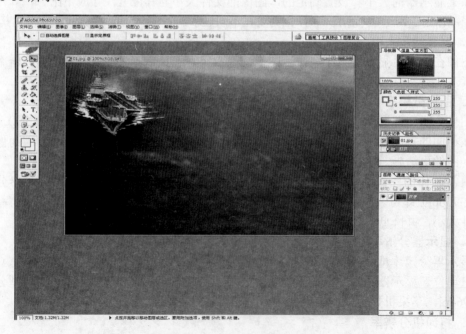

图 1-15　Photoshop CS2 用户界面

图 1-16　Photoshop CS3 用户界面

你应该会喜欢新的 Photoshop 界面，因为用户可以自定义 Photoshop 界面上的任何部分。首先会注意到的是单列工具箱，不用担心会对此不习惯，可以单击工具箱右侧还原到之前的双列工具箱，但单列工具箱可以占用更少的屏幕区域。另外一个界面变化比较大的地方是，控制面板整齐地列在了屏幕右侧，当然用户可以使用以往的浮动面板的方式。或许你会更欣赏新的全屏模式，因为当添加或者关闭控制面板时，视窗的尺寸会自动调整。

同时，CS3 用户界面的操作更富有人性化，通过工作区中的 UI 定制按钮，大家可以将自定义的工作区存储为个人风格，如图 1-17 所示。

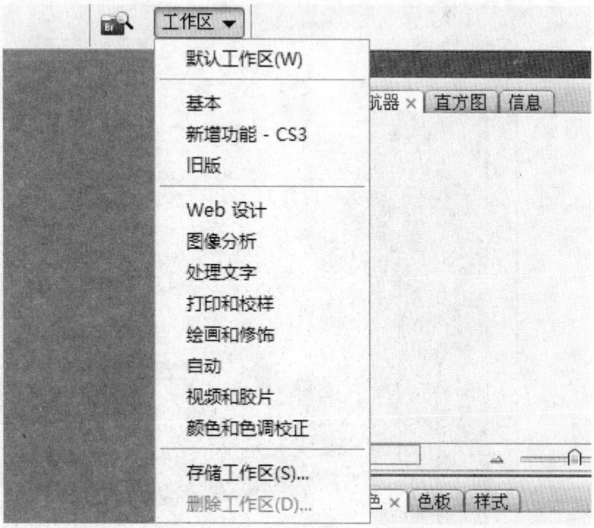

图 1-17　存储工作区

2．Camera RAW

通过 CS3，大家可以直接打开单反的 RAW 图像格式，并利用右侧的调整滑块对其进行色温、曝光值等参数的调整，如图 1-18 所示。

3．智能化的滤镜

通过如图 1-19 所示的命令，将图片转换为智能化的格式，可以使滤镜图层化。整合多个不同的滤镜，可以使图片更有创意，如图 1-20 所示。

图 1-18　调整 RAW 格式的图像

图 1-19　转换命令

智能化后，之前对一个层使用的多个滤镜效果，是不能任意取消的。智能滤镜允许用户像管理层效果一样来管理这个层的滤镜效果。

4．快速选取

CS3 的一个令人兴奋的新功能就是智能化的快速选取功能，如图 1-21 所示。它能让图片更快捷地去背景、调整，并且在发丝、羽毛等细微处做更精确的处理。处理前后的效果如图 1-22 所示。

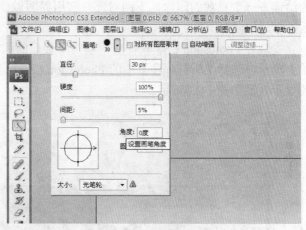

图 1-20　整合滤镜　　　　　　　　　　图 1-21　快速选取功能

处理前

处理后

图 1-22　使用快速选取功能处理图像

1.3 Photoshop CS3 桌面环境

1.3.1 Photoshop CS3 的窗口外观

Photoshop CS3 的窗口外观较之前的版本更加人性化，功能更加丰富，使用更加方便。为给读者一个直观的印象，下面对部分常用界面做一个初步的介绍，至于具体功能将在今后的学习中陆续介绍。

安装好 Photoshop CS3 软件后，双击安装后的运行程序图标（或者从 Windows 的【开始】菜单中选择【所有程序】中的 Photoshop CS3）运行 Photoshop CS3 程序，程序运行后的显示效果如图 1-23 所示。

图 1-23 运行 Photoshop CS3 程序显示的效果

滤镜是图片处理的基本工具，Photoshop CS3 提供了更为强大的滤镜特效（见图 1-24），在此对话框中大家可以随心所欲地添加滤镜效果。

同滤镜一样，图层也是图片处理、图片制作的基础。与以往的版本类似，CS3 的图层面板没有太大的改变，如图 1-25 所示。

历史记录面板虽然对图片处理没有直接的帮助，但是如果没有它，很多处理可能会不得不因局部的操作失误而失败，因此历史记录面板也是重要的面板之一，如图 1-26 所示。

图 1-24　滤镜特效

图 1-25　图层面板

图 1-26　历史记录面板

　　以上是使用较为频繁的 PS 面板，它们操作简便，使用方法类似。通过对面板或对话框中的参数进行调节，可以解决绝大多数的图片处理需求，希望大家能多动手，自己试试，从而有更进一步的体会。

1.3.2　标题栏和菜单栏

　　标题栏位于显示器的最上方，显示了所打开图片的名称、文件类型、显示大小等，如图 1-27 所示。

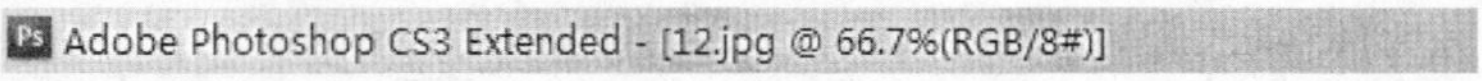

　　Ps　Adobe Photoshop CS3 Extended - [12.jpg @ 66.7%(RGB/8#)]

图 1-27　标题栏

　　Photoshop CS3 的菜单栏位于标题栏下方，如图 1-28 所示。其中，最前端是蓝色的标题栏 Logo，之后便是菜单。菜单是一组命令，大家操作计算机，就是向计算机提供指令。

单击相应菜单，可以得到相应的操作命令。

图 1-28 菜单栏

例如，单击【文件】菜单（见图 1-29），将得到
【打开】和【打开为】等操作命令，用来实现打开文
件等功能。注意，有些命令显示为灰色，表示当前
不可执行。

1.3.3 工具箱和选项栏

菜单栏下面是选项栏，其中存放的是选中工具
的各个参数，如图 1-30 所示。例如单击工具箱中的
，则在选项栏中将显示其相应的选项。

图 1-29 【文件】菜单

在界面左边是工具箱，里面是各种图形处理工
具，分成 4 个栏，最上边一栏是选取工具（见
图 1-31），单击图标，即可进行相应的操作。

图 1-30 选项栏

例如单击 ，可以调整图像的显示。

注意：许多工具的右下角有一个黑色的小三角，在其上按住鼠标会出现相似的工具，
从而完成不同的功能。例如单击 （见图 1-32），可得到魔棒工具。

图 1-31 工具箱　　　　　　　　　　　　　　　　图 1-32 显示魔棒工具

1.3.4 面板

在窗口右边是各个面板，又称为调板，各个面板可以通过【窗口】菜单打开或关闭。CS3 在以往功能的基础上，提供了不同功能面板的组合（见图 1-33），大家可以通过选择调出不同的面板组合。

例如单击【默认工作区】，Photoshop 则为我们提供了导航面板组合（见图 1-34）、图层、通道、路径面板组合（见图 1-35）和颜色调节面板组合（见图 1-36）。

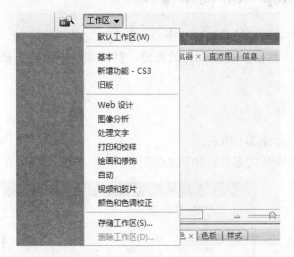

图 1-33　CS3 提供了不同功能面板

图 1-34　导航面板组合

图 1-35　图层、通道、路径面板组合

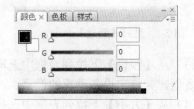

图 1-36　颜色调节面板组合

通过导航面板组合，可以设定图片的可视区域等；通过图层、通道、路径面板组合，可以对不同的图层进行修改；通过颜色调节面板组合，可以对图片的颜色进行修改。

1.4 本 章 小 结

本章对 Photoshop CS3 进行了简要介绍，包括图像的基本概念、CS3 的新增功能和桌面环境介绍等内容，重点介绍了有关图像色相、饱和度和格式等基础知识。通过本章的学习，希望读者能够对 Photoshop 软件及其涉及的基本概念有一个基本了解，以便为今后的学习奠定基础。

第2章 图像基本操作

2.1 Photoshop CS3 简单操作

使用 Photoshop 处理图像的方式有很多，无论是新建一个空白的图像文件进行绘制，还是打开一个半成品图像文件进行编辑，都需要使用文件的新建、打开和保存这些基础操作。

2.1.1 新建图像

（1）选择【文件】→【新建】命令，如图 2-1 所示。

（2）在弹出的【新建】对话框中输入图像的名称，如图 2-2 所示。

图 2-1 选择【新建】命令　　　　　　　　　　图 2-2 【新建】对话框

（3）从【预设】下拉列表框中选取文档大小。

要创建为特定设备设置的像素大小的文档，请单击 Device Central 按钮。

（4）从【大小】下拉列表框中选择一个预设，或在【宽度】和【高度】文本框中输入数值，设置宽度和高度。

要使新图像的宽度、高度、分辨率、颜色模式和位深度与打开的图像完全匹配，请从【预设】下拉列表框中选择一个文件名。

（5）设置分辨率、颜色模式和位深度。

如果将某个选区复制到剪贴板中，图像尺寸和分辨率会自动基于该图像数据。

（6）设置画布的颜色。

- 白色：用白色（默认的背景色）填充背景图层。
- 背景色：用当前背景色填充背景图层。
- 透明：使第一个图层透明，没有颜色值（最终的文档内容将包含单个透明的图层）。

（7）必要时，可单击【高级】按钮显示更多选项，如图 2-3 所示。

（8）选取一个颜色配置文件，对于像素长宽比，除非使用用于视频的图像，否则选取

【方形像素】。

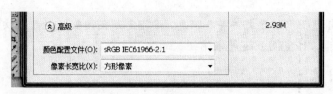

图 2-3　显示更多选项

（9）完成设置后，单击【存储预设】按钮，将这些设置存储为预设，或单击【确定】
按钮打开新文件。

2.1.2　打开图像

用户可以使用【打开】命令或【最近打开文件】命令打开文件，操作步骤如下：

（1）选择【文件】→【打开】命令，如图 2-4 所示。

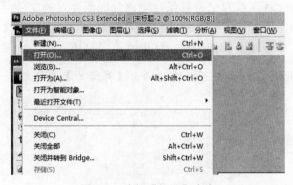

图 2-4　选择【打开】命令

（2）弹出【打开】对话框，选择要打开的文件的名称。如果文件未出现，可从【文件
类型】下拉列表框中选择用于显示所有文件的选项，如图 2-5 所示。

图 2-5　【打开】对话框

（3）单击【打开】按钮。在某些情况下会出现一个对话框，使用该对话框可以设置格

式的特定选项。

注意：如果出现颜色配置文件警告消息，请指定是使用嵌入的配置文件作为工作空间，将文档颜色转换为工作空间，还是撤销嵌入的配置文件。

2.1.3　保存图像

在一个作品创作完成后，应当及时对创作的成果进行保存，以免造成不必要的损失。保存文件的方法有几种，下面介绍两种常用的保存文件的方法。

1．使用【存储】命令存储

使用【存储】命令（见图 2-6）可以将当前打开的文件保存在其原存储位置上。使用【新建】命令建立的新文件，在第一次使用【存储】命令存储弹出【存储为】对话框，当再次使用【存储】命令时，会以第一次的存储设置保存该文件，不再弹出【存储为】对话框。

2．使用【存储为】命令存储

当需要使用新的文件名或存储位置保存当前已经保存过的文件时，可以使用【存储为】命令，如图 2-7 所示。选择【文件】→【存储为】命令同样会弹出【存储为】对话框，其操作与使用【存储】命令时的操作一样，这里就不再赘述。

提示：按 Ctrl+Shift+S 组合键可以快速调出【存储为】对话框。

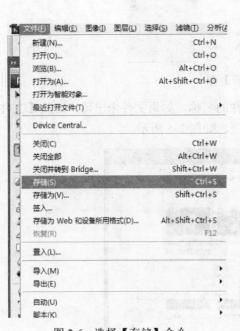

图 2-6　选择【存储】命令

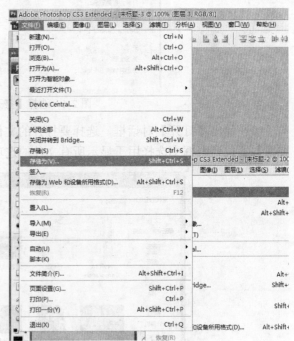

图 2-7　选择【存储为】命令

2.2　查看图像

无论是新建图片还是打开图片，不可避免的问题是显示器无法全屏展现图片全貌。如果想放大或者缩小图片进行局部修改，需要掌握导航器面板的使用。

导航器面板可以通过选择【窗口】→【导航器】命令（见图 2-8）打开。

打开导航器面板之后，可以通过下方的滑块对图片的显示大小进行调节，如图 2-9 所示。

图 2-8　选择【导航器】命令

图 2-9　导航器面板

2.3　辅 助 工 具

2.3.1　标尺

使用标尺可帮助用户精确地定位图像或元素。如果显示标尺，标尺会出现在当前窗口的顶部和左侧。当用户移动指针时，标尺内的标记会显示指针的位置。更改标尺原点（左上角标尺上的（0，0）标志）可以从图像上的特定点开始度量，即标尺原点确定了网格的原点，如图 2-10 所示。

图 2-10　使用标尺

如果要显示或隐藏标尺，选择【视图】→【标尺】命令即可，如图 2-11 所示。

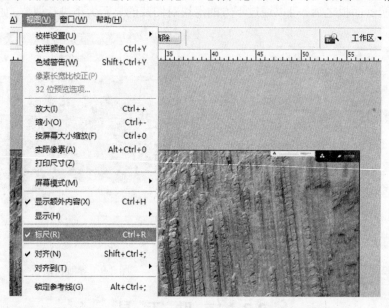

图 2-11　显示或隐藏标尺

用户可以更改标尺的原点，操作步骤如下：

（1）选择【视图】→【对齐到】命令，然后从子菜单中选择任意选项。此操作会将标尺的原点与参考线、切片或文档边界对齐，也可以与网格对齐，如图 2-12 所示。

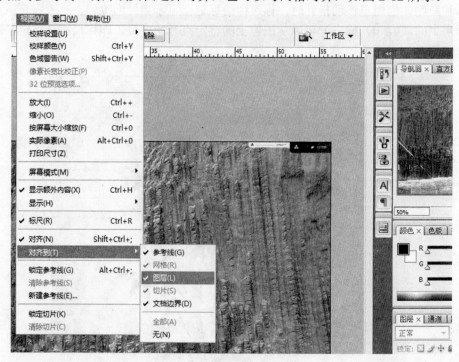

图 2-12　【对齐到】子菜单

（2）将指针放在窗口左上角标尺的交叉点上，然后沿对角线向下拖移到图像上。在拖移过程中，会看到一组十字线，它们标出了标尺的新原点。也可以在拖动时按住 Shift 键，以使标尺原点与标尺刻度对齐。

（3）如果要将标尺的原点复位到其默认值，双击标尺的左上角即可。

2.3.2 参考线和网格

使用参考线和网格可帮助用户精确地定位图像或元素。参考线显示为浮动在图像上方的一些不会被打印出来的线条。用户可以移动和移去参考线，还可以锁定参考线，从而使其不会被意外移动。

网格对于对称排列图像或元素很有用。网格在默认情况下显示为不被打印出来的线条，但也可以显示为点。

1. 参考线和网格的特性

拖动选区、选区边框和工具时，如果拖动距离小于 8 个屏幕（不是图像）像素，则它们将与参考线或网格对齐，参考线移动时也与网格对齐。可以打开或关闭此功能。

参考线间距、是否能够看到参考线和网格，以及其对齐方式均因图像而异。而网格间距、参考线和网格的颜色及样式对于所有的图像都是相同的。

用户可以使用智能参考线来帮助对齐形状、切片和选区。在绘制形状或创建选区（或切片）时，智能参考线会自动出现。如果不需要，可以隐藏智能参考线。

2. 显示（或隐藏）网格、参考线或智能参考线

可执行下列操作：

（1）选择【视图】→【显示】→【网格】命令，如图 2-13 所示。

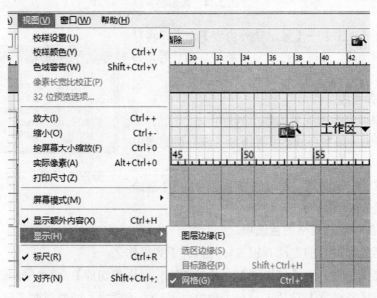

图 2-13　选择【网格】命令

（2）选择【视图】→【显示】→【参考线】命令。如果为灰色，则可以通过打开标尺拖动参考线的方法来实现，如图 2-14 所示。

图 2-14　显示参考线

（3）选择【视图】→【显示额外内容】命令，将显示或隐藏图层边缘、选区边缘、目标路径、切片等，如图 2-15 所示。

3．移除参考线

从图像中移去参考线可执行下列操作之一：

（1）要移去一条参考线，可将该参考线拖移到图像窗口之外。

（2）要移去全部参考线，可选择【视图】→【清除参考线】命令，如图 2-16 所示。

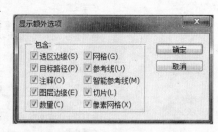

图 2-15　【显示额外选项】对话框

4．设置参考线和网格的首选项

设置参考线和网格的方法有很多，可执行下列操作之一：

（1）选择【编辑】→【首选项】→【参考线、网格和切片】命令，如图 2-17 所示。

（2）弹出【首选项】对话框，对于颜色，可以为参考线、网格或两者选择一种颜色。如果选择【自定】选项，可单击颜色框，选择一种颜色，然后单击【确定】按钮，如图 2-18 所示。

图 2-16 选择【清除参考线】命令

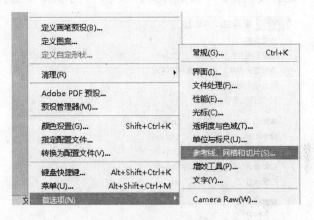

图 2-17 选择【参考线、网格和切片】命令

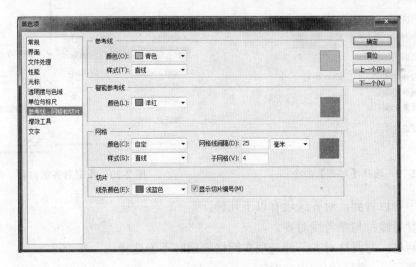

图 2-18 设置颜色

（3）对于样式，可以为参考线、网格或两者选取一个显示选项。

（4）对于网格线间隔，可以输入网格间距的值。为子网格输入一个值，将依据该值来细分网格。

（5）单击【确定】按钮。

2.3.3 使用【对齐】命令

对齐有助于精确放置选区边缘、裁剪选框、切片、形状和路径。然而，对齐有时也会妨碍用户正确地放置图像和元素。可以使用【对齐】命令启用或停用对齐功能，还可以在启用对齐功能的情况下，指定要与之对齐的不同元素。

1．启用对齐

选择【视图】→【对齐】命令，复选标记表示已启用对齐功能，如图 2-19 所示。

2．指定对齐的内容

选择【视图】→【对齐到】命令，从子菜单中选择一个或多个选项，如图 2-20 所示。

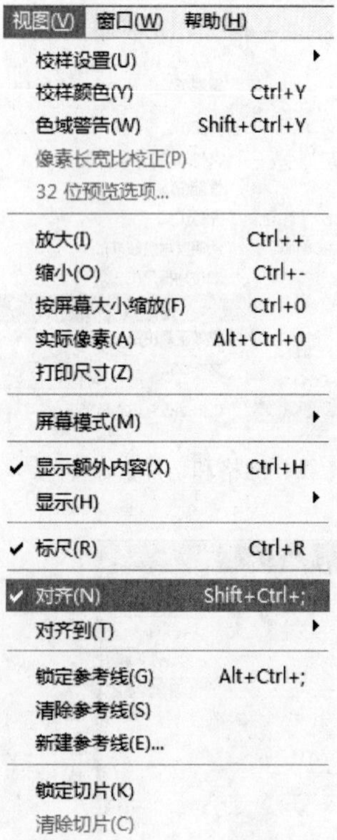

图 2-19　选择【对齐】命令	图 2-20　指定对齐的内容

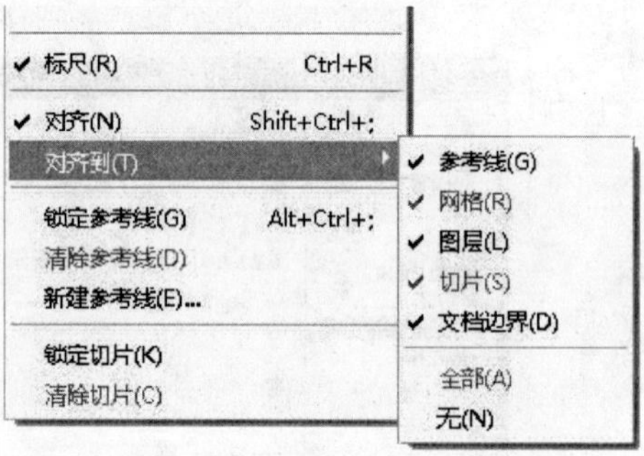

从图中可以看到，对齐选项有以下几种。

（1）参考线：与参考线对齐。

（2）网格：与网格对齐，此选项在网格隐藏时不能选择。

（3）图层：与图层中的内容对齐。

（4）切片：与切片边界对齐，此选项在切片隐藏时不能选择。

（5）文档边界：与文档的边缘对齐。

（6）全部：选择所有【对齐到】选项。

（7）无：取消选择所有【对齐到】选项。

复选标记表示已选中该选项，并且已启用对齐功能。

如果只想为一个选项启用对齐功能，请确保【对齐】命令处于禁用状态，然后选择【视图】→【对齐到】命令，并选择一个选项。此时即可自动为选中的选项启用对齐功能，同时取消选择所有其他【对齐到】选项。

2.4 修 改 图 像

一般来说，在 Photoshop CS3 中画图或者修改图像，只要能想到就可以办到。但熟悉 Photoshop CS3 中工具和图层的操作是个关键，在这里只介绍修改图像时最基本的一些方法。对于更深层次的学习，将在以后的章节中进行学习。

2.4.1 修改图像大小

在处理图像时，有时需要在不改变分辨率的情况下修改图像尺寸，有时需要在不改变图像尺寸的情况下修改图像的分辨率。这些修改都需要更改图像的像素尺寸，文件大小也会相应的改变。在减少像素时，信息会从图像中删除；在增加像素时，会在现有像素颜色值的基础上添加新的像素信息。

选择【图像】→【图像大小】命令，弹出如图 2-21 所示的对话框。在该对话框中可以分别设定以下选项。

（1）像素大小：显示图像宽度和高度的像素值。可以在相应文本框中输入宽度和高度值；要以当前尺寸的百分比输入数值，需选取"百分比"作为度量单位。该图像新的文件大小会在【图像大小】对话框的顶部显示，旧的文件大小在括号内显示。

（2）文档大小：显示图像的宽度、高度以及分辨率，可在相应文本框中进行更改。

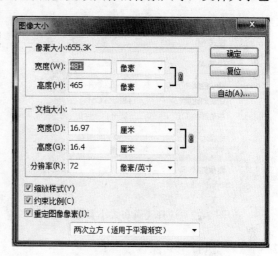

图 2-21 【图像大小】对话框

（3）约束比例：选择该复选框，可以保持像素宽度和高度当前的比例。在更改高度时，图像宽度会自动更新，反之亦然。

（4）重定图像像素：选择该复选框，然后打开其下的下拉列表框，可以选取一种插值方式。其中，【邻近（保留硬边缘）】是最快但最不精确的方式，这种方式会造成锯齿效果。在对图像进行扭曲或缩放时，效果会变得更明显；【两次线性】用于中等品质的方式；【两次立方（适用于平滑渐变）】是最慢但最精确的方式，结果得到最平滑的色调渐变。当重新定义图像像素时，Photoshop 根据图像中现有像素的颜色值，使用插值方式将颜色值分配给所有新的像素，并且方式越复杂，从原始图像中保留的品质和精度越高。

注意：重定像素会导致图像品质下降。如果将一个图像重定为更高的分辨率，从新图像数据插值的像素会使图像显得模糊或聚焦不好。如果给重定像素后的图像应用【USM 锐化】滤镜，有助于重新使图像的细节变得清晰。

27

2.4.2 修改画布大小

画布大小是图像的完全可编辑区域。使用【画布大小】命令可以增大或减小图像的画布大小。增大画布的大小会在现有图像周围添加空间，减小图像的画布大小会裁剪到图像中。如果增大带有透明背景的图像的画布大小，则添加的画布是透明的。如果图像没有透明背景，则添加的画布的颜色将由前景、背景等几个选项决定。

修改画布大小的步骤如下：

（1）选择【图像】→【画布大小】命令（见图 2-22），弹出【画布大小】对话框，如图 2-23 所示。

图 2-22　选择【画布大小】命令

图 2-23　【画布大小】对话框

（2）执行下列操作之一：

在【宽度】和【高度】文本框中输入画布的尺寸，从【宽度】和【高度】文本框后面的下拉列表中选择所需的测量单位。

可以选择【相对】复选框，然后输入要从图像的当前画布大小中添加或减去的数量。输入一个正数将为画布添加一部分，输入一个负数将从画布中减去一部分。

（3）对于【定位】，单击某个方块以指示现有图像在新画布中的位置，默认值为中央。

（4）从【画布扩展颜色】下拉列表框中选取一个选项。

- 前景：用当前的前景颜色填充新画布。
- 背景：用当前的背景颜色填充新画布。
- 白色、黑色或灰色：用相应颜色填充新画布。
- 其他：使用拾色器选择新画布颜色。

注意：也可以单击【画布扩展颜色】下拉列表框右侧的白色正方形打开拾色器进行拾取。如果图像不包含背景图层，则【画布扩展颜色】下拉列表框不可用。

（5）单击【确定】按钮。

2.4.3 旋转画布

旋转画布的操作步骤如下：

（1）选择要变换的对象。

（2）选择【图像】→【旋转画布】命令，从其子菜单中选取需要的命令，如图 2-24 所示。

- 180 度：可旋转半圈。
- 90 度（顺时针）：可顺时针旋转 1/4 圈。
- 90 度（逆时针）：可逆时针旋转 1/4 圈。
- 水平翻转画布：沿垂直轴水平翻转。
- 垂直翻转画布：沿水平轴垂直翻转。

注意：如果要变换某个形状或整个路径，【变换】命令将变为【变换路径】命令。如果要变换多个路径段（而不是整个路径），【变换】命令将变为【变换点】命令。

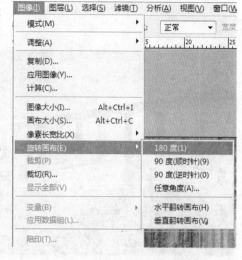

图 2-24 【旋转画布】命令

2.4.4 裁剪图像

裁剪是移去部分图像以形成突出或加强构图效果的过程，可以使用裁剪工具 或【裁剪】命令裁剪图像，也可以使用【裁切】命令来裁切像素。如图 2-25 所示的图像在裁剪后如图 2-26 所示。

图 2-25　裁剪前

图 2-26　裁剪后

1．使用【裁剪】命令裁剪图像

（1）使用选取工具选择要保留的图像部分，例如使用矩形选框工具选择，如图 2-27 所示。

（2）选择【图像】→【裁剪】命令，如图 2-28 所示。

2．使用【裁切】命令裁剪图像

【裁切】命令通过移去不需要的图像数据来裁剪图像，其所用的方式与【裁剪】命令所用的方式不同。可以通过裁切周围的透明像素或指定颜色的背景像素来裁剪图像。

（1）选择【图像】→【裁切】命令。

（2）在【裁切】对话框中选择选项。

- 透明像素：修整掉图像边缘的透明区域，留下包含非透明像素的最小图像。
- 左上角像素颜色：从图像中移去左上角像素颜色的区域。

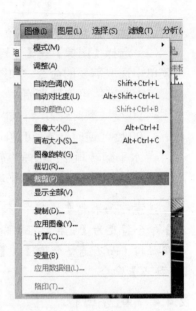

图 2-27　选择要保留的部分　　　　　　　图 2-28　选择【裁剪】命令

- 右下角像素颜色：从图像中移去右下角像素颜色的区域。

（3）选择一个或多个要修整的图像区域，例如【顶】、【底】、【左】或【右】。

3．使用裁剪工具

除了使用【裁剪】、【裁切】命令裁剪图像外，还可以使用裁剪工具来实现同样的效果。

（1）选择裁剪工具 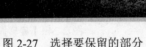。

（2）在图像中要保留的部分拖动，以便创建一个选框，如图 2-29 所示。选框不必精确，因为可以在稍后进行调整。

图 2-29　创建一个选框

（3）如果有必要，请调整裁剪选框。

① 如果要将选框移动到其他位置，请将指针放到外框内并拖动。如果要缩放选框，请拖动手柄。如果要约束比例，请在拖动角手柄时按住 Shift 键。

② 如果要旋转选框，请将指针放到外框外（指针变为弯曲的箭头）并拖动。如果要移动选框旋转时所围绕的中心点，请拖动位于外框中心的圆。注意，不能在位图模式中旋转选框。

（4）设置用于隐藏或屏蔽裁剪部分的选项。

① 指定是否想使用裁剪屏蔽来遮盖将被删除或隐藏的图像区域。选择【屏蔽】复选框时，可以为裁剪屏蔽指定颜色和不透明度。取消选择【屏蔽】复选框后，裁剪选框外部的区域即显示出来。

② 指定是要隐藏还是要删除被裁剪的区域。选择【隐藏】单选按钮，可将裁剪区域保留在图像文件中，此时可以通过移动工具移动图像来使隐藏区域可见。选择【删除】单选按钮将扔掉裁剪区域。

【隐藏】单选按钮不适用于只包含背景图层的图像，如图 2-30 所示。如果想通过隐藏来裁剪背景，请先将背景转换为常规图层。

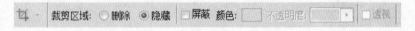

图 2-30   选择【隐藏】单选按钮

将指针放在选框的外面，指针会变成弯曲的箭头，然后拖移即可旋转选框；拖移定界框中心的圆圈，可以调整选框旋转时围绕的中心点，如图 2-31 所示。

图 2-31   旋转选框

注意：不能在位图模式中旋转图像的裁剪工具的选框。

- 按下 Shift 键拖曳鼠标可以选取正方形的裁剪范围。
- 按下 Alt 键拖曳鼠标可以选取以鼠标开始落点为中心的裁剪范围。

- 按下 Shift+Alt 组合键拖曳鼠标可以选取以鼠标开始落点为中心的正方形裁剪范围。
- 按下 Alt 键拖曳已选定的裁剪范围，可以以原中心点为开始点进行扩张或缩小。
- 按下 Shilt+Alt 组合键拖曳已选定的裁剪范围，可以以原中心点为开始点并且以固定高度与宽度的比例进行扩张或缩小。

（5）执行下列操作之一：

① 要完成裁剪，按 Enter 键（Windows）或 Return 键（Mac OS）；或单击选项栏中的【提交】按钮；或者在裁剪选框内双击。

② 要取消裁剪操作，按 Esc 键或单击选项栏中的【取消】按钮。

2.5　上机实践——制作水中倒影

（1）用 Photoshop 打开水中倒影素材，如图 2-32 所示。

图 2-32　水中倒影素材

（2）选择【视图】→【屏幕模式】→【标准屏幕模式】命令，如图 2-33 所示。

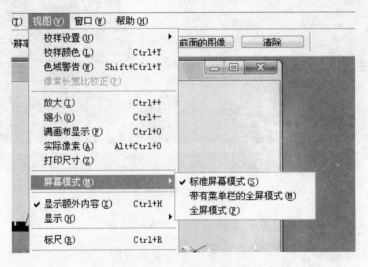

图 2-33　选择【标准屏幕模式】命令

（3）双击图层面板中的背景图层，更名为上方图，如图2-34所示。

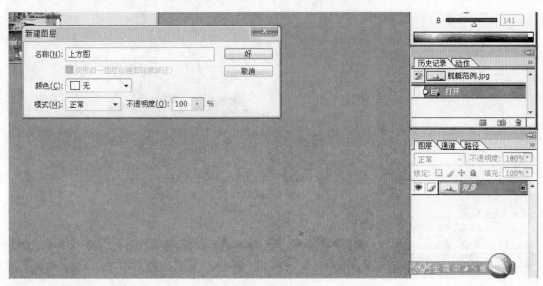

图 2-34　重命名图层

　　（4）选择【图像】→【画布大小】命令，弹出如图2-35所示的对话框，按图设置参数，即增加的画布高度是原图高度。
　　（5）按 Ctrl+J 组合键复制图层，更名为下方图，并将其移动到上方图下方。然后选择【编辑】→【变换】→【垂直翻转】命令将其进行垂直翻转，效果如图2-36所示。

图 2-35　【画布大小】对话框　　　　　　　　图 2-36　复制并垂直翻转

　　（6）在图层面板中将下方图【不透明度】设为60%，如图2-37所示。
　　（7）完成后的图像如图2-38所示。

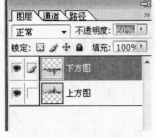

图 2-37 设置不透明度   图 2-38 最终图像效果

2.6 本 章 小 结

本章主要学习了 Photoshop CS3 的基本操作，介绍了如何查看图像，如何使用辅助工具，如何修改图像属性等内容，并结合实例，进一步实践了 Photoshop 的基本操作步骤。通过本章的学习，希望读者能掌握图片处理的基本步骤和方法，为今后的学习打下良好的基础。

第 3 章　选取图像

在 Photoshop 中，如果要对图像的局部进行修改，则需要先选定要修改的区域，即创建选区。由于在 Photoshop 中可以处理像素数据和矢量数据，因此在创建选区时也分为创建栅格数据选区（选择像素）和创建矢量数据选区。本章主要介绍如何创建栅格数据选区，至于如何创建矢量数据选区将在第 4 章进行介绍。

Photoshop 创建栅格选区的工具有选框工具、套索工具和魔棒工具。其中，选框工具用于创建规则选区，套索工具用于创建不规则选区，魔棒工具用于创建颜色一致的选区。另外，还可以根据像素的色彩范围创建选区。

3.1　选框工具组

Photoshop 的选框工具组中包括矩形选框工具、椭圆选框工具、单行选框工具和单列选框工具 4 种工具，用于在图像中创建各种规则的选区，如图 3-1 所示。

3.1.1　矩形选框工具

矩形选框工具用于创建矩形选区。在工具箱中选择矩形选框工具，在图像中拖动鼠标，即可创建一个矩形选区，如图 3-2 所示。如果在按住 Shift 键的同时拖动鼠标，可以创建一个正方形选区。

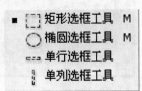

图 3-1　选框工具组

3.1.2　椭圆选框工具

椭圆选框工具用于创建椭圆选区。在工具箱中选择椭圆选框工具，在图像中拖动鼠标，即可创建一个椭圆选区，如图 3-3 所示。如果在按住 Shift 键的同时拖动鼠标，可以创建一个圆形选区。

3.1.3　单行选框工具

单行选框工具用于创建单行像素选区。在工具箱中选择单行选框工具，在图像区域内单击，可在鼠标单击处创建一个高度为 1 像素的选区，该选区的宽度与图像等宽，如图 3-4 所示。

3.1.4　单列选框工具

单列选框工具用于创建单列像素选区。在工具箱中选择单列选框工具，在图像区域内单击，可在鼠标单击处创建一个宽度为 1 像素的选区，该选区的高度与图像等高，如图 3-5 所示。

图 3-2　创建矩形选区

图 3-3　创建椭圆选区

图 3-4　创建单行选区

图 3-5　创建单列选区

3.2　套索工具组

Photoshop 的套索工具组中包括套索工具、多边形套索工具和磁性套索工具 3 种工具，如图 3-6 所示，用于创建各种不规则选区。

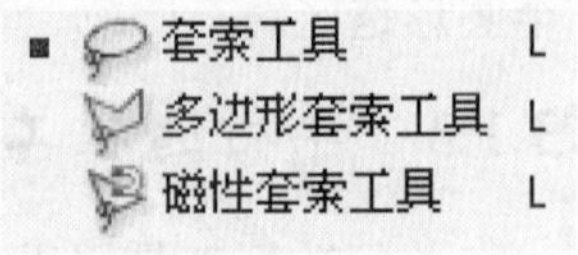

3.2.1　套索工具

套索工具用于创建由手绘线条构成的不规则选区。在工具箱中选择套索工具，在图像中拖动鼠标绘制选区边界，当鼠标回到绘制起点时释放鼠标，可以创建封闭的不规则选区，如图 3-7 所示。如果释放鼠标时鼠标的释放点未和绘制的起点重合，系统会将鼠标释放点作为终点，用直线将绘制的起点和终点连接起来，使绘制的线条自动闭合，如图 3-8 所示。

另外，在使用套索工具时，如果在按住 Alt 键的同时在图像中单击鼠标，将切换到多边形套索工具，直接创建由直边线段构成的选区。

☉ 套索工具　　　　L
⬦ 多边形套索工具　L
⬦ 磁性套索工具　　L

图 3-6　套索工具组

图 3-7　使用套索工具创建不规则选区　　　　　图 3-8　自动闭合不规则选区

3.2.2　多边形套索工具

多边形套索工具用于创建由直线段构成的多边形选区。在工具箱中选择多边形套索工具，在图像中单击鼠标设置选区的起点，在需要转折的地方单击鼠标，创建第一条线段。继续在转折点处单击鼠标，创建后续线段。当鼠标回到绘制起点时单击鼠标，创建封闭的多边形选区，如图 3-9 所示。如果在绘制线条时双击鼠标，系统会将双击点作为选区终点，用直线将多边形选区的起点和终点连接起来，使选区自动闭合。在绘制过程中，可以按 Delete 键擦除最近绘制的直线段。

图 3-9　创建多边形选区

另外，在使用多边形套索工具时，如果在按住 Alt 键的同时在图像中拖动鼠标，将切换到套索工具，直接创建由手绘线条构成的不规则选区。

3.2.3　磁性套索工具

磁性套索工具用于对与背景对比强烈而且边缘复杂的对象创建选区。

使用磁性套索工具选取对象的具体步骤如下：

（1）设置选取起点。在工具箱中选择磁性套索工具，在选项栏中设置合适的磁性套索参数，在图像中单击，设置第一个控制点。

（2）选取对象边缘。沿着需要选取对象的边界移动鼠标，系统将根据对象边缘的颜色差异自动生成选框线，并自动添加控制点，使选框线固定。如果选取对象的边缘复杂，系统无法自动生成选框线或产生控制点，此时可以单击鼠标手动生成控制点。

（3）闭合选框。当鼠标回到绘制选框起点时单击鼠标，将创建符合对象边缘的选区。当鼠标未与绘制起点重合时双击鼠标，系统将使用检测的磁性线段闭合边框。当鼠标未与绘制起点重合时按住 Alt 键并双击鼠标，系统将使用直线段闭合边框。

磁性套索工具选项栏如图 3-10 所示，下面介绍其选项的具体含义。

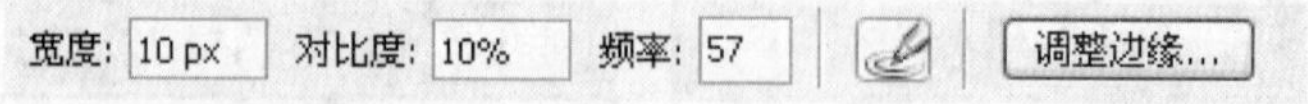

| 宽度: | 10 px | 对比度: | 10% | 频率: | 57 | | 调整边缘... |

图 3-10　磁性套索工具选项栏

（1）宽度：用于设置检测边缘的宽度，以像素为单位。磁性套索工具检测从鼠标指针位置开始指定宽度范围内的边缘。

（2）对比度：指定套索识别图像边缘的灵敏度，取值范围为 1%～100%。将对比度设置较高，用于检测与其周边对比鲜明的边缘；将对比度设置较低，用于检测低对比度边缘。

（3）频率：用于设置套索产生控制点的频度，取值范围为 0～100。将频率设置得高，能更快地固定选区边框。

磁性套索工具的选择效果如图 3-11 所示。

另外，在使用磁性套索工具时，如果在按住 Alt 键的同时在图像中拖动鼠标，将切换到套索工具，直接创建由手绘线条构成的不规则选区。如果在按住 Alt 键的同时在图像中单击鼠标，将切换到多边形套索工具，直接创建由直边线段构成的选区。

图 3-11　使用磁性套索工具创建选区

3.3　自动定义颜色相近的区域

Photoshop 中还提供了两种根据颜色创建选区的工具，分别是魔棒工具和快速选择工具，如图 3-12 所示。

3.3.1　魔棒工具

魔棒工具用来选择图像中颜色一致的区域。使用魔棒工具在图像上单击，可以选择与单击点处颜色相同或相近的区域，如图 3-13 所示。

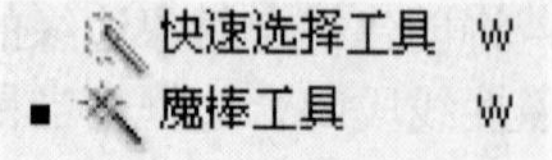

　快速选择工具　W

■　魔棒工具　W

图 3-12　魔棒工具和快速选择工具　　　　图 3-13　使用魔棒工具创建选区

魔棒工具选项栏如图 3-14 所示，下面介绍其选项的含义。

（1）容差：用于设置与选定像素点的颜色差异度，设置范围为 0～255。如果容差值较低，魔棒工具将选择与鼠标单击像素相似度较高的少数颜色。如果容差值较高，魔棒工具将选择与鼠标单击像素差异较大的颜色。

（2）消除锯齿：选择该复选框，可以创建边缘较平滑的选区。

（3）连续：选择该复选框，魔棒工具将只选择与鼠标单击像素相近颜色的邻近区域。否则，魔棒工具将选择整个图像中使用相近颜色的所有像素。

（4）对所有图层取样：选择该复选框，魔棒工具将在所有可见图层的数据中选择颜色。否则，魔棒工具将只从当前图层中选择颜色。

3.3.2 快速选择工具

快速选择工具用于快速绘制颜色相近的选区，是一个综合魔棒工具和画笔工具特性的工具。使用快速选择工具在图像中拖动，能够像画笔一样绘制选区，在拖动鼠标时，选区会向外扩展，并自动查找和跟随图像中定义的边缘，如图 3-15 所示。

容差: 32　☑消除锯齿　☑连续　☐对所有图层取样

图 3-14　魔棒工具选项栏　　　　图 3-15　使用快速选择工具创建选区

使用快速选择工具选取对象的具体步骤如下：

（1）在工具箱中选择快速选择工具，在选项栏中设置合适的参数。

（2）在图像中涂抹，选择涂抹区域附近与涂抹区域颜色相近的区域。

（3）反复切换选择模式，根据需要设置画笔样式，然后在图像中涂抹，加入或减去相应选区，对选区进行修改，获得较精确的选区。

快速选择工具选项栏如图 3-16 所示，下面介绍其选项的含义。

（1）画笔模式：用于设置选择时新绘制的选区与已有选区之间的关系。新选区表示取消原有选区，创建新选区。添加到选区表示将新绘制的选区加入到已有选区。从选区减去表示将新绘制的选区从已有选区中剪掉。按 Alt 键可以在添加到选区和从选区减去模式之间进行切换。

（2）画笔：用于设置画笔，包括画笔的直径、硬度、间距、角度、圆度等，如图 3-17所示。

（3）对所有图层取样：用于设置是否对所有图层创建选区。

（4）自动增强：用于对图像边缘进一步流动并应用一些边缘调整，减少选区边界的粗糙度和块效应。

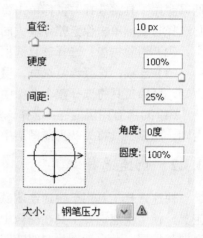

图 3-16 【快速选择工具】选项栏   图 3-17 设置画笔

3.4 按颜色制作选区

除了魔棒工具和快速选择工具以外，Photoshop 还提供了一种更加灵活的色彩范围选择方式，可以选择现有选区或整个图像内指定的颜色或色彩范围。

使用【色彩范围】命令创建选区的步骤如下：

（1）选择【选择】→【色彩范围】命令，弹出【色彩范围】对话框，如图 3-18 所示。

（2）在【选择】下拉列表框中选择【取样颜色】选项。

（3）设置显示选项。【选择范围】表示预览创建的选区。白色区域是选定的像素，黑色区域是未选定的像素，灰色区域是部分选定的像素。【图像】表示预览整个图像。在选择颜色的过程中可以按 Ctrl 键在两种显示模式之间进行切换。

（4）将吸管指针在图像或预览区域中单击，对要选择的颜色进行取样。

（5）在【颜色容差】选项中输入设置的容差值或拖动滑块设置合适的色彩容差，调

图 3-18 【色彩范围】对话框

整选定颜色的范围。降低颜色容差可以减小选定区域的范围，增加颜色容差可以扩大选定区域的范围。

（6）对选区进行进一步调整。按下【添加到取样】按钮，在图像预览区域中单击，增加选择的颜色；按下【从取样中减去】按钮，在图像预览区域中单击，减少选择的颜色。

（7）在【选区预览】下拉列表框中设置一个预览选项，在图像窗口中预览选择效果。

（8）单击【确定】按钮创建选区。

另外，在【色彩范围】对话框中还可以使用【存储】按钮存储当前设置的色彩范围选项，使用【载入】按钮可载入已有的颜色设置选项。

3.5　选区的运算

在使用各种选择工具时，在菜单栏下方的选项栏中可以设置选区选项，如图 3-19 所示。

图 3-19　选区选项

选区选项包括【新选区】、【添加到选区】、【从选区减去】和【与选区交叉】4 个选项，在创建选区时必须选择其中一个。

- 新选区：表示在创建选区时取消图像中原有选区的选择，建立一个新选区。
- 添加到选区：表示保留原有选区的选择，将新选择的区域加入到原有选区中。
- 从选区减去：表示在原有选区范围内减掉新创建的选区。
- 与选区交叉：表示选择原有选区与新选区相交的部分。

例如，在图像中已创建了一个如图 3-20 所示的矩形选区，在 4 个选区选项下创建新的椭圆选区，效果如图 3-21～图 3-24 所示。

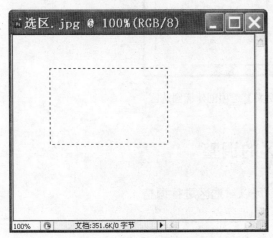

图 3-20　已创建的矩形选区

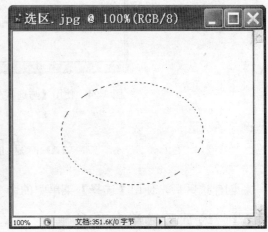

图 3-21　使用【新选区】选项创建椭圆选区

另外，在创建选区时，按住 Shift 键同时选择，可以将新选区添加到已有选区中；按住 Alt 键同时选择，可以将新选区从已有选区中减去。

除了常用的选择工具以外，在 Photoshop 中还可以使用【选择】菜单中的【全部】命令选择整个图像，使用【取消选择】命令取消选区，使用【重新选择】命令重新选择最近创建的选区，使用【反向】命令选择图像中未选中的部分。对于纯色背景的图像，可以使用魔棒工具选择背景，然后执行【反向】命令，选择图像中的对象。

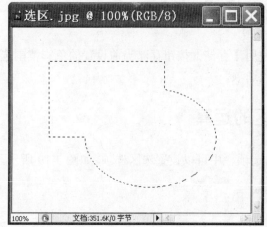

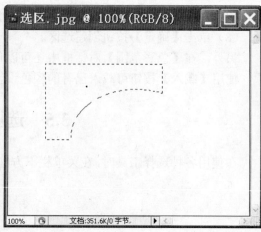

图 3-22　使用【添加到选区】选项创建椭圆选区　　图 3-23　使用【从选区减去】选项创建椭圆选区

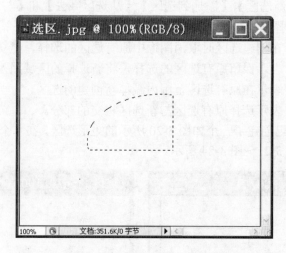

图 3-24　使用【与选区交叉】选项创建椭圆选区

3.6　选区的调整

创建选区后，使用【选择】菜单中的命令可以对选区进行调整。

3.6.1　选区的隐藏和移动

默认设置下，在 Photoshop 中创建的选区会以虚线勾勒出边缘，以方便用户查看。在创建选区后，选择【视图】→【显示】→【选区边缘】命令，可以隐藏选区边缘。这种隐藏选区边缘的方法只影响当前选区，在新建一个选区时，选区边缘还会出现。

对于创建好的选区还可以在图像内移动。在创建选区后，在选项栏中设置选区选项为新选区，将鼠标指针指向选区边界内部，当鼠标指针变成 形状时拖动鼠标，可以移动选区，如图 3-25 所示。在拖动选区时按住 Shift 键，可以将选区移动的方向限制为 45°的倍数。在选区选项为【新选区】的状态下，还可以使用键盘上的方向键对选区做细微的移动，每按一次箭头，选区移动一个像素。

移动前　　　　　　　　　　　　　　移动后

图 3-25　移动选区

3.6.2　处理选区边缘

要使选区的边缘变得柔和，可以使用【羽化】命令。【羽化】命令通过建立选区和选区周围像素之间的转换边界来模糊边缘，该模糊边缘将丢失选区边缘的一些细节。羽化效果如图 3-26 所示。

在使用选框工具或套索工具进行选择时，可以在选项栏的【羽化】文本框中设置羽化像素值，指定羽化边缘的宽度。羽化范围为 0～250 像素。

对于已创建的选区，可以选择【选择】→【修改】→【羽化】命令，在【羽化选区】对话框中设置羽化半径，指定羽化边缘的宽度，如图 3-27 所示。

图 3-26　羽化效果　　　　　　图 3-27　【羽化选区】对话框

在设置羽化半径时应该注意，如果选区小而羽化半径大，则小选区可能会变得非常模糊，以至于看不到并且不可选。如果羽化时系统产生了如图 3-28 所示的警告信息，则应该减小羽化半径或增大选区大小，或者单击【确定】按钮采用当前羽化效果，创建无法看到其边缘的选区。

44

在使用套索工具或椭圆选框工具创建选区时，可以使用【消除锯齿】选项平滑选区边缘。【消除锯齿】选项通过软化边缘像素和背景像素之间的颜色过渡效果，使选区的锯齿状边缘平滑，这种平滑方式只有边缘像素发生变化，不会丢失细节。【消除锯齿】选项通常在创建复合图像时使用。

选择【选择】→【修改】→【平滑】命令，在【平滑选区】对话框中设置平滑取样半径，取值范围为 0～100 像素，可以减少选区边界中的不规则区域，使选区轮廓更加平滑。对一个矩形选区设置平滑 50 像素后的效果如图 3-29 所示。

图 3-28　警告信息

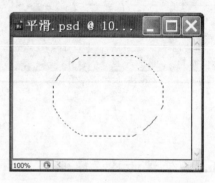

图 3-29　平滑 50 像素后的矩形选区

在 Photoshop 中还可以选择【选择】→【调整边缘】命令，在【调整边缘】对话框中设置边缘半径、对比度、平滑、羽化，在不同背景下预览选区，查看真实边缘，如图 3-30 所示。

（1）半径：用于设置选区边界周围进行边缘调整区域的大小。

（2）对比度：用于设置边缘区域对比度，增加对比度可以锐化选区边缘。

（3）平滑：减少选区边界中的不规则区域，创建更加平滑的轮廓。

（4）羽化：在选区及其周围像素之间创建边缘柔化过渡效果。

（5）收缩/扩展：收缩或扩展选区边界。

3.6.3　选区边界轮廓的处理

创建选区后，可以使用【边界】、【扩展】、【收缩】、【扩大选取】、【选取相似】等命令对选区轮廓进行修改。

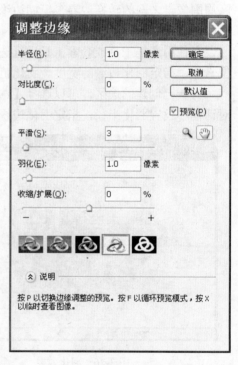

图 3-30　【调整边缘】对话框

使用【边界】命令可以选择现有选区边界的内部和外部像素，创建一个带状选区。在图像中创建一个选区后，选择【选择】→【修改】→【边界】命令，弹出【边界选区】对话框，设置边界宽度，如图 3-31 所示。然后单击【确定】按钮，将创建一个带状选区，如图 3-32 所示。

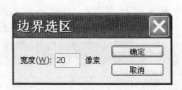

图3-31 【边界选区】对话框

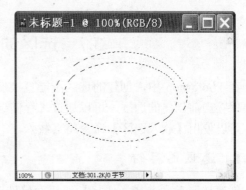

图3-32 利用【边界】命令创建带状选区

【扩展】命令用于将选区向外扩展指定的像素值。在图像中创建一个选区后，选择【选择】→【修改】→【扩展】命令，在【扩展选区】对话框中设置扩展像素值，单击【确定】按钮，可以将选区向外扩展。

【收缩】命令用于将选区向内收缩指定的像素值。在图像中创建一个选区后，选择【选择】→【修改】→【收缩】命令，在【收缩选区】对话框中设置收缩像素值，单击【确定】按钮，可以将选区向内收缩。

【扩大选取】命令用于在原选区相邻范围内按照魔棒工具选项中指定的容差范围选取与原选区中色彩相近的像素。

【选取相似】命令用于在整个图像中按照魔棒工具选项中指定的容差范围选取与原选区中色彩相近的像素。

3.6.4 变换选区

对于创建的选区还可以使用【变换选区】命令对其形状进行缩放、旋转、扭曲、变形、翻转等变换。

创建选区后，选择【选择】→【变换选区】命令，在选区周围将出现如图3-33所示的控制框，将鼠标移动到控制框4个角的控制点上拖动，可以对选区进行缩放。拖动控制框4条边上的控制点，可以调整选区的宽度或高度。将鼠标移动到控制框4个角的控制点以外，当光标变成↰形状时，拖动鼠标，可以对选区进行旋转。在控制框四周右击鼠标，在快捷菜单中选择选区变换方式（见图 3-34），然后拖动控制点，可以对选区进行缩放、旋转、斜切、扭曲、透视等各种变换。

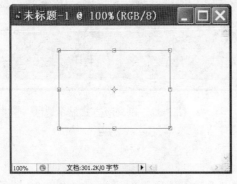

图3-33 变换选区控制框

图3-34 【变换选区】快捷菜单

3.7　选区的存储与载入

在 Photoshop 中，创建的选区不能直接使用【文件】→【存储】命令保存。如果用户需要保存当前创建的选区，可以通过【存储选区】命令将选区进行保存。如果需要再次使用，可以使用【载入选区】命令将其载入。

3.7.1　选区的存储

创建选区后，选择【选择】→【存储选区】命令，弹出【存储选区】对话框，如图 3-35 所示。设置各项参数后，单击【确定】按钮可以保存选区。

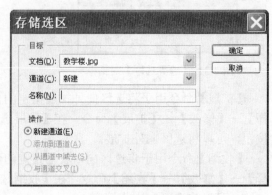

（1）文档：设置存储选区的文件。默认情况下，选区存储在当前图像中新增的 Alpha 通道内。

图 3-35　【存储选区】对话框

（2）通道：设置将选区存储在一个新通道中或存储在已有通道中。

（3）名称：设置选区存储通道的名称。

（4）操作：设置选区的存储方式。【新建通道】指将新选区替换通道中的原有选区；【添加到通道】指将当前选区内容添加到通道中；【从通道中减去】指从通道已有选区中减去当前选区；【与通道交叉】指保留新选区与通道中已有选区交叉的区域。

【存储选区】命令实际上是将选区保存在图像的 Alpha 通道中，在通道面板中可以看到存储的选区，如图 3-36 所示。单击选区通道前面的【指示通道可见性】标志 👁，使选区通道在图像中可见，在图像中将以蒙版方式显示选区，如图 3-37 所示。

图 3-36　通道面板

图 3-37　以蒙版方式显示选区

3.7.2　选区的载入

选择【选择】→【载入选区】命令，弹出【载入选区】对话框，如图 3-38 所示。设置载入参数，然后单击【确定】按钮，可以载入已保存的选区。

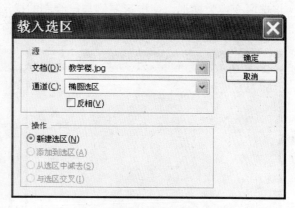

（1）文档：设置载入选区的文件。默认情况下，从当前图像中载入选区。

（2）通道：选择要载入的通道名称。

（3）操作：设置选区的载入方式。【新建选区】指用载入选区替换当前选区；【添加到选区】指将载入选区内容添加到当前选区；【从选区中减去】指从当前选区中减去载入的选区；【与选区交叉】指保留载入选区与当前选区交叉的区域。

图 3-38 【载入选区】对话框

3.8 上机实践——制作合成图片

【例 3.1】 逃出画面的豹子

（1）新建一幅宽度为 1500 像素、高度为 1000 像素的图像。

（2）使用矩形选框工具在图像左侧创建一个高度和图像高度相同，宽度为图像高度 3/4 的矩形选区，如图 3-39 所示。

（3）选择【选择】→【变换选区】命令，在控制框内右击，在快捷菜单中选择【透视】命令，然后向下拖动右上角的控制点，将右侧上下两个控制顶点向中间移动，再向上拖动控制框右侧中间的控制点，使右侧控制框向上移动，将选区变换为梯形，如图 3-40 所示。然后，在控制框内双击鼠标确认变换。

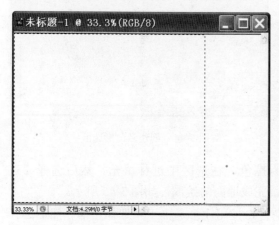

图 3-39 创建矩形选区

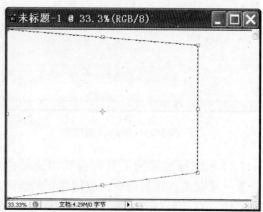

图 3-40 将矩形选区变换为梯形

（4）选择渐变工具，在【渐变编辑器】对话框中设置渐变颜色为浅灰色到深灰色过渡，然后在梯形选区中水平拖动进行渐变填充，如图 3-41 所示。

（5）使用矩形选框工具在图像右侧的空白部分创建一个选区，然后重复第 3 步操作，将选区变换为梯形，使梯形左侧与已绘制的梯形右侧高度相等并对齐，接着在控制框内双击鼠标确认变换，选区如图 3-42 所示。

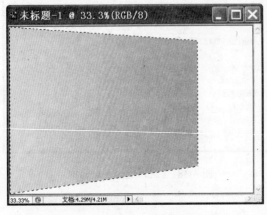

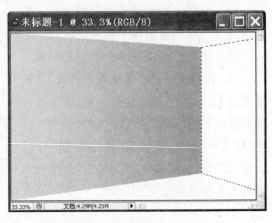

图 3-41　渐变填充梯形选区　　　　　　　　图 3-42　制作左侧梯形选区

（6）选择渐变工具，在【渐变编辑器】对话框中设置渐变颜色为浅灰色到深灰色过渡，然后在左侧梯形选区中水平拖动进行渐变填充。选择【选择】→【取消选择】命令，取消建立的选区，完成两侧墙面的绘制，如图 3-43 所示。

（7）使用多边形套索工具选择墙面下方的多边形区域，如图 3-44 所示。

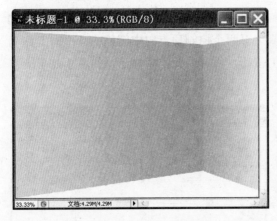

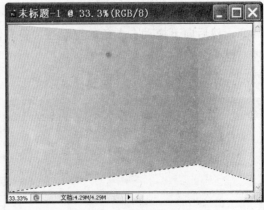

图 3-43　绘制两侧墙面　　　　　　　　图 3-44　创建多边形选区

（8）选择油漆桶工具，设置填充颜色为棕色，在选区中进行填充。然后选择【选择】→【取消选择】命令，取消建立的选区，完成地面的绘制，如图 3-45 所示。

（9）打开素材文件夹中的"相框.jpg"文件，使用矩形选框工具选择相框。然后选择【编辑】→【拷贝】命令，并将窗口切换到本例创建的文件，选择【编辑】→【粘贴】命令，将相框作为一个新图层粘贴到文件中，如图 3-46 所示。

（10）打开素材文件夹中的"森林.jpg"文件，选择【选择】→【全部】命令，选择整幅图像。然后选择【编辑】→【拷贝】命令，并将窗口切换到本例创建的文件，选择【编辑】→【粘贴】命令，将森林作为一个新图层粘贴到文件中，如图 3-47 所示。

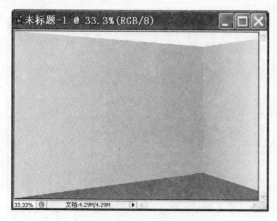

图 3-45　绘制地面

图 3-46　复制相框

（11）选择相框图层，然后选择【编辑】→【自由变换】命令，拖动自由变换控制框四周的控制点，使相框刚好套住森林画面（见图 3-48），然后双击控制框内部确认变换。

图 3-47　复制森林

图 3-48　调整相框大小

（12）在图层面板中选择图层 2，然后选择【图层】→【向下合并】命令，将森林图层和相框图层合并为一幅画。选择图层 1，然后选择【编辑】→【自由变换】命令，在控制框内右击，在快捷菜单中选择【透视】命令，接着向下拖动右上角的控制点，将右侧上下两个控制顶点向中间移动，再向上拖动控制框右侧中间的控制点，使右侧控制框向上移动，使相框的上边沿和下边沿与左侧墙的上、下边沿平行，将画移动到左侧墙面中央。接下来，在控制框内双击鼠标确认变换，如图 3-49 所示。

（13）打开素材文件夹中的"豹.jpg"文件，选择快速选择工具，在选项栏中设置画笔的直径为 10 像素、硬度为 100%、间距为 25%，并选择方式为【新选区】。在豹子身体上拖动画笔，选定豹子身体。在选择过程中可以根据需要在选项栏中切换选择方式为【添加到新选区】或【从选区减去】，然后拖动画笔增加或减少选区，使选区刚好包括豹子轮廓，如图 3-50 所示。

（14）选择【选择】→【修改】→【羽化】命令，在【羽化选区】对话框中设置羽化半径为 2 像素，使豹子的轮廓稍柔和，然后单击【确定】按钮确认羽化效果。

图 3-49　变换画框形状　　　　　　　　　　　　图 3-50　选择豹子轮廓

（15）选择【编辑】→【拷贝】命令，复制豹子。将窗口切换到本例创建的文件，选择【编辑】→【粘贴】命令，将豹子作为新图层粘贴到文件中。然后使用移动工具调整豹子的位置，如图 3-51 所示。

（16）在图层 2 中使用多边形套索工具创建一个四边形选区，使四边形选区的上边沿与画框下侧内边沿重合，如图 3-52 所示。按 Delete 键，删除选区内豹子的脚，使豹子好像从画面中走出。然后选择【选择】→【取消选择】命令，取消建立的选区。

图 3-51　复制并调整豹子　　　　　　　　　　图 3-52　创建四边形选区

（17）切换到"豹子.jpg"图像窗口，选择魔棒工具，在选项栏中设置容差为 60，并选择【消除锯齿】和【连续】复选框，在豹子影子部分单击，选择豹子的影子。在选项栏中将选择方式设置为【添加到选区】，将影子区域中未选中的部分都选上，如图 3-53 所示。

（18）选择【编辑】→【拷贝】命令，复制影子。将窗口切换到本例创建的文件，然后选择画框图层，选择【编辑】→【粘贴】命令，将影子作为新图层粘贴到画框图层和豹子图层中间。接着，使用移动工具调整影子的位置，如图 3-54 所示。

（19）选择影子图层，然后选择【滤镜】→【模糊】→【动感模糊】命令，在【动感模糊】对话框中设置角度为–30、距离为 40，如图 3-55 所示。然后单击【确定】按钮，确定动感模糊效果。

图 3-53 选择影子   图 3-54 复制并调整影子

（20）选择【滤镜】→【动感模糊】命令，将前面的动感模糊效果再次运用，使影子更加模糊。

（21）保存文件。图像完成效果如图 3-56 所示。

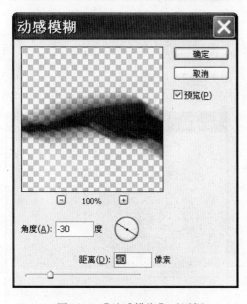

图 3-55 【动感模糊】对话框

图 3-56 逃出画面的豹子完成效果

【例 3.2】 环保宣传画

（1）新建一幅宽度为 800 像素、高度为 1000 像素的图像。

（2）打开素材文件夹中的"蓝天.jpg"文件，选择矩形选框工具，在选项栏中设置羽化为 100，然后在蓝天图像区域中拖动鼠标创建一个矩形选区，如图 3-57 所示。

（3）选择【编辑】→【拷贝】命令，复制蓝天。将窗口切换到本例创建的文件，选择【编辑】→【粘贴】命令，将蓝天作为新图层粘贴到文件中。然后使用移动工具调整蓝天的位置，如图 3-58 所示。

（4）打开素材文件夹中的"草地.jpg"文件，选择矩形选框工具，在选项栏中设置羽化为 20，然后在草地图像区域中拖动鼠标创建一个矩形选区，如图 3-59 所示。

图 3-57　创建矩形选区　　　　　　　　　图 3-58　复制并调整蓝天

（5）选择【编辑】→【拷贝】命令，复制草地。将窗口切换到本例创建的文件，然后选择【编辑】→【粘贴】命令，将草地作为新图层粘贴到文件中。接着使用移动工具调整草地的位置，如图 3-60 所示。

图 3-59　选择草地　　　　　　　　　　　图 3-60　复制并调整草地

（6）新建一个图层，在导航器面板中将显示比例设置为 20%，在图像中创建一个大的椭圆选区。移动椭圆选区，使其右下角位于图像右下方，将显示比例还原为 50%，创建的选区如图 3-61 所示。

（7）选择【选择】→【修改】→【边界】命令，在【边界选区】对话框中设置边界宽度为 60 像素，然后单击【确定】按钮创建边界选区。接着将选区向下移动，使选区的下边沿与图像的底边对齐，如图 3-62 所示。

图 3-61　创建椭圆选区

图 3-62　创建边界选区

（8）选择【选择】→【调整边缘】命令，弹出【调整边缘】对话框，设置半径为 0.1、对比度为 100%、平滑为 0、羽化为 0、收缩/扩展为 0%，单击【确定】按钮，调整选区边缘的效果，如图 3-63 所示。

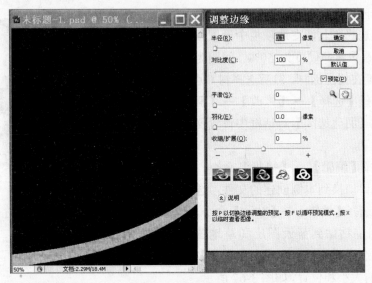

图 3-63　调整选区边缘

（9）选择油漆桶工具，设置前景色为深蓝色，然后在选区中单击，将选区填充为深蓝色，如图 3-64 所示。

　　（10）选择魔棒工具，在选项栏中选择【连续】复选框，在弧线图层右下角单击，选择弧线右下角区域。在图层面板中切换到草地图层，按 Delete 键删除右下角的草地，如图 3-65 所示。然后选择【选择】→【取消选择】命令，取消选区。

图 3-64　填充选区

图 3-65　删除右下角的草地

　　（11）打开素材文件夹中的"树.jpg"文件，选择快速选择工具，在选项栏中设置画笔的直径为 16 像素、硬度为 50%、间距为 25%。使用画笔在树上涂抹，然后选择树（见图 3-66），选择【选择】→【修改】→【羽化】命令，在【羽化选区】对话框中设置羽化半径为 5 像素。

　　（12）选择【编辑】→【拷贝】命令，复制树。将窗口切换到本例创建的文件，选择蓝天图层，选择【编辑】→【粘贴】命令，将树作为新图层粘贴到蓝天图层和草地图层之间。然后选择【编辑】→【自由变换】命令，调整树的大小和位置，如图 3-67 所示。

图 3-66　选择树

　　（13）打开素材文件夹中的"手.jpg"文件，选择磁性套索工具，在选项栏中设置羽化为 0 像素、宽度为 50 像素、对比度为 10%、频率为 20，然后沿手的轮廓移动鼠标，创建选区，如图 3-68 所示。

图 3-67　复制并调整树

图 3-68　选择手

（14）选择【编辑】→【拷贝】命令，复制双手。将窗口切换到本例创建的文件，选择【编辑】→【粘贴】命令，将双手作为新图层粘贴到文件中。然后选择【编辑】→【自由变换】命令，调整双手的大小和角度，如图 3-69 所示。

（15）打开素材文件夹中的"地球.jpg"文件，选择椭圆选框工具，在选项栏中设置羽化为 0 像素，并选择【消除锯齿】复选框。然后按住 Shift 键，在图像中拖出一个圆形选区。选择【选择】→【变换选区】命令，调整圆形选区的大小和位置，使选区刚好包括地球（见图 3-70），双击鼠标确认选区。

图 3-69　复制并调整双手

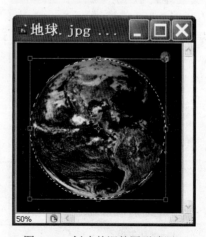

图 3-70　创建并调整圆形选区

（16）选择【编辑】→【拷贝】命令，复制地球。将窗口切换到本例创建的文件，选择【编辑】→【粘贴】命令，将地球作为新图层粘贴到文件中。然后选择【编辑】→【自由变换】命令，调整地球的大小和角度，如图 3-71 所示。

（17）在图层面板中单击地球图层前面的显示按钮，隐藏地球图层。然后选择手图层，使用磁性套索工具选择右手大拇指和手臂部分，如图 3-72 所示。

图 3-71　复制并调整地球　　　　　　　　图 3-72　选择右手大拇指和手臂

（18）选择【编辑】→【剪切】命令，剪切右手选区。打开地球图层左侧的显示按钮，选择地球图层，然后选择【编辑】→【粘贴】命令，将右手选区作为新图层粘贴到文件中，使右手大拇指位于地球前方，如图 3-73 所示。

（19）打开素材文件夹中的"标志.jpg"文件，选择多边形套索工具，在图像中沿标志外侧单击鼠标，创建多边形选区，如图 3-74 所示。

图 3-73　调整右手大拇指的层次　　　　　　　图 3-74　选择环保标志

（20）选择【编辑】→【拷贝】命令，复制标志。将窗口切换到本例创建的文件，选择【编辑】→【粘贴】命令，将标志作为新图层粘贴到文件中。然后使用移动工具将标志移动到图像右下角的空白处，如图 3-75 所示。

（21）选择横排文字工具，在选项栏中单击【显示/隐藏字符和段落调板】按钮，在段落面板中设置字体为黑体、字符大小为 80 点、行距为 100 点、颜色为深绿色，如图 3-76 所示。然后在图像左上角输入文字"追求绿色时尚 拥抱绿色生活"。

图 3-75　复制并调整标志

图 3-76　设置文字属性

（22）保存文件。图像完成效果如图 3-77 所示。

图 3-77　环保宣传画完成效果

3.9 本章小结

　　本章介绍了在图像中创建选区的各种方法。在 Photoshop 中处理图像时，创建选区是必不可少的步骤。在创建选区时，应该根据图像的内容和特点选择合适的工具。例如，如果图像中需要选择的内容是矩形、椭圆、多边形等形状，可以使用矩形选框工具、椭圆选框工具、多边形套索工具；如果图像中要选择的对象有连续且明显的边界，可以使用磁性套索工具；如果图像中要选择的对象的色彩比较接近，可以使用魔棒工具或快速选择工具。创建选区后，还可以使用【选择】菜单中的各种命令对选区进行修改。

　　除了本章介绍的各种选择工具以外，在 Photoshop 中还可以使用蒙版、【抽出】滤镜创建选区，这些内容将在后面的章节中进一步介绍。

第4章 绘图工具及路径

第一次启动 Photoshop 时，工具箱将出现在屏幕左侧。通过绘图工具，可以进行选择、绘制、取样、移动等操作。

可通过拖曳工具箱的标题栏来移动它。通过选择【窗口】→【工具】命令，也可以显示或隐藏工具箱。工具箱中包含了用于绘画、选择和编辑图像的基本工具。每一个工具都用一个图标来表示，理解每一个工具的使用和功能是学习 Photoshop 的关键。

启动 Photoshop 时，工具箱将显示在屏幕左侧。工具箱中的某些工具会在选项栏中提供一些选项。用户可以展开某些工具，以查看其后面的隐藏工具。另外，如果工具图标右下角有一个黑色小三角形，表示其下存在隐藏工具。

通过将指针放在工具上，可以查看该工具的相关信息。工具的名称将出现在指针下面的工具提示中，某些工具提示包含了指向该工具附加信息的相关链接。

4.1　绘图工具简介

在 Photoshop 的工具箱中包含有多种工具，每一种工具都有其特殊的功能，用户可以用它来完成创建、编辑图像或修改其颜色等一系列的操作。通常将工具分成几个大类，如图 4-1 所示。

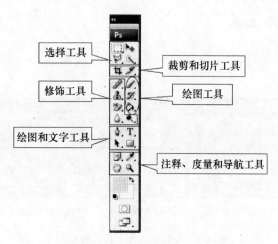

图 4-1　Photoshop 的工具

4.1.1　选择工具

选择工具包括选框工具、移动工具、套索工具、快速选择工具和魔棒工具，用它们选择图像的效果如图 4-2 所示。

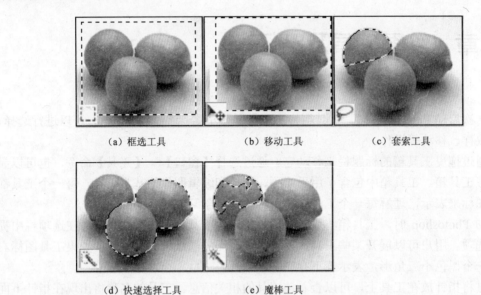

<table>
<tr><td>（a）框选工具</td><td>（b）移动工具</td><td>（c）套索工具</td></tr>
<tr><td>（d）快速选择工具</td><td>（e）魔棒工具</td></tr>
</table>

图 4-2　选择工具的选择效果

（1）选框工具：可建立矩形、椭圆、单行和单列选区。
（2）移动工具：可移动选区、图层和参考线。
（3）套索工具：可建立手绘图、多边形（直边）和磁性（紧贴）选区。
（4）快速选择工具：可使用可调整的圆形画笔笔尖快速绘制选区。
（5）魔棒工具：可选择颜色相近的区域。

4.1.2　裁剪和切片工具

裁剪和切片工具包括裁剪工具、切片工具和切片选择工具，用它们处理图像的效果如图 4-3 所示。

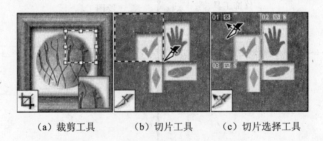

（a）裁剪工具　　　（b）切片工具　　　（c）切片选择工具

图 4-3　裁剪和切片工具的处理效果

（1）裁剪工具：可裁切图像。
（2）切片工具：可创建切片。
（3）切片选择工具：可选择切片。

4.1.3 修饰工具

修饰工具包括污点修复画笔工具、修复画笔工具、修补工具、红眼工具、仿制图章工具、图案图章工具、橡皮擦工具、背景橡皮擦工具、魔术橡皮擦工具、模糊工具、锐化工具、涂抹工具、减淡工具、加深工具和海绵工具，用它们处理图像的效果如图4-4所示。

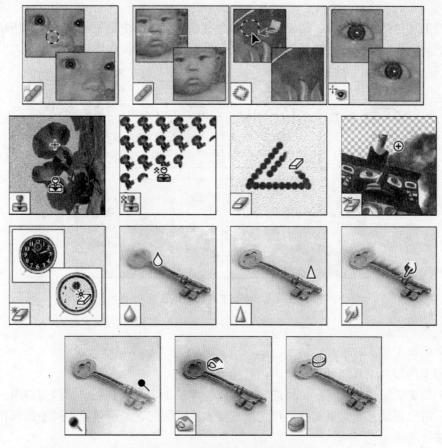

图 4-4　修饰工具的处理效果

（1）污点修复画笔工具：可移去污点和对象。

（2）修复画笔工具：可利用样本或图案绘画，以修复图像中不理想的部分。

（3）修补工具：可使用样本或图案来修复所选图像区域中不理想的部分。

（4）红眼工具：可移去图像中眼部由闪光灯导致的红色反光。

（5）仿制图章工具：可利用图像的样本来绘画。

（6）图案图章工具：可使用图像的一部分作为图案来绘画。

（7）橡皮擦工具：可抹除像素并将图像的局部恢复到以前存储的状态。

（8）背景橡皮擦工具：可通过拖动将区域擦为透明区域。

（9）魔术橡皮擦工具：只需单击一次即可将纯色区域擦为透明区域。

（10）模糊工具：可对图像中的硬边缘进行模糊处理。

（11）锐化工具：可锐化图像中的柔边缘。

（12）涂抹工具：可涂抹图像中的数据。

（13）减淡工具：可使图像中的区域变亮。

（14）加深工具：可使图像中的区域变暗。

（15）海绵工具：可更改区域的颜色饱和度。

4.1.4 绘画工具

绘画工具包括画笔工具、铅笔工具、颜色替换工具、历史记录画笔工具、历史记录艺术画笔工具、渐变工具和油漆桶工具，用它们处理图像的效果如图 4-5 所示。

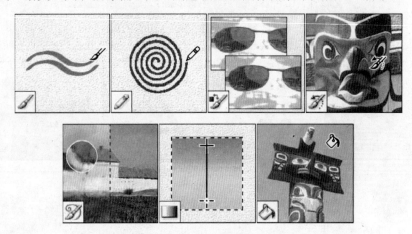

图 4-5　绘画工具的处理效果

（1）画笔工具：可绘制画笔描边。

（2）铅笔工具：可绘制硬边描边。

（3）颜色替换工具：可将选定颜色替换为新颜色。

（4）历史记录画笔工具：可将选定状态或快照的副本绘制到当前图像窗口中。

（5）历史记录艺术画笔工具：可使用选定状态或快照，采用模拟不同绘画风格的风格化描边进行绘画。

（6）渐变工具：可创建线性、径向、角度、对称和菱形渐变效果。

（7）油漆桶工具：可使用前景色填充颜色相近的区域。

4.1.5 绘图和文字工具

绘图和文字工具包括路径选择工具、文字工具、文字蒙版工具、钢笔工具、形状工具和直线工具、自定形状工具，用它们处理图像的效果如图 4-6 所示。

（1）路径选择工具：可建立显示锚点、方向线和方向点的形状或线段选区。

（2）文字工具：可在图像上创建文字。

（3）文字蒙版工具：可创建文字形状的选区。

（4）钢笔工具：可绘制边缘平滑的路径。

（5）形状工具和直线工具：可在正常图层或形状图层中绘制形状和直线。

（6）自定形状工具：可创建从自定形状列表中选择的自定形状。

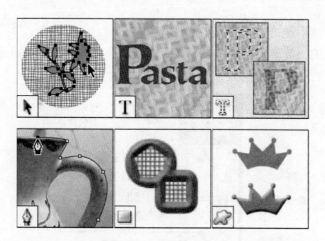

图 4-6　绘图和文字工具

4.1.6　注释、测量和导航工具

注释、测量和导航工具包括注释工具、吸管工具、测量工具、抓手工具和缩放工具，用它们处理图像的效果如图 4-7 所示。

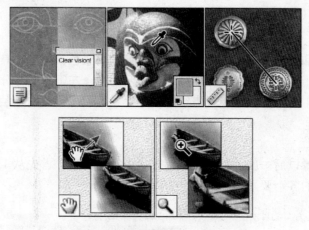

图 4-7　注释、测量和导航工具

（1）注释工具：可创建可附加到图像的文字或语音注释。

（2）吸管工具：可提取图像的色样。

（3）测量工具：可测量距离、位置和角度。

（4）抓手工具：可在图像窗口内移动图像。

（5）缩放工具：可放大和缩小图像的视图。

4.1.7　使用工具

通过执行下列操作，用户可以找到自己想要使用的工具，图 4-8 展示了如何使用选择工具。

（1）在工具箱中单击一种工具。如果工具的右下角有黑色小三角，可按住鼠标右键来查看隐藏的工具，然后单击要选择的工具。

（2）使用工具的快捷键。快捷键显示在工具提示中，例如，可以通过按 V 键来选择移动工具。

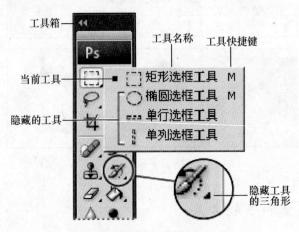

图 4-8　使用选择工具

4.2　画笔工具和铅笔工具

使用画笔工具和铅笔工具可在图像上绘制当前的前景色。画笔工具用于创建颜色的柔描边；铅笔工具用于创建硬边直线。如图 4-9 所示的两个左下角图标分别代表画笔工具和铅笔工具，正如图中所示，画笔表现为绘画的毛笔或笔刷，铅笔的笔触是硬笔。

4.2.1　画笔要素

在创建了新图像以后，就可以使用画笔工具进行绘制了。首先从工具箱中选择画笔工具，然后设置画笔的各个要素，如图 4-10 所示。

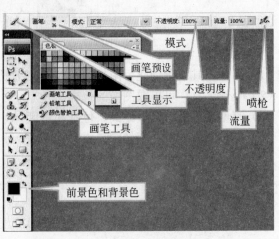

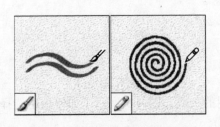

图 4-9　画笔工具和铅笔工具　　　　　　　图 4-10　画笔的要素

1．前景色和背景色

前景色是画笔笔尖的颜色，背景色是画布的颜色。在绘制前，可以单击色板面板上的某一个颜色确定画笔笔尖的颜色。在图 4-10 中，前景色为黑色。

也可以将前景色和背景色互换，这时需要单击前景色和背景色旁的双向箭头 。

2．画笔预设

指设置画笔的大小、形状和硬度等特性，然后将常用特性通过【存储画笔】命令进行存储，如图 4-11 所示。

在画笔预设面板上，有许多画笔笔尖形状，可以通过单击鼠标左键来选择。选定笔尖后，还可以更改画笔的如下选项。

- 主直径：临时更改画笔的大小。拖动滑块，或输入一个值。
- 硬度：临时更改画笔工具的消除锯齿量。如果为 100%，画笔工具将使用最硬的画笔笔尖绘画，但仍然消除了锯齿。

如果面板上显示的笔尖形状不能满足要求，还可以载入其他画笔系列。单击面板右上角的 按钮，会弹出列了许多预设形状的画笔系列，选择其中一个画笔系列，在面板上就会展示该系列的笔尖形状。

3．不透明度

设置所应用颜色的透明度。在某个区域上方进行绘画时，在释放鼠标按键之前，无论将指针移动到该区域上方多少次，不透明度都不会超出设定的级别。如果再次在该区域上方描边，则会应用与设置的不透明度相当的其他颜色。若不透明度为 100%，则表示完全不透明。

4．模式

设置如何将绘画的颜色与下面的现有像素混合。可用模式将根据当前选定工具的不同而变化。图 4-12 是【模式】下拉列表框，下面来了解其中每个模式的作用。

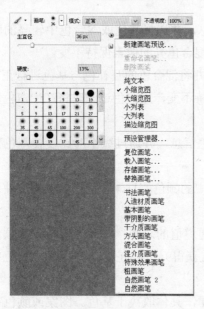

图 4-11　画笔预设面板和面板菜单

图 4-12　【模式】下拉列表框

在说明各个具体的模式之前，先定义"基色"为画笔涂抹之前的颜色，是图像中的原稿颜色。"混合色"为画笔本身所带的颜色及其硬度属性，是通过绘画或编辑工具应用的颜色。"结果色"是混合后得到的颜色。

（1）正常：编辑或绘制每个像素，使其成为结果色。这是默认模式。

（2）溶解：编辑或绘制每个像素，使其成为结果色。但是，根据任何像素位置的不透明度，结果色由基色或混合色的像素随机替换。

（3）背后：仅在图层的透明部分编辑或绘画。此模式仅在取消选择了【锁定透明像素】的图层中使用，类似于在透明纸的透明区域背面绘画。

（4）清除：编辑或绘制每个像素，使其透明。

（5）变暗：查看每个通道中的颜色信息，并选择基色或混合色中较暗的颜色作为结果色。将替换比混合色亮的像素，而比混合色暗的像素保持不变。

（6）正片叠底：查看每个通道中的颜色信息，并将基色与混合色进行正片叠底。结果色总是较暗的颜色。任何颜色与黑色正片叠底都将产生黑色，任何颜色与白色正片叠底保持不变。当用黑色或白色以外的颜色绘画时，绘画工具绘制的连续描边将产生逐渐变暗的颜色。

（7）颜色加深：查看每个通道中的颜色信息，并通过增加对比度使基色变暗以反映混合色。与白色混合不发生变化。

（8）线性加深：查看每个通道中的颜色信息，并通过减少亮度使基色变暗以反映混合色。与白色混合不发生变化。

（9）深色：比较混合色和基色的所有通道值的和并显示值较小的颜色。此模式不会生成第 3 种颜色（可以通过【变暗】模式获得），因为它将从基色和混合色中选择最小的通道值来创建结果颜色。

（10）变亮：查看每个通道中的颜色信息，并选择基色或混合色中较亮的颜色作为结果色。结果是比混合色暗的像素被替换，比混合色亮的像素保持不变。

（11）滤色：查看每个通道的颜色信息，并将混合色的互补色与基色进行正片叠底。结果色总是较亮的颜色。用黑色过滤时颜色保持不变，用白色过滤时将产生白色。此效果类似于多个摄影幻灯片在彼此之上投影。

（12）颜色减淡：查看每个通道中的颜色信息，并通过减小对比度使基色变亮以反映混合色。与黑色混合不发生变化。

（13）线性减淡（添加）：查看每个通道中的颜色信息，并通过增加亮度使基色变亮以反映混合色。与黑色混合不发生变化。

（14）浅色：比较混合色和基色的所有通道值的总和，并显示值较大的颜色。此模式不会生成第 3 种颜色（可以通过【变亮】模式获得），因为它将从基色和混合色中选择最大的通道值来创建结果颜色。

（15）叠加：对颜色进行正片叠底或过滤，具体取决于基色。图案或颜色在现有像素上叠加，同时保留基色的明暗对比。不替换基色，但基色与混合色相混合以反映原色的亮度或暗度。

（16）柔光：使颜色变暗或变亮，具体取决于混合色。此效果与发散的聚光灯照在图像上相似。如果混合色（光源）比 50%灰色亮，则图像变亮，就像被减淡了一样。如果混合色（光源）比 50%灰色暗，则图像变暗，就像被加深了一样。使用纯黑或纯白色绘画会产生明显变暗或变亮的区域，但不会出现纯黑或纯白色。

（17）强光：对颜色进行正片叠底或过滤，具体取决于混合色。此效果与耀眼的聚光灯照在图像上相似。如果混合色（光源）比 50%灰色亮，则图像变亮，就像过滤后的效果，这对于向图像中添加高光非常有用。如果混合色（光源）比 50%灰色暗，则图像变暗，就像正片叠底后的效果，这对于向图像中添加阴影非常有用。使用纯黑或纯白色绘画会出现纯黑或纯白色。

（18）亮光：通过增加或减少对比度来加深或减淡颜色，具体取决于混合色。如果混合色（光源）比 50%灰色亮，则通过减少对比度使图像变亮。如果混合色比 50%灰色暗，则通过增加对比度使图像变暗。

（19）线性光：通过减少或增加亮度来加深或减淡颜色，具体取决于混合色。如果混合色（光源）比 50%灰色亮，则通过增加亮度使图像变亮。如果混合色比 50%灰色暗，则通过减少亮度使图像变暗。

（20）点光：根据混合色替换颜色。如果混合色（光源）比 50%灰色亮，则替换比混合色暗的像素，而不改变比混合色亮的像素。如果混合色比 50%灰色暗，则替换比混合色亮的像素，而比混合色暗的像素保持不变。这对于向图像中添加特殊效果非常有用。

（21）实色混合：将混合颜色的红色、绿色和蓝色通道值添加到基色的 RGB 值。如果通道的结果总和大于或等于 255，则值为 255；如果小于 255，则值为 0。因此，所有混合像素的红色、绿色和蓝色通道值要么是 0，要么是 255。这会将所有像素更改为原色，即红色、绿色、蓝色、青色、黄色、洋红、白色或黑色。

（22）差值：查看每个通道中的颜色信息，并从基色中减去混合色，或从混合色中减去基色，具体取决于哪一个颜色的亮度值更大。与白色混合将反转基色值；与黑色混合则不发生变化。

（23）排除：创建一种与【差值】模式相似但对比度更低的效果。与白色混合将反转基色值，与黑色混合不发生变化。

（24）色相：用基色的明亮度、饱和度以及混合色的色相创建结果色。

（25）饱和度：用基色的明亮度、色相以及混合色的饱和度创建结果色。在无（0）饱和度（灰色）的区域上使用此模式绘画不会发生任何变化。

（26）颜色：用基色的明亮度以及混合色的色相和饱和度创建结果色。这样可以保留图像中的灰阶，并且对于给单色图像上色和给彩色图像着色都非常有用。

（27）明度：用基色的色相、饱和度以及混合色的明亮度创建结果色。此模式产生与【颜色】模式相反的效果。

图 4-13 所示为各模式应用示例。在颜色面板中设置画笔的颜色：R=222，G=162，B=41。

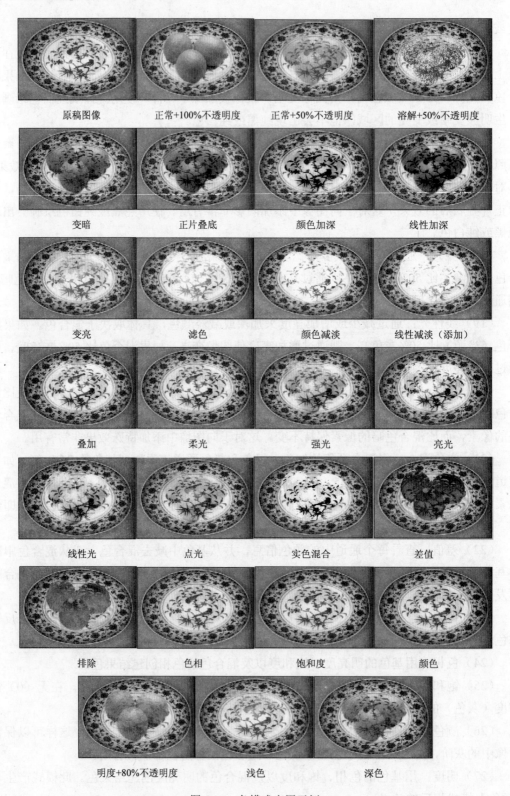

原稿图像　　　　正常+100%不透明度　　正常+50%不透明度　　溶解+50%不透明度

变暗　　　　　　正片叠底　　　　　　颜色加深　　　　　　线性加深

变亮　　　　　　滤色　　　　　　　　颜色减淡　　　　　　线性减淡（添加）

叠加　　　　　　柔光　　　　　　　　强光　　　　　　　　亮光

线性光　　　　　点光　　　　　　　　实色混合　　　　　　差值

排除　　　　　　色相　　　　　　　　饱和度　　　　　　　颜色

明度+80%不透明度　　　　浅色　　　　　　　　深色

图 4-13　各模式应用示例

5. 流量

设置当将指针移动到某个区域上方时应用颜色的速度。在某个区域上方进行绘画时，如果一直按住鼠标左键，颜色量将根据流动速度增大，直至达到不透明度设置。

6. 喷枪

使用喷枪模拟绘画。当将指针移动到某个区域上方时，如果按住鼠标左键，颜料量将会增加。可以通过画笔硬度、不透明度和流量选项控制应用颜料的速度和数量。单击此按钮可打开或关闭此功能。

4.2.2 画笔面板

除了可以通过画笔预设来确定画笔笔尖属性以外，还可以单击 Photoshop 选项栏中的按钮启动画笔面板，对画笔属性做更多的设置。画笔面板提供了许多将动态（或变化）元素添加到预设画笔笔尖的选项。画笔面板打开后如图 4-14 所示。

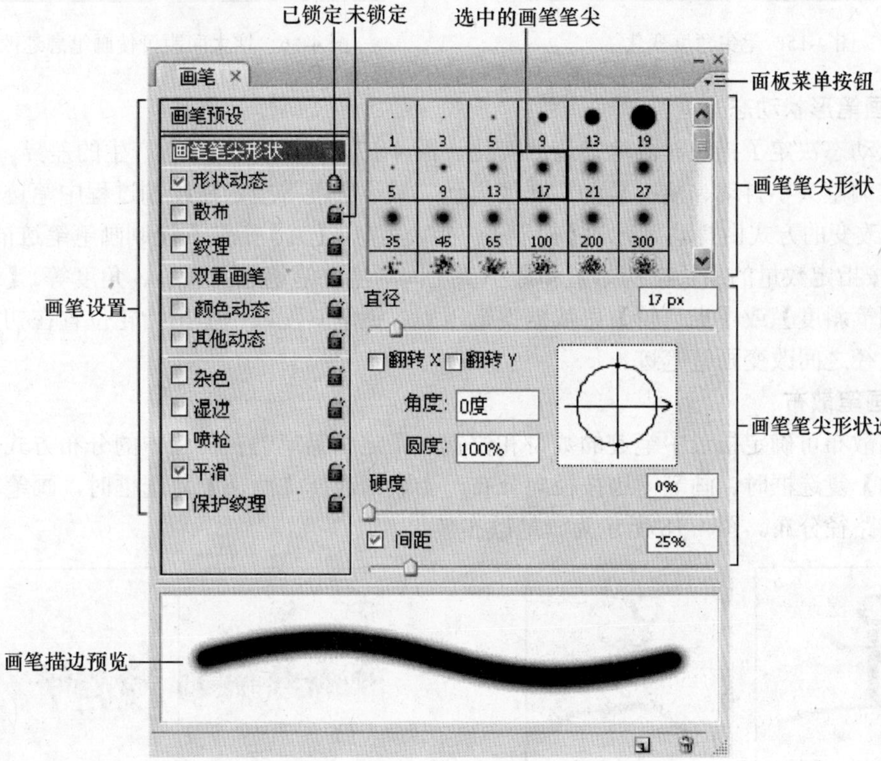

图 4-14 画笔面板

1. 画笔笔尖形状选项

在选择了画笔笔尖形状以后，可以在画笔面板中设置其参数。

（1）直径：控制画笔的大小。输入以像素为单位的值，或拖动滑块。

（2）角度：指定椭圆画笔或样本画笔的长轴从水平方向旋转的角度。输入度数，或在预览框中拖动水平轴，角度变化如图 4-15 所示。

（3）圆度：指定画笔短轴和长轴之间的比率。输入百分比值，或在预览框中拖动点。100%表示圆形画笔，0%表示线性画笔，介于两者之间表示椭圆画笔。

（4）硬度：控制画笔硬度中心的大小。输入数字，或者拖动滑块调整画笔直径的百分比值。该选项不能更改样本画笔的硬度。

（5）间距：控制描边中两个画笔笔迹之间的距离。如果要更改间距，可输入数字，或拖动滑块调整笔直径的百分比值。当取消选择此复选框时，光标的速度将确定间距。图 4-16 显示了笔尖间距改变的效果。

图 4-15　笔尖角度变化

 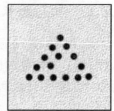

图 4-16　增大间距可使画笔急速改变

2．画笔形状动态

形状动态决定了描边时画笔笔迹的变化。图 4-17 显示了形状动态产生的差异。

通过调整大小抖动、角度抖动、圆度抖动、最小圆度等指定在绘制过程中笔迹的改变及范围，改变的方式由抖动下方的【控制】决定。其中，【关】指定不控制画笔笔迹的变化，【渐隐】按指定数量的步长在初始值和最小值之间渐隐画笔笔迹的大小、角度等。【钢笔压力】、【钢笔斜度】或【光笔轮】可依据钢笔压力、钢笔斜度或钢笔拇指轮位置在初始直径和最小直径之间改变画笔笔迹。

3．画笔散布

画笔散布可确定描边中笔迹的数目和位置，指定画笔笔迹在描边中的分布方式。当选择【两轴】复选框时，画笔笔迹按径向分布。当取消选择【两轴】复选框时，画笔笔迹垂直于描边路径分布。图 4-18 所示为画笔散布效果。

图 4-17　无形状动态和有形状
动态的画笔笔尖

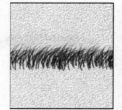 

图 4-18　无散布的画笔描边（左图）
和有散布的画笔描边（右图）

4．纹理画笔选项

纹理画笔利用图案使描边看起来像是在带纹理的画布上绘制的一样。图 4-19 所示为纹理画笔效果。

单击图案样本，然后从弹出的面板中选择图案，并设置下面的一个或多个选项。

（1）反相：基于图案中的色调反转纹理中的亮点和暗点。当选择该复选框时，图案中的最亮区域是纹理中的暗点，因此接收的油彩最少；图案中的最暗区域是纹理中的亮点，因此接收的油彩最多。当取消选择该复选框时，图案中的最亮区域接收的油彩最多；图案中的最暗区域接收的油彩最少。

（2）缩放：指定图案的缩放比例。

（3）为每个笔尖设置纹理：将选定的纹理单独应用于画笔描边中的每个画笔笔迹，而不是作为整体应用于画笔描边。

（4）模式：指定用于组合画笔和图案的混合模式。

（5）深度：指定油彩渗入纹理中的深度。输入数字，或者拖动滑块调整值。如果是100%，则纹理中的暗点不接收任何油彩。如果是 0%，则纹理中的所有点都接收相同数量的油彩，从而隐藏图案。

5．双重画笔

双重画笔组合两个笔尖来创建画笔笔迹。将在主画笔的画笔描边内应用第二个画笔纹理；仅绘制两个画笔描边的交叉区域。在画笔面板的【画笔笔尖形状】部分设置主要笔尖的选项。图 4-20 所示为双重画笔效果。

 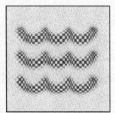  

图 4-19　无纹理的画笔描边（左图）
和有纹理的画笔描边（右图）

图 4-20　使用单笔尖创建的画笔描边（左图）
和使用双重笔尖创建的画笔描边（右图）

从画笔面板的【双重画笔】部分选择另一个画笔笔尖，然后设置以下任意选项。

（1）间距：控制描边中双笔尖画笔笔迹之间的距离。要更改间距，可输入数字，或拖动滑块调整笔尖直径的百分比。

（2）散布：指定描边中双笔尖画笔笔迹的分布方式。当选择【两轴】复选框时，双笔尖画笔笔迹按径向分布。当取消选择【两轴】复选框时，双笔尖画笔笔迹垂直于描边路径分布。要指定散布的最大百分比，可输入数字或拖动滑块来动调整输入值。

（3）数量：指定在每个间距间隔应用的双笔尖画笔笔迹的数量。输入数字，或拖动滑块调整输入值。

6．颜色动态

颜色动态决定了描边路线中油彩颜色的变化方式。

（1）前景/背景抖动、控制：指定前景色和背景色之间的油彩变化方式。

（2）色相抖动：指定描边中油彩色相可以改变的百分比。输入数字，或拖动滑块调整输入值。较低的值在改变色相的同时保持接近前景色的色相，较高的值增大色相间的差异。

（3）饱和度抖动：指定描边中油彩饱和度可以改变的百分比。输入数字，或者拖动滑块调整输入值。较低的值在改变饱和度的同时保持接近前景色的饱和度，较高的值增大饱和度级别之间的差异。

（4）亮度抖动：指定描边中油彩亮度可以改变的百分比。输入数字，或者拖动滑块调整输入值。较低的值在改变亮度的同时保持接近前景色的亮度，较高的值增大亮度级别之间的差异。

（5）纯度：增大或减小颜色的饱和度。

7．其他画笔选项

（1）杂色：为个别画笔笔尖增加额外的随机性。当应用于柔画笔笔尖（包含灰度值的画笔笔尖）时，此选项最有效。

（2）湿边：沿画笔描边的边缘增大油彩量，从而创建水彩效果。

（3）喷枪：将渐变色调应用于图像，同时模拟传统的喷枪技术。画笔面板中的喷枪选项与选项栏中的喷枪选项相对应。

（4）平滑：在画笔描边中生成更平滑的曲线。当使用画笔进行快速绘画时，此选项最有效，但是它在描边渲染中可能会导致轻微的滞后。

（5）保护纹理：将相同图案和缩放比例应用于具有纹理的所有画笔预设。在使用多个纹理画笔笔尖绘画时，可以模拟出一致的画布纹理。

4.2.3 自定义画笔

如果对所有的预设画笔形状都不满意，可以自己创建画笔形状。下面通过实例来学习自定义画笔的方法。

打开素材文件夹中的"一朵桃花.psd"（见图 4-21），使用选择工具将其选定，然后选择【编辑】→【定义画笔预设】命令，弹出如图 4-22 所示的【画笔名称】对话框。将名称修改为"一朵桃花"，然后单击【确定】按钮。

图 4-21　一朵桃花　　　　　　　　　　图 4-22　自定义画笔笔尖

已经定义好的画笔，可以从画笔预设中看到，图 4-23 中最后一个画笔形状就是"一朵桃花"，且该画笔的大小为 115 像素。大家可以使用该画笔绘制许多桃花，且在绘制过程中可以调整画笔的大小和颜色，如图 4-24 所示。

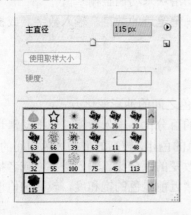

图 4-23　新的画笔形状"一朵桃花"　　　　图 4-24　一片桃花

4.2.4 铅笔工具

在画笔工具按钮上右击将弹出选择项（见图 4-25），选择铅笔工具就可以进行铅笔绘制。

铅笔工具不是真正的铅笔，而是绘画时笔触像铅笔笔尖，其操作方法和画笔工具完全一样，在此不再赘述。

4.2.5 绘图实例

下面使用画笔工具绘制一幅春天桃花图像。

1. 新建文件

创建一个大小为 800×600 像素的 RGB 图像，选择画笔预设中的书法画笔系列，采用其中的椭圆笔尖，使用画笔面板设置形状动态，将大小抖动设置为 20%，将控制设置为【渐隐】（笔尖可以由粗变细），将最小直径设置为 9%，并设置角度抖动、圆度抖动等。在设置的时候要注意看图 4-26 右下角的预览部分，尽量使笔尖轨迹满足自己想要的形状。

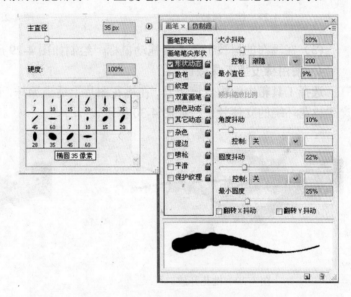

图 4-25　铅笔工具　　　　　　图 4-26　设置用于画树枝的笔尖形状

2. 绘制树枝

利用画笔预设不断调整画笔粗细，绘制出如图 4-27 所示的桃花树枝。建议在绘制的时候不要将鼠标拖动得太快。

3. 绘制桃花

选择桃花画笔，在之前学习创建自定义画笔时已经构造了一个桃花画笔，在此选择该笔尖，选择以后需要对笔尖的形状动态进行调整。

（1）调整画笔的笔尖形状动态，使画笔大小抖动，以便绘制出大小不一的桃花。

（2）调整笔尖在拖动时的间距，单击画笔面板中的"画笔笔尖形状"，将会展开笔尖参数部分，将笔尖直径设定为 43 像素，拖动间距滑块至 189%，如图 4-28 所示。注意观察

73

右下角的笔尖实例部分，在此需要笔尖不连续。

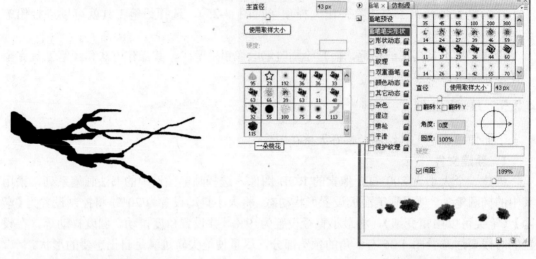

图 4-27　绘制树枝　　　　　　　　　　图 4-28　设置桃花笔尖

（3）在画布的树枝上单击或拖动鼠标，绘制如图 4-29 所示的效果。

4．使用橡皮擦工具微调

　　选择工具箱中的橡皮擦工具，在桃花图片上适当涂抹，让少许树枝不完全被桃花覆盖，产生桃花环绕的立体效果，如图 4-30 所示。

图 4-29　桃花开放　　　　　　　　　　图 4-30　桃花环绕

5．绘制草地

　　选择可以绘制草的画笔笔尖，调整笔尖形状动态和色彩动态，选取适当的颜色，将图片绘制成如图 4-31 所示的效果，并保存为"春日桃花.psd"。

图 4-31　春日桃花

4.3　图形绘制工具

在 Photoshop 中进行的绘图还包括绘制矢量形状。矢量形状与分辨率无关，因此，它们在调整大小、打印到 PostScript 打印机、存储为 PDF 文件或导入到基于矢量的图形应用程序中时，会保持清晰的边缘。

在工具箱中右击 ▣ 可以弹出如图 4-32 所示的工具选项。

从图 4-32 中可以看到 6 六种矢量图形绘制工具，它们是矩形工具、圆角矩形工具、椭圆工具、多边形工具、直线工具和自定形状工具。

4.3.1　矩形工具

选择矩形工具 ▣ 后，选项栏如图 4-33 所示。

图 4-32　形状工具和直线工具

图 4-33　矩形工具选项栏

- ▣ 表示所处图层为形状图层。
- ▣ 表示将要绘制的矢量图形为矩形。
- ▣ 表示创建新的形状图层。
- ▣ 表示在同一个形状图层上添加新的形状区域。
- ▣ 表示从同一个形状图层上减去新的形状区域。
- ▣ 表示保留与现有图层形状相交的区域。
- ▣ 表示保留与现有图层形状相交的区域以外的区域。
- 样式：▣ 表示形状表面和边缘的样式，单击后会显示图 4-34 左边所示的预设样式，如果依然不满意，可以单击 ⊙ 按钮弹出更多的样式系列，如图 4-34 右边所示。
- 颜色：▣ 绘制的形状表面将显示的颜色。

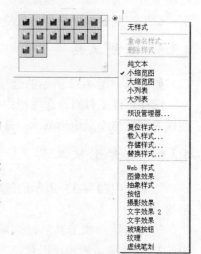

图 4-34　预设样式及面板菜单

绘制一个形状的步骤如下：

（1）选择一个形状工具。确保在选项栏中选中了【形状图层】按钮 ▢ 。

（2）选取形状的颜色。在选项栏中单击【颜色】后的矩形，然后从弹出的拾色器中选取一种颜色。

（3）为形状应用样式。从选项栏的【样式】弹出式面板中选择预设样式。

（4）在图像中拖动鼠标绘制形状。

注意：

（1）要将矩形或圆角矩形约束成正方形，或将椭圆约束成圆形，或将线条角度限制为 45° 的倍数，需按住 Shift 键。

（2）要从中心向外绘制，可将指针放置到形状中心所需的位置，按住 Alt 键，然后沿对角线拖动到任何角或边缘，直到形状已达到所需大小。

4.3.2 圆角矩形工具

如果选中图 4-33 所示的选项栏中的【圆角矩形工具】按钮 ▢ ，绘制的矩形的角是圆形的。选择圆角矩形工具后，选项栏中会出现 半径: 10 px 项，说明圆角的弧度半径是可调的。由于绘制圆角矩形的步骤与绘制矩形一样，在此不再赘述。

4.3.3 椭圆工具

如果选中图 4-33 所示的选项栏中的【椭圆工具】按钮 ◯ ，绘制的形状是椭圆形的。

由于绘制椭圆的步骤与绘制矩形一样，绘制圆形的方法与绘制正方形一样，在此不再赘述。

4.3.4 多边形工具

如果选中图 4-33 所示的选项栏中的【多边形工具】按钮 ◯ ，绘制的形状是多边形的。选择多边形工具后，选项栏中会出现 边: 5 项，说明多边形的边数是可调的。由于绘制多边形的步骤与绘制矩形基本一样，在此不再赘述。注意，绘制的多边形都是正多边形，如果绘制时不仅拖动而且旋转，其多边形形状也会跟着旋转。

4.3.5 直线工具

如果选中图 4-33 所示的选项栏中的【直线工具】按钮 ＼ ，绘制的形状是直线。

选择直线工具后，选项栏中会出现 粗细: 1 px 项，说明直线的粗细是可调的。由于绘制直线的步骤与绘制矩形基本一样，在此不再赘述。

4.3.6 自定形状工具

如果选中图 4-33 所示的选项栏中的【自定形状工具】按钮 ✿ ，可以自定义要绘制的形状。

选择自定形状工具后，选项栏中会出现 形状: → 项，单击向下的三角形，将弹出如图 4-35 左边所示的预设形状。

如果不满意图 4-35 左边所示的预设形状，可以单击 ⊙ 按钮获得更多的可选形状系列，如图 4-35 右边所示。

确定了自定形状之后，还可以进一步设置该形状的参数。单击  的向下三角形，将弹出如图 4-36 所示的参数选项，大家可以按照自己对于形状的设想设定参数。

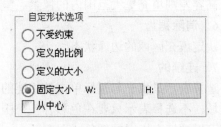

图 4-35　预设形状及面板菜单　　　　　　　图 4-36　自定形状选项

由于绘制自定形状的步骤与绘制矩形基本一样，在此不再赘述。

4.4　填　充　工　具

在绘制好图像的框架以后，可以使用填充工具对需要的区域填充自己喜欢的颜色或图案。

4.4.1　油漆桶工具

选择工具箱中的油漆桶工具，可以对某个区域进行填充，其选项栏如图 4-37 所示。

图 4-37　油漆桶工具选项栏

下面对图 4-37 中的选项进行说明。

1．前景

单击 前景 会产生两个选项：前景和图案，其中，【前景】表示填充的内容将是前景色。

2．图案

如果选择【图案】，会出现 图案 项，单击右边的向下三角形，将弹出如图 4-38 左边所示的选择面板。

可以通过单击左边的某一个图案来选定想填充的内容，如果不满意预设的图案，可以单击右边的向右三角形来寻找更多的预设图案系列，如图 4-38 右图所示。

3. 模式

模式代表将要填充的颜色和已经存在的颜色之间的关系，与画笔中的模式定义一样。

4. 不透明度

不透明度表示将要填充的颜色的透明程度。

5. 容差

容差用于定义颜色相似度，一个像素必须达到此颜色相似度才会被填充。值的范围可以是 0～255。低容差会填充颜色值范围内与所单击像素非常相似的像素，高容差则填充更大范围内的像素。

6. 消除锯齿

决定填充区域的边缘状态。

7. 连续的

选择表示只填充与鼠标单击处相连的色彩容差内的区域，不选择表示只要在色彩容差范围内，任何区域都可以被填充指定的颜色或图案。

图 4-38　图案选择面板及面板菜单

为了清楚地了解油漆桶工具的功能，下面通过实例来说明其工作方法。

（1）打开素材图像，如图 4-39 所示。

（2）改变颜色。选择油漆桶工具 🪣，在选项栏中设置容差为 30，并选取自己喜欢的颜色。然后填充想改变的区域，改变颜色后的效果如图 4-40 所示。

图 4-39　素材图像

图 4-40　改变颜色

（3）绘制太阳。选择椭圆选框工具，设置选项栏上的羽化为 4，在房子的左上角拖出一个圆形选区（见图 4-41），然后选取红色，用油漆桶工具进行填充，完成的图像效果如图 4-42 所示。

图 4-41　绘制圆形选区

图 4-42　绘制太阳

（4）用图案填充矮墙。在选项栏的【前景】下拉列表框中选择【图案】选项，然后选择类似石头的图案，将其填充到房子的矮墙上，如4-43所示。

（5）保存完成的图片。

4.4.2 渐变工具

使用渐变工具可以创建多种颜色间的逐渐混合，用户可以从预设渐变填充中选取或创建自己的渐变。

图 4-43　填充图案

渐变工具和油漆桶工具组合在一起，只要右击油漆桶工具，就可以看到渐变工具▉。选择渐变工具后，其选项栏如图4-44所示。

图 4-44　渐变工具选项栏

图4-44中的▉▉▉▉▉是应用渐变填充的选项。

（1）线性渐变▉：以直线从起点渐变到终点。

（2）径向渐变▉：以圆形图案从起点渐变到终点。

（3）角度渐变▉：围绕起点以逆时针扫描方式渐变。

（4）对称渐变▉：使用均衡的线性渐变在起点的任一侧渐变。

（5）菱形渐变▉：以菱形方式从起点向外渐变。终点定义菱形的一个角。

选项栏中的【模式】选项和【不透明度】选项与画笔工具类似，在此不再赘述，下面介绍与之不同的选项。

（1）反向：表示要反转渐变填充中的颜色顺序。

（2）仿色：表示要用较小的带宽创建较平滑的混合。

（3）透明区域：表示要对渐变填充使用透明蒙版。

（4）▉：为渐变编辑器，里面有许多可选的渐变方案，用户还可以对已有方案作修改。

1. 填充渐变区域

要填充一个渐变区域，首先要选择要填充的区域。否则，渐变填充将应用于整个当前图层。在此以线性渐变为例，步骤如下：

（1）用选择工具选择需要填充的区域。

（2）选择渐变工具▉。

（3）单击▉，弹出渐变编辑器如图4-45所示。

（4）选择一个渐变预设方案，然后在指定的区域按一定方向拖动鼠标，会看到所选区域被渐变填充为预设色彩。

如果对当前预设的渐变不满意，还可以进行修改。

图 4-45　渐变编辑器

79

2．修改渐变参数

（1）在【渐变类型】下拉列表框中选择【实底】选项。

（2）要定义渐变的起始颜色，可单击渐变条下方左侧的色标 。此时该色标上方的三角形将变黑 ，表明正在编辑起始颜色。

（3）要选取颜色，可执行下列操作之一：

① 双击色标，或者在对话框的【色标】部分单击色板。选取一种颜色后，单击【确定】按钮。

② 在对话框的【色标】部分中单击【颜色】，从弹出的拾色器中选择一个选项。

③ 将指针定位在渐变条上（指针变成吸管状），单击以采集色样，或单击图像中的任意位置从图像中采集色样。

（4）要定义终点颜色，可单击渐变条下方右侧的色标，然后选取一种颜色。

（5）要调整起点或终点的位置，可执行下列操作之一：

① 将相应的色标拖动到所需位置的左侧或右侧。

② 单击相应的色标，并在对话框的【位置】文本中输入值。如果值是 0%，色标会在渐变条的最左端；如果值是 100%，色标会在渐变条的最右端。

（6）要调整中点的位置（渐变将在此处显示起点颜色和终点颜色的均匀混合），可向左或向右拖动渐变条下面的菱形◇，或单击菱形并输入位置值。

（7）要将中间色添加到渐变，可在渐变条下方单击，以便定义另一个色标。然后同起点或终点那样，为中间点指定颜色并调整其位置。

（8）要删除正在编辑的色标，可单击【删除】按钮，或向下拖动此色标直到它消失。

（9）要控制渐变中的两个色带之间逐渐转换的方式，可在【平滑度】文本框中输入一个数值，或拖动其弹出式滑块。

（10）如果需要，设置渐变的透明度值。

（11）输入新渐变的名称。

（12）要将渐变存储为预设，可在完成渐变的创建后单击【新建】按钮。

4.4.3 【填充】命令

使用【填充】命令也是填充的一种方法，选择【编辑】→【填充】命令，将弹出如图 4-46 所示的对话框。

在该对话框中，【使用】表示被填充区域将要填充的内容，其选项如下：

（1）前景色、背景色、黑色、50%灰色、白色表示使用指定颜色填充选区。

（2）颜色表示使用从拾色器中选择的颜色填充选区。

（3）图案表示使用图案填充选区。单击【自定图案】旁边的箭头，可以从弹出式面板中选择一种图案。还可以使用面板菜单载入其他图案，选择图案库的名称，或选择【载入图案】命令，定位到包含要使用图

图 4-46 【填充】对话框

案的文件夹进行选择即可。

（4）历史记录将选定区域恢复为在历史记录面板中设置为源的状态或图像快照。

至于模式，表示将要填充的内容与已经存在的图片基色的关系，由于在之前已经学过，在此不再赘述。

4.4.4　图案的自定义

对于以上填充工具，都可以选择已经预设的图案填充，如果对预设图案不满意，可以自定义新的图案。方法如下：

（1）绘制自己喜欢的图像。

（2）在任何打开的图像上使用矩形选框工具选择要用作图案的区域。必须将羽化设置为 0 像素。注意，大图像可能会变得不易处理。

（3）选择【编辑】→【定义图案】命令。

（4）在弹出的【图案名称】对话框中输入图案的名称。

4.5　橡皮擦工具组

如果需要修改已经存在的图像，可以使用橡皮擦工具组中的工具，如图 4-47 所示。

4.5.1　橡皮擦工具

使用橡皮擦工具可以将像素更改为背景色或透明。如果在背景中或已锁定透明度的图层中进行抹除，像素将更改为背景色；否则，像素将被抹成透明。

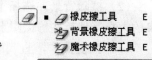

图 4-47　橡皮擦工具组

（1）选择橡皮擦工具。

（2）如果在背景或已锁定透明度的图层中进行抹除，需设置要应用的背景色。

（3）选取橡皮擦的模式。【画笔】、【铅笔】模式可将橡皮擦设置为像画笔工具、铅笔工具一样工作。【块】模式表示橡皮擦具有硬边缘和固定大小的方形，并且不提供用于更改不透明度和流量的选项。

（4）对于【画笔】和【铅笔】模式，选取一种画笔，并在选项栏中设置【不透明度】和【流量】。

注意：100% 的不透明度将完全抹除像素，较低的透明度将部分抹除像素。

4.5.2　背景橡皮擦工具

使用背景橡皮擦工具可在拖动时将图层上的像素抹成透明，从而在抹除背景的同时在前景中保留对象的边缘。通过指定不同的取样和容差选项，可以控制透明度的范围和边界的锐化程度。

（1）选择背景橡皮擦工具后，选项栏如图 4-48 所示。

图 4-48　背景橡皮擦工具选项栏

（2）单击选项栏中的画笔样本，可以在弹出的面板中设置画笔选项。

（3）选取抹除的限制模式。

- 【不连续】表示抹除出现在画笔下任何位置的样本颜色。
- 【邻近】表示抹除包含样本颜色并且相互连接的区域。
- 【查找边缘】表示抹除包含样本颜色的连接区域，同时更好地保留形状边缘的锐化程度。

（4）对于容差，输入值或拖动滑块。低容差仅限于抹除与样本颜色非常相似的区域，高容差抹除范围更广的颜色。

（5）选择【保护前景色】复选框可防止抹除与工具箱中的前景色匹配的区域。

（6）设置取样方式。

- 【连续】表示随着拖动连续采取色样。
- 【一次】表示只抹除包含第一次单击颜色的区域。
- 【背景色板】表示只抹除包含当前背景色的区域。

下面将图片中的柠檬提取出来。首先打开"柠檬.jpg"（见图 4-49），选择背景橡皮擦工具 （打算用【背景色板】来擦除图片中柠檬以外的背景）。

（1）确定背景色。设定【容差】为 20%、【限制】为不连续，然后用吸管工具 单击要擦除的颜色，接着转换前景及背景色，使背景色为要擦除的颜色。

（2）擦除背景。选择【背景色板】选项，并选择【保护前景色】复选框，调整画笔笔尖的大小，然后在柠檬图上进行涂抹，可以看到背景被擦除。

（3）重复操作，直到所有的背景被擦除干净，然后将图片另存为"柠檬 1.psd"，如图 4-50 所示。

图 4-49　柠檬　　　　　　　　　　　　　　图 4-50　擦除背景后的柠檬

4.5.3　魔术橡皮擦工具

用魔术橡皮擦工具在图层中单击时，该工具会将所有相似的像素更改为透明。可以用以下方法来擦除图像的相似颜色。

（1）选择魔术橡皮擦工具 。

（2）在选项栏中执行下列操作：

① 输入容差值以定义可抹除的颜色范围。

② 选择【消除锯齿】复选框可使抹除区域的边缘平滑。

③ 选择【连续】复选框只抹除与单击像素连续的像素，取消选择则抹除图像中的所

有相似像素。

④ 选择【对所有图层取样】复选框，以便利用所有可见图层中的组合数据来采集抹除色样。

⑤ 指定不透明度以定义抹除强度。100%的不透明度将完全抹除像素，较低的不透明度将部分抹除像素。

（3）单击要抹除的图层部分。

4.6 【描边】命令

【描边】命令用来对临时边沿及线条描上指定的颜色，既可用于选区描边，也可用于路径描边。下面通过实例来理解如何为选区描边。

（1）打开如图 4-51 所示的"剪纸"图像。

（2）选择一种前景色，在此选择黄色作为描边颜色。

（3）选择要描边的区域。可以通过选择【选择】→【色彩范围】命令，在弹出的【色彩范围】对话框中选取剪纸中的红色，形成一个选区（见图 4-52），然后单击【确定】按钮。

图 4-51　剪纸

图 4-52　确定选区

（4）选择【编辑】→【描边】命令，在弹出的【描边】对话框中指定硬边边框的宽度为 2、颜色为黄色，如图 4-53 所示。

图 4-53 中的【位置】用来指定是在选区的内部、外部还是中心放置描边颜色。另外，还可以在该对话框中指定不透明度和混合模式。

（5）确定描边设置，将其另存，最终描边效果如图 4-54 所示。

图 4-53　【描边】对话框

图 4-54　描边的剪纸

4.7 路 径 工 具

路径是 Photoshop 中的重要工具，用来记录钢笔笔迹轨道，用于绘制线条、对光滑图像确定选择区域及辅助抠图、定义画笔等工具的绘制轨迹等，通过输出、输入路径及和选区之间进行转换，达到矢量绘图的目的。

Photoshop 提供了多种路径工具，如图 4-55 所示。其中，钢笔工具可用于绘制具有最高精度的图像；自由钢笔工具可用于像使用铅笔在纸上绘图一样来绘制路径。结合【磁性的】复选框可绘制与图像中已定义区域的边缘对齐的路径。另外，可以组合使用钢笔工具和形状工具来创建复杂的形状。

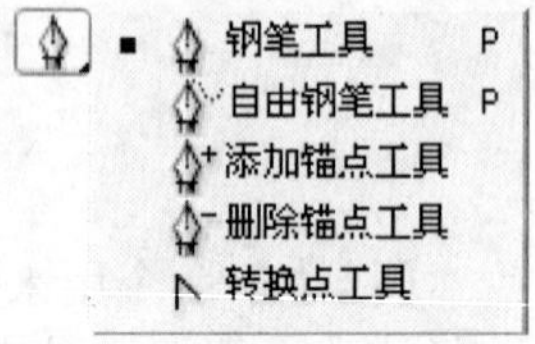

图 4-55 路径工具

4.7.1 钢笔工具

选择钢笔工具 ◊ 后，可以发现其选项栏和绘制形状时是一样的，这是因为它们同属于矢量绘制方式。除了之前学过的形状选项以外，还需要分清以下选项。

- ▢表示用钢笔工具绘出的内容为形状，形状轮廓为钢笔走过的路径。
- ▨表示用钢笔工具绘出的内容为线条，线条就是通常所说的路径。

1. 绘制直线路径

（1）选择钢笔工具 ◊，并选中【路径】按钮 ▨。

（2）绘制连续的直线段。单击画布上的起点位置，形成起点锚点，然后单击下一个位置，形成中间锚点，直到得到需要的所有锚点。刚单击的锚点为实心锚点，表示该锚点为当前锚点，其他锚点为空心锚点，表示不是当前锚点。

（3）绘制环路。要闭合路径，可将钢笔工具定位在第一个（空心）锚点上。如果放置的位置正确，在钢笔工具指针 ◊。旁将出现一个小圆圈，单击或拖动它可闭合路径。

（4）绘制开路。如果不想形成环路，在单击了最后一个锚点后，按 Esc 键退出。之后单击的位置将为新的起点锚点。

（5）添加锚点。在选项栏中选择 ☑自动添加/删除 复选框，然后单击线段上的任一位置，会在该线段上增加一个锚点。

（6）删除锚点。在选项栏中选择 ☑自动添加/删除 复选框，然后单击除端点锚点以外的任一锚点，则该锚点被删除。也可以使用 Esc 键删除当前锚点（鼠标单击的最后一个锚点），当前锚点被删除后，前一个锚点将成为当前锚点。

2. 绘制曲线路径

可以通过以下方式创建曲线：在曲线改变方向的位置添加一个锚点，然后拖动构成曲线形状的方向线（方向线的长度和斜度决定了曲线的形状）。

如果能使用尽可能少的锚点拖动曲线，可更容易编辑曲线，并且系统可更快速地显示和打印它们。使用过多点时，可能会在曲线中造成不必要的凸起，因此需要多加练习。

1）绘制一个曲线点

（1）选择钢笔工具，如图 4-56 所示。

（2）将钢笔工具定位到曲线的起点，并按住鼠标左键。

（3）拖动以设置要创建的曲线的斜度，然后松开鼠标左键。

2）绘制第二个曲线点

将钢笔工具定位到希望曲线结束的位置，执行以下操作，创造需要的曲线，如图 4-57 所示。

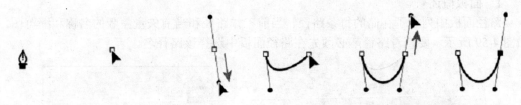

图 4-56　绘制一个曲线点　　　　　　　　　图 4-57　创造需要的曲线

（1）开始拖动第二个平滑点。

（2）向远离前一条方向线的方向拖动，创建 C 形曲线。

（3）松开鼠标左键。

如果在选择钢笔工具 后，不是选中了 而是选中了 ，则每一次绘制锚点都会导致与起点锚点的环路及环路所围的形状，该形状的矢量性质和前面学过的形状绘制是一样的，不同之处是形状边沿是自主绘制的。

4.7.2　自由钢笔工具

1．用自由钢笔工具绘图

自由钢笔工具可用于随意绘图，就像用铅笔在纸上绘图一样。在绘图时，将自动添加锚点。用户无须确定锚点的位置，在完成路径后可进一步对其进行调整。要绘制更精确的图形，可使用钢笔工具。

（1）选择自由钢笔工具。

（2）在图像上拖动指针，在拖动时，会有一条路径尾随指针。释放鼠标，工作路径即创建完毕。

（3）要继续创建路径，可将钢笔指针定位在路径的一个端点，然后拖动。

（4）要完成路径，可释放鼠标。要创建闭合路径，请将直线拖动到路径的初始点（当它对齐时会在指针旁出现一个圆圈）。

2．结合【磁性的】选项绘图

【磁性的】是自由钢笔工具的一个选项，可用来绘制与图像中定义区域的边缘对齐的路径。磁性钢笔工具和磁性套索工具用很多相同的选项。

（1）要将自由钢笔工具转换成磁性钢笔工具，需在选项栏中选择 磁性的 复选框。

（2）在图像中单击，设置第一个紧固点。

（3）要手绘路径段，可移动指针或沿着要描的边拖动，如图 4-58 所示。

当移动指针时，当前段会与图像中对比度最强烈的边缘对齐，并使指针与上一个紧固点连接。磁性钢笔工具定期向边框添加紧固点，以固定前面的各段。

（4）如果边框没有与所需的边缘对齐，则单击一次以手动添加一个紧固点，并使边框保持不动。继续沿边缘操作，根据需要添加紧固点。如果出现错误，按 Delete 键删除上一个紧固点。

（5）完成路径。

4.7.3 路径面板

1．面板概述

路径面板中列出了存储的每条路径、当前工作路径和当前矢量蒙版的名称和缩览图，如图 4-59 所示。要查看路径，必须先在路径面板中选择该路径名。

图 4-58　磁性路径

图 4-59　路径面板

在图 4-59 中，"工作路径"为绘制路径时自动生成的临时工作路径，"云"为主动保存的绘制好的路径，"形状 1 矢量蒙版"为选择□后绘制的形状。

1）选择路径

在路径面板中单击路径名。注意，一次只能选择一条路径。

2）取消选择路径

在路径面板的空白区域中单击，或按 Esc 键。

2．管理路径

当使用钢笔工具或形状工具创建工作路径时，新的路径会以工作路径的形式出现在路径面板中。工作路径是临时的，必须存储它以免丢失其内容。如果没有存储，则取消选择工作路径，当再次开始绘图时，新的路径将取代现有路径。

1）存储工作路径

要存储路径但不重命名它，可将工作路径名称拖动到路径面板底部的"创建新路径"按钮□上。

要存储并重命名路径，可从路径面板菜单中选择【存储路径】命令，然后在弹出的【存储路径】对话框中输入新的路径名，并单击【确定】按钮。

2）重命名存储的路径

双击路径面板中的路径名，在弹出的对话框中输入新的名称，然后按 Enter 键。

3）删除路径

在路径调板中单击路径名，然后执行下列操作之一：

（1）将路径拖动到路径面板底部的【删除】按钮🗑上。

（2）从路径面板菜单中选择【删除路径】命令。

（3）单击路径面板底部的【删除】按钮，然后在弹出的提示框中单击【是】按钮。

4.8　调整路径

如果对绘制的路径不满意，可以进行调整。

4.8.1　选择路径

选择路径组件或路径段将显示选中部分的所有锚点，包括全部的方向线和方向点（如果选中的是曲线段）。方向点显示为实心圆，选中的锚点显示为实心方形，未选中的锚点显示为空心方形。

工具箱中的 ▶ 路径选择工具 A 和 ▶ 直接选择工具 A，分别用来选择路径组件和路径段。

（1）要选择路径组件（包括形状图层中的形状），可选择路径选择工具 ▶，然后单击路径组件中的任何位置。如果路径由几个路径组件组成，则只有指针所指的路径组件被选中。

（2）要选择路径段，可选择直接选择工具 ▶，并单击段上的某个锚点，或在段的一部分拖动选框。

（3）要选择其他的路径组件或段，可选择路径选择工具 ▶ 或直接选择工具 ▶，然后按住 Shift 键并选择其他的路径或段。

选择路径的目的是为了调整已经存在的路径。

4.8.2　调整路径段

1．移动直线段

（1）使用直接选择工具 ▶ 选择要调整的段。

（2）将段拖动到新的位置。

2．调整直线段的长度或角度

（1）使用直接选择工具 ▶ 在要调整的线段上选择一个锚点。

（2）将锚点拖动到所需的位置。按住 Shift 键拖动可将调整限制为 45°的倍数。

3．调整曲线段的位置或形状

（1）使用直接选择工具 ▶ 选择一条曲线段或曲线段任一端点上的一个锚点。如果存在任何方向线，则将显示这些方向线（某些曲线段只使用一条方向线）。

（2）执行以下任一操作：

① 要调整曲线段的位置，先选择此曲线段，然后通过拖动对其进行调整。按住 Shift 键拖动可将调整限制为 45°的倍数，如图 4-60 所示。

② 要调整所选锚点任意一侧曲线段的形状，拖动此锚点或方向点即可。按住 Shift 键拖动可将移动限制为 45°的倍数，如图 4-61 所示。

4．删除线段

（1）选择直接选择工具 ▶，然后选择要删除的线段。

（2）按 Backspace 键或 Delete 键删除所选线段。再次按 Backspace 键或 Delete 键可抹除路径的其余部分。

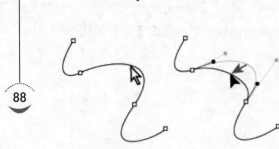

图 4-60   调整曲线段的位置   图 4-61   调整曲线段的形状

5. 扩展开放路径

（1）使用钢笔工具 ✒ 将指针定位到要扩展的开放路径的端点上，当将指针准确地定位到端点上方时，指针将发生变化。

（2）单击此端点。

（3）执行以下任一操作：

① 要创建角点，将钢笔工具 ✒ 定位到所需的新线段的终点，然后单击。如果要扩展一个以平滑点为终点的路径，则新的线段将被现有方向线创建为曲线。

② 要创建平滑点，将钢笔工具 ✒ 定位到所需的新曲线段的终点，然后拖动即可。

6. 连接两条开放路径

（1）使用钢笔工具 ✒ 将指针定位到要连接到另一条路径的开放路径的端点上。当将指针准确地定位到端点上方时，指针将发生变化。

（2）单击此端点。

（3）执行以下任一操作：

① 要将此路径连接至另一条开放路径，单击另一条路径上的端点。如果将钢笔工具精确地放在另一条路径的端点上，在指针旁边将出现合并符号 ✒。

② 要将新路径连接到现有路径，可在现有路径旁绘制新路径，然后将钢笔工具移动到现有路径的端点，当看到指针旁边出现了合并符号时，单击该端点。

7. 在平滑点和角点之间进行转换

（1）选择要修改的路径。

（2）选择转换点工具 ∧，或使用钢笔工具并按住 Alt 键。

注意：要在已选中直接选择工具的情况下启动转换锚点工具，将指针放在锚点上，然后按 Ctrl+Alt 组合键即可。

（3）将转换点工具 ∧ 放置在要转换的锚点上方，然后执行以下操作之一：

① 要将角点转换成平滑点，向角点外拖动，使方向线出现，然后将方向点拖出角点以创建平滑点，如图 4-62 所示。

② 要将平滑点转换成没有方向线的角点，可单击平滑点，如图 4-63 所示。

③ 要将没有方向线的角点转换为具有独立方向线的角点，首先将方向点拖出角点（成为具有方向线的平滑点），仅释放鼠标按键（不要松开激活转换锚点工具时按下的任何键），然后拖动任一方向点。

④ 如果要将平滑点转换成具有独立方向线的角点，可单击任一方向点，如图 4-64 所示。

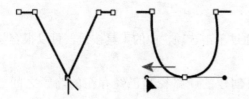 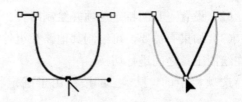

图 4-62 将角点转换成平滑点　　　　图 4-63 将平滑点转换成没有方向线的角点

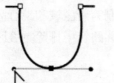

图 4-64 将平滑点转换为角点

4.8.3 添加锚点工具和删除锚点工具

添加锚点可以增强对路径的控制，也可以扩展开放路径。但最好不要添加多余的点，因为点数较少的路径更易于编辑、显示和打印。可以通过删除不必要的点来降低路径的复杂性。

工具箱中包含 3 种用于添加或删除点的工具：钢笔工具 ，添加锚点工具 和删除锚点工具 。

在 Photoshop 中，如果在选项栏中选择了【自动添加/删除】复选框，钢笔工具将自动变为添加锚点工具或删除锚点工具。默认情况下，当将钢笔工具定位到所选路径上方时，它会变成添加锚点工具；当将钢笔工具定位到锚点上方时，它会变成删除锚点工具。

1．添加或删除锚点

（1）选择要修改的路径。

（2）选择钢笔工具、添加锚点工具或删除锚点工具。

（3）若要添加锚点，将指针定位到路径段的上方，然后单击即可；若要删除锚点，将指针定位到锚点的上方，然后单击即可。

2．停用或临时忽略自动钢笔工具切换

在 Photoshop 中可以忽略钢笔工具的自动切换（切换到添加锚点工具或删除锚点工具），当希望在现有路径顶部开始新路径时很有用，在选项栏中取消选择【自动添加/删除】复选框即可。

4.9　编　辑　路　径

4.9.1 创建新路径

要创建新的工作路径，步骤如下：

（1）选择形状工具或钢笔工具，然后单击选项栏中的【路径】按钮 。

（2）设置工具的特定选项并绘制路径。

（3）如果有需要，可绘制其他路径组件。通过单击选项栏中的工具按钮，可以很容易地在绘图工具之间进行切换。

选项栏中的 🔲🔲🔲🔲 按钮用于确定将要创建的新路径和已经存在的路径之间的关系。

① 🔲 表示添加到形状区域，即将新区域添加到重叠路径区域中。

② 🔲 表示从形状区域减去，即将新区域从重叠路径区域移去。

③ 🔲 表示交叉形状区域，即将路径限制为新区域和现有区域的交叉区域。

④ 🔲 表示重叠形状区域除外，即从合并路径中排除重叠区域。

4.9.2 填充路径

使用钢笔工具创建的路径只有在经过描边或填充处理后，才会成为图素。【填充路径】命令可用于使用指定的颜色、图像状态、图案或填充图层来填充包含像素的路径。

1. 使用当前颜色填充路径

（1）在路径面板中选择路径。

（2）单击路径面板底部的【填充路径】按钮 ●。

2. 填充路径并指定选项

（1）在路径面板中选择路径。

（2）在路径面板中选定路径的文字上右击，在快捷键菜单中选择【填充路径】命令，如图 4-65 所示。

（3）在弹出的【填充路径】对话框（见图 4-66）中设置参数。其中，【使用】下拉列表框用于选取填充内容。

图 4-65　填充路径快捷菜单

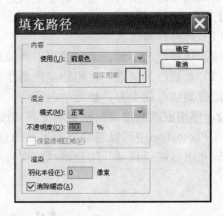

图 4-66　【填充路径】对话框

（4）指定填充的不透明度。要使填充更透明，可使用较低的百分比。100%的设置将使填充完全不透明。

（5）选取填充的混合模式。在【模式】下拉列表框中提供了【清除】模式，使用此模式可将填充抹除为透明。注意，必须在背景以外的图层中工作才能使用该选项。

（6）选择渲染选项。

① 羽化半径：定义羽化边缘在选区边框内外的伸展距离。输入以像素为单位的值。

② 消除锯齿：通过部分填充选区的边缘像素，在选区的像素和周围像素之间创建精细的过渡效果。

（7）单击【确定】按钮。

4.9.3 对路径描边

【描边路径】命令可用于绘制路径的边框，即可以沿任何路径创建绘画描边（使用绘画工具的当前设置）。

1. 使用当前描边路径设置对路径进行描边

（1）在路径面板中选择路径。

（2）单击路径面板底部的【描边路径】按钮○。每次单击该按钮都会增加描边的不透明度，在某些情况下会使描边看起来更粗。

2. 对路径进行描边并指定选项

（1）在路径面板中选择路径。

（2）在路径面板中选定路径的文字上右击，在弹出的快捷菜单中选择【描边路径】命令，弹出【描边路径】对话框，然后单击其下拉列表框显示如图 4-67 所示的描边路径选项，选择要用于描边路径的绘画或编辑工具。

（3）单击【确定】按钮。

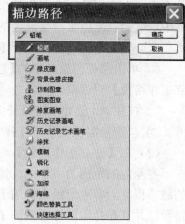

图 4-67　描边路径选项

4.9.4 把当前路径转换为选区

路径提供了平滑的轮廓，可以将它们转换为精确的选区边框，也可以使用直接选择工具进行微调，将选区边框转换为路径。

1. 使用当前设置将路径转换为选区边界

（1）在路径面板中选择路径。

（2）要转换路径，执行下列任一操作：

① 单击路径面板底部的【将路径作为选区载入】按钮○。

② 按住 Ctrl 键并单击路径面板中的路径缩览图。

2. 将路径转换为选区边界并指定设置

（1）在路径面板中选择路径。

（2）执行下列操作之一：

① 按住 Alt 键并单击路径面板底部【将路径作为选区载入】按钮○。

② 按住 Alt 键将路径拖动到【将路径作为选区载入】按钮上。

③ 从路径面板菜单中选择【建立选区】命令。

（3）在【建立选区】对话框中设置渲染选项。

① 羽化半径：定义羽化边缘在选区边框内外的伸展距离。输入以像素为单位的值。

② 消除锯齿：在选区中的像素与周围像素之间创建精细的过渡效果（确保【羽化半径】设置为 0）。

（4）设置操作选项。

① 新建选区：只选择路径定义的区域。

② 添加到选区：将路径定义的区域添加到原选区中。

③ 从选区中减去：从当前选区中移去路径定义的区域。

④ 与选区交叉：选择路径和原选区的共有区域。如果路径和选区没有重叠，则不会选择任何内容。

（5）单击【确定】按钮。

4.9.5 把选区转换为路径

可以将使用选择工具创建的任何选区定义为路径。使用【建立工作路径】命令可以消除在选区上应用的所有羽化效果，还可以根据路径的复杂程度和在【建立工作路径】对话框中选取的容差值来改变选区的形状。

（1）建立选区，然后执行下列操作之一：

① 单击路径面板底部的【建立工作路径】按钮 使用当前的容差设置，而不打开【建立工作路径】对话框。

② 按住 Alt 键并单击路径面板底部的【建立工作路径】按钮。

③ 从路径面板菜单中选择【建立工作路径】命令。

（2）在【建立工作路径】对话框中输入容差值，或使用默认值。

容差值的范围为 0.5～10 像素，用于确定【建立工作路径】命令对选区形状微小变化的敏感程度。容差值越高，用于绘制路径的锚点越少，路径也越平滑。如果路径用作剪贴路径，并且在打印图像时遇到了问题，则应使用较高的容差值。

（3）单击【确定】按钮，路径出现在路径面板的底部。

4.9.6 其他路径选项

可以将路径组件（包括形状图层中的形状）重新放到图像中的任意位置，还可以在一幅图像中或两个 Photoshop 图像之间复制组件。通过使用路径选择工具，可以将重叠组件合并为单个组件。所有的矢量对象，无论是否用存储的路径、工作路径或矢量蒙版描述过，都可以被移动、整形、复制或删除。

1．更改所选路径组件的重叠模式

（1）使用路径选择工具 拖动选框，以选择现有路径区域。

（2）在选项栏中选取形状区域选项。

① 添加到形状区域 ：将路径区域添加到重叠路径区域中。

② 从形状区域减去 ：将路径区域从重叠路径区域中移去。

③ 交叉形状区域 ：将区域限制为所选路径区域和重叠路径区域的交叉区域。

④ 重叠形状区域除外 ：排除重叠区域。

2．显示或隐藏所选路径组件

执行下列操作之一：

① 选择【视图】→【显示】→【目标路径】命令。

② 选择【视图】→【显示额外内容】。使用该命令也可以显示或隐藏网格、参考线、选区边缘、批注和切片。

3．移动路径或路径组件

（1）在路径面板中选择路径名，并使用路径选择工具▶ 在图像中选择路径。要选择多个路径组件，按住 Shift 键并单击其他路径组件，将其添加到选区中即可。

（2）将路径拖动到新位置。如果将路径的一部分拖出了画布边界，则路径的隐藏部分仍然是可用的。图 4-68 所示为将路径拖动到新位置。

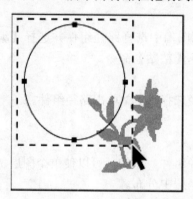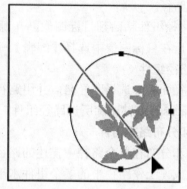

图 4-68　将路径拖动到新位置

注意： 如果拖动路径，使移动指针位于另一幅打开的图像上，会将该路径复制到此图像中。

4．对路径组件进行整形

（1）在路径面板中选择路径名，并使用直接选择工具▶ 选择路径中的锚点。

（2）将该点或其手柄拖动到新位置。

5．合并重叠路径组件

（1）在路径面板中选择路径名，并选择路径选择工具▶。

（2）单击选项栏中的【组合】按钮，将所有的重叠组件创建为一个组件。

6．复制路径组件或路径

执行下列任一操作：

（1）要在移动路径组件时复制，可在路径面板中选择路径名，并使用路径选择工具▶ 单击路径组件，然后按住 Alt 键并拖动所选路径。

（2）要复制路径但不重命名它，可将路径面板中的路径名拖动到面板底部的【创建新路径】按钮□上。

（3）要复制并重命名路径，按住 Alt 键，将路径面板中的路径拖动到面板底部的【创建新路径】按钮上即可。或选择要复制的路径，然后从路径面板菜单中选择【复制路径】命令，在【复制路径】对话框中输入路径的新名称，并单击【确定】按钮。

（4）要将路径或路径组件复制到另一路径中，可选择要复制的路径或路径组件，并选择【编辑】→【拷贝】命令，然后选择目标路径，并选择【编辑】→【粘贴】命令。

7. 在两个 Photoshop 文件之间复制路径组件

（1）将两个图像都打开。

（2）在源图像中，使用路径选择工具 选择要复制的整条路径或路径组件。

（3）要复制路径组件，执行下列任一操作：

① 将源图像中的路径组件拖动到目标图像。此时，路径组件会被复制到路径面板的当前路径中。

② 在源图像中，在路径面板中选择路径名，并选择【编辑】→【拷贝】命令，以复制该路径。然后在目标图像中，选择【编辑】→【粘贴】命令。也可以使用该方法来组合同一图像中的路径。

③ 要将路径组件粘贴到目标图像，在源图像中选择路径组件并选择【编辑】→【拷贝】命令，然后在目标图像中选择【编辑】→【粘贴】命令。

8. 删除路径组件

（1）在路径面板中选择路径名，并用路径选择工具 单击路径组件。

（2）按 Backspace 键删除所选路径组件。

9. 对齐和分布路径组件

可以对齐和分布在单个路径中描述的路径组件。例如，可以使单个图层所包含的多个形状左对齐，或使工作路径中的多个组件水平居中分布。

注意：要对齐不同图层上的形状，可使用移动工具。

要对齐组件，先使用路径选择工具 选择要对齐的组件，然后从选项栏中选择一个对齐选项（见图 4-69）即可。要分布组件，至少要选择 3 个要分布的组件，然后从选项栏中选择一个分布选项（见图 4-70）。

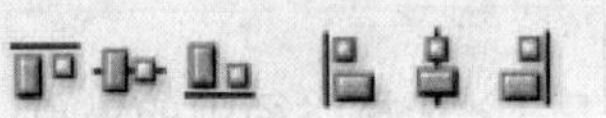

图 4-69 对齐选项 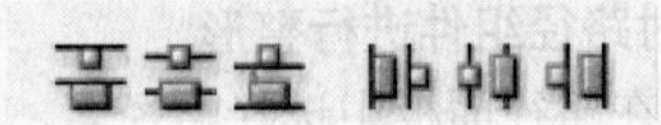   图 4-70 分布选项

4.10 上机实践——绘制漫画

下面使用路径功能来绘制一幅漫画。

1. 绘制路径

打开照片"卓别林.jpg"（见图 4-71），选择钢笔工具（见图 4-72），然后打开路径面板，单击【创建新路径】按钮（见图 4-73），绘制第一条路径（见图 4-74）。

双击路径面板中的"路径 1"文字部分，使之成为编辑状态，将路径名修改为"脸部"。复制路径并重命名，获得多条路径（见图 4-75），绘制出原图的所有轮廓。

注意：绘制头发、衣服、帽子、眉毛、胡子等路径时要让路径闭合。

2. 新建图层

切换到图层面板，新建一个图层（见图 4-76），用白色前景色填充图层 1。

图 4-71　卓别林照片

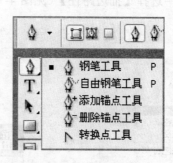

图 4-72　选择钢笔工具

图 4-73　创建新路径

图 4-74　绘制路径

图 4-75　修改路径名称

图 4-76　创建新图层

3．描边路径

切换到路径面板，首先选择画笔工具，确定画笔笔尖大小为 9，硬度为 100%；然后选择要使用的颜色，在此选择颜色为黑色。单击路径"脸部"，将鼠标停在该路径文字上右击，在快捷菜单中选择【描边路径】（见图 4-77），弹出如图 4-78 所示的对话框。

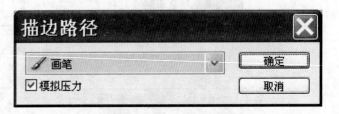

图 4-77　描边路径　　　　　　　　　　　　　　　　　图 4-78　【描边路径】对话框

选择【画笔】选项，并选择【模拟压力】复选框，单击【确定】按钮。切换到图层面板，将看到像刀刻一般的脸部轮廓，如图 4-79 所示。

用同样的方法分别绘制出其他不闭合路径的线条。注意选择颜色，可以在不同部位绘制不同的颜色。

4．填充路径

对于帽子、头发、胡子等需要大面积染色的部分，需要使用填充路径（见图 4-80）功能，可以通过弹出的对话框（见图 4-81）按需调整参数，单击【确定】按钮后将获得所需要的色彩区域，如图 4-82 所示。

图 4-79　脸部轮廓　　　　　　　　　　　　　　　　　图 4-80　填充路径

经过以上处理，原本一幅照片变成了漫画图像，如图 4-83 所示。

5．变形路径

可以使用变形路径功能来制作夸张效果，变形路径可通过选定路径、编辑、变换和变形（见图 4-84）来实现。比如图 4-85 就是将脸部路径变窄、嘴角眼角上跳、帽子头发变宽以后的效果。

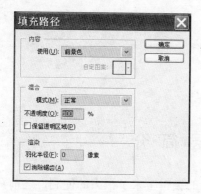

图 4-81　调整填充参数

图 4-82　填充出来的帽子

图 4-83　制作好的漫画

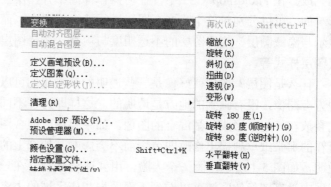

图 4-84　变形路径

图 4-85　漫画夸张效果

4.11　本 章 小 结

　　本章介绍了 Photoshop 的若干工具，通过学习，大家能够通过画笔工具绘制想要的图片；通过调整画笔笔尖参数重复变换地制作相似图案；通过图形工具绘制区域；通过填充工具改变连通区域的色彩；通过橡皮擦工具修改图像；通过路径工具细致绘图并随意调整。不过，要熟练使用 Photoshop 中的各种工具，需要花费时间做更多的练习，希望大家能够熟能生巧。

第5章 图层

5.1 图层简介

在 Photoshop CS3 中，图层的应用为图像的编辑带来了极大的便利，之前只能通过复杂的通道操作及通道运算才能完成的图像效果，现在通过图层和图层的特技即可简单巧妙地完成。在 Photoshop CS3 中，任何操作都离不开图层，每个图层都是独立存在且又相互影响的，可以分别对单个或多个图层进行编辑或混合，而且它们具有多种可编辑属性，如显示与隐藏图层、改变图层的不透明度与填充、选择图层的对齐与分布、填充和调整图层及图层样式等。

什么是图层？图层就好像是一些透明的纸，我们可以在这些透明的纸上画画，画到的地方有图像，没有画到的地方是透明的。这样即可在不同的纸上绘制不同的画，然后将它们叠放在一起，形成一幅混合的图像。如果要修改混合图像中的某个图形，只要将该图形所在的那张纸单独提出修改即可，而不会影响其他纸上的图形。可以用一个形象的比方来说明，如图 5-1 所示，画一个人脸，用 4 张硫酸纸叠在一起，模拟图层的工作原理，透过图层中没有图像的区域可以看到下面图层相应区域的内容。方法是先画脸庞，再画眼睛和鼻子，然后是嘴巴。首先在纸上铺一层透明的塑料薄膜，把脸庞画在这张透明薄膜上，画完后再铺一层薄膜画上眼睛，再铺一张画鼻子和嘴，将脸庞、鼻子、嘴、眼睛分为 4 个透明薄膜层，最后组成效果。

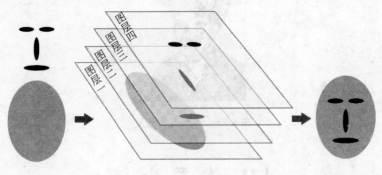

图 5-1　图层原理

以后如果觉得眼睛的位置不对，可以单独移动眼睛所在的那层薄膜以达到修改的效果。如果不满意，甚至可以把这张薄膜丢弃，再重新画一张。而其余的脸庞、鼻子、嘴等部分不受影响，因为它们被画在不同的薄膜上。

这种方式，极大地提高了后期修改的便利度，最大可能地避免了重复劳动。因此，将图像分层制作会给创意设计带来极大的方便。

5.2　图层面板

本书将认识图层面板，了解图层的各种类型及功能，以及背景图层与普通图层的相互转换。

5.2.1　认识图层面板

不同的图像包含不同数量的图层，TIF 和 PSD 格式的图像文件可以存储多个图层，其他格式的图像文件则不能存储图层信息，因此在 Photoshop CS3 中打开除 TIF 和 PSD 格式之外的图像文件时只会显示一个图层。

选择【窗口】→【图层】命令，即可打开图层面板，通过它可以显示和编辑当前图像窗口中的所有图层。打开一个包含多个图层的图像文件后的图层面板如图 5-2 所示，其中，每个图层左侧都有一个缩览图，背景图层位于最下方，上面依次是各个透明图层，通过图层的叠加形成了完整的图像。

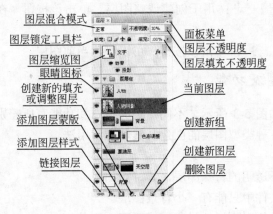

图 5-2　图层面版

（1）【图层混合模式】 正常 ▽：用于设置当前图层与其下图层叠合在一起的混合效果，共有 25 种模式，将在 5.3 节中详细讲解。

（2）【图层锁定工具栏】锁定：☒ ✎ ✦ 🔒：共有 4 个工具按钮，各按钮的作用如下。

①【锁定透明像素】☒：选中后（凹下为选中状态）表示锁定当前图层的透明区域，使透明区域不能被编辑。

②【锁定图像像素】✎：表示锁定图像像素，锁定后将不能对当前图层进行图层编辑和对透明区域进行绘图等图像编辑操作。

③【锁定位置】✦：表示锁定图层的移动功能，锁定后不能对当前图层进行移动操作，主要用于固定图层位置。

④【全部锁定】🔒：表示锁定图层及图层副本的所有编辑操作，即对当前图层进行的所有编辑操作均无效。

（3）【眼睛图标】👁：用于显示或隐藏图层。当图层左侧显示此图标时，表示图像窗口将显示该图层的图像。单击此图标，图标消失并隐藏该图层中的图像。

（4）【创建新的填充或调整图层】 ◑.：单击该按钮，会弹出一个快捷菜单。该快捷菜单相当于【图层】菜单中【新建填充图层】和【新建调整图层】的组合。

（5）【添加图层蒙版】  ：单击该按钮，可以为当前图层添加图层蒙版。

（6）【添加图层样式】 *fx.* ：用于为当前图层添加图层样式效果。单击该按钮，将弹出一个下拉菜单，从中可以选择相应的命令为图层增加特殊效果。

（7）【链接图层】 ⊖⊃ ：单击该按钮，可将选中的图层链接在一起。

（8）【面板菜单】 ◢≡ ：单击该按钮，将弹出一个下拉菜单，主要用于新建、删除、链接及合并图层等。

（9）【图层不透明度】 填充: 100% ▶ ：用于设置当前图层的不透明度。

（10）【图层填充不透明度】不透明度: 100% ▶ ：用于设置当前图层中图像的填充不透明度。

（11）【当前图层】 人物阴影 ：在图层面板中，以蓝色显示的图层为当前图层。用鼠标单击相应的图层即可将该图层变为当前图层。

（12）【创建新组】 ▭ ：单击该按钮，可以创建新的图层组。它可以包含多个图层，并可以将这些图层作为一个对象进行查看、复制、移动、调整顺序等操作。

（13）【创建新图层】 ▫ ：用于创建调整图层。单击该按钮，在弹出的下拉菜单中可以选择所需的调整命令。

（14）【删除图层】 🗑 ：单击该按钮，可以删除当前图层。

5.2.2 图层的类型及功能

不同种类的图层如图 5-3 所示。不同图层的特点和功能有所差别，其操作和使用方法也不相同，下面介绍各种类型图层的创建及其功能和用法。

1．背景图层

背景图层是一个不透明的特殊图层，其特点如下：

（1）在一个图像文件中只能有一个背景图层。

（2）背景图层总是位于面板的最底层，不可改变其位置。

（3）背景图层中有一个锁定图标，表明背景图层中的不透明度、色彩混合模式及图像的位置是锁定的。

（4）双击背景图层，会弹出【新建图层】对话框，通过设置可以将背景图层转换为普通图层。

（5）若图像中无背景图层，选择【图层】→【新建】→【图层背景】命令，即可将当前图层转换为背景图层。此时，原图层上的透明色由背景色填充。

2．普通图层

普通图层是最常用的图层，这种图层是透明、无色的，用户可以在其上进行各种编辑操作，几乎所有的命令和工具都可以在普通图层上应用。创建图层的作用是为了方便对图像进行修改和调整。所以在初学 Photoshop 时，要养成将图像的不同部分放在不同图层上的习惯。

创建普通图层有以下 5 种方法：

图 5-3　不同种类的图层

（1）在图层面板上单击【创建新图层】按钮。

（2）在图层面板菜单中选择【新建图层】命令。

（3）选择【图层】→【新建】→【图层】命令。该命令的快捷键为 Shift+Ctrl+N。

注意： 第一种操作最简单，后两种方法都会弹出【新建图层】对话框。

（4）选择【编辑】→【粘贴】命令，可将剪贴板上的图片粘贴到新建的普通图层中。

（5）选择【编辑】→【贴入】命令，可将剪贴板上的图片粘贴到新建的图层中，不同的是在图层中形成了蒙版，图片只在选区范围内可见。用鼠标移动贴入的图片，可以控制图像在选区中的显示位置。

3．剪切图层组

在剪切图层组中，下面的图层起到了蒙版的作用，上面图层的图像只有透过下面图层中的图像才可见，其余的部分均被屏蔽。这种方法经常被用在文本中映入图像的效果制作。

4．图层蒙版

在普通图层上创建蒙版，可控制图层上图像的显示。

5．填充图层

新填充图层和新调整图层统称为修整图层，通过修整图层可修整图像颜色或图像的色调。可以按照普通图层的控制方式，移动、删除、更改修整图层，也可以在不改变原图像的前提下修改图层上的蒙版。这种图层的最大用途是修整数码相机拍摄的图像，也可用于其他图像的效果编辑。

在修整图层的左边是图层缩览图，右边是图层的蒙版。双击图层缩览图，会弹出相应的修整对话框，用户可重新设置各选项。创建新填充图层的方法如下：

（1）选择【图层】→【新建填充图层】→【纯色】命令，弹出【新建图层】对话框，从中可以设置新图层的名称、模式和不透明度。若选择了【使用前一图层创建剪贴蒙版】复选框，新填充图层只对与其相连的下一个图层起作用，否则，将对下面的所有图层起作用。设置完毕后，单击【确定】按钮，打开拾色器，从中选择需填充的颜色，然后单击【确定】按钮，即为图像添加了新填充图层。

（2）选择【图层】→【新建填充图层】→【渐变】命令，弹出【新建图层】对话框，设置完毕后，单击【确定】按钮，弹出【渐变填充】对话框，如图 5-4 所示。

① 渐变：用来编辑和选择渐变。单击渐变色框，会弹出【渐变编辑器】对话框，从中可以创建自己需要的渐变；也可以单击下拉按钮，在下拉列表框中直接选择一种渐变。

② 样式：用来选择渐变的填充样式。

③ 角度：用来选择渐变填充的角度。可以用鼠标拖动圆中的指针来改变角度，也可以在后面的文本框中直接输入角度的数值。

④ 缩放：可拖动滑块或在文本框中直接输入 10～150 的整数，来调节渐变的大小，例如选择了【径向】渐变，缩放比例设置得越小，渐变的直径越小；反之，渐变的直径越大。

⑤ 反向：可使渐变的颜色翻转填充。

⑥ 仿色：可使颜色的过渡变得更柔和。

⑦ 与图层对齐：使用图层的定界框来计算渐变的填充。

各项设置完毕后，单击【确定】按钮，即为图像添加了渐变效果。

（3）选择【图层】→【新建填充图层】→【图案】命令，弹出【新建图层】对话框，单击【确定】按钮后，弹出【图案填充】对话框，如图 5-5 所示。

- 对话框左边为图案选择选项，单击下拉按钮，会打开一个下拉列表框，从中可以选择一种需要的图案。
- 缩放：用来调整图案的大小。
- 与图层链接：强制图案与图层链接在一起，移动时两者将同时移动。
- 贴紧原点：使图案的左上角与图像的左上角对齐。

各项设置完毕后，单击【确定】按钮，即为图像添加了所选纹理。

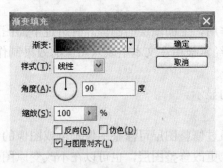 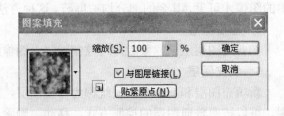

图 5-4 【渐变填充】对话框　　　　图 5-5 【图案填充】对话框

6．调整图层

调整图层的创建方法与填充图层的创建方法基本一致。

在【图层】菜单中选择【新建调整图层】命令，然后选择下级子命令即可。这里的子命令与【图像】菜单中【调整】命令的子命令作用是相同的。

7．文字图层

在使用文字工具输入文字时，会自动生成矢量形式的文本图层。文本图层有以下独特功能：

（1）文本图层中的文字内容和文字格式可以单独保存在 PSD 文件中，并且可以进行修改和编辑。

（2）文本图层的缩览图中有个"T"符号，并以输入的文字作为图层的名称。

（3）在文本图层上不能使用着色和绘图工具，许多命令也不能使用。但是，选择【编辑】→【自由变换】命令，可以改变文字的排列方向，也可以直接使用【图层样式】命令为文字添加效果。

（4）选择【图层】→【栅格化】命令，可以将文字图层转换为普通图层。

8．图层效果层

在普通图层和文字图层上应用【图层样式】命令后，会在图层面板的右边出现图层效果图标，在图层的下边会增加图层效果层。增加一种图层效果就会增加一个图层效果层，图层效果层是一种特殊的图层。

（1）不能在图层效果层上应用任何命令和工具，它只是普通图层和文字图层的附加层。

（2）在图层面板中双击【图层效果】图标，会弹出【图层样式】对话框，可以重新进行各种选项的设置。对暂时不需要的图层效果，可关闭该层的眼睛图标；对不再需要的图层效果，可用鼠标将其拖到【删除图层】按钮上删除。

9．形状图层

当使用矩形、椭圆、直线或自定形状等工具绘制图形时，若在选项栏中选中了【形状图层】按钮，会在图层面板中自动产生一个形状图层，并自动命名为"形状1"。

形状图层与修整图层在结构上很相似，在图层面板的左边都有一个图层缩览图，右边是一个图层蒙版。只不过该蒙版是以矢量图形为依据建立的，也称为剪贴路径。在路径之内将显示图层上的填充内容，而在路径之外的区域始终是透明的。

在形状图层上不能使用绘图工具进行编辑，只能应用各种路径编辑工具进行编辑。

10．智能对象图层

Photoshop CS3引入了称为智能对象图层的新型图层。智能对象可以基于像素内容或矢量内容组成。使用智能对象，可以对单个对象进行多重复制，并且当复制的对象之一被编辑时，所有的复制对象都会随之更新，同时仍然可以将图层样式和调整图层应用到单个的智能对象，而不影响其他复制的对象。基于像素的智能对象还能记住它们的原始大小，并能无损地进行多次变换。

在【图层】菜单中，选择【智能对象】下的【转换为智能对象】命令，会将当前选中的图层转换为智能对象图层。

建立智能对象相当于建立一个新的文件，在图层面板中双击智能对象的符号，能够在Photoshop CS3中创建一个新的文件图像，对新图像编辑后进行保存，可以使智能对象得到更新。还可以通过下列3种方式复制智能对象图层。

（1）选择【图层】→【新建】→【通过拷贝的图层】命令。

（2）在图层面板菜单中选择【复制图层】命令。

（3）选择【图层】→【智能对象】→【通过拷贝新建智能对象】命令。

通过前两种方式对智能对象图层的复制，得到的智能对象及其副本在编辑后是同步更新的；而通过第3种方式或通过双击智能对象符号复制得到的副本，在编辑后不会影响到原智能对象。

5.2.3 背景图层与普通图层的相互转换

1．将背景图层转换为普通图层

打开JPG、GIF、BMP等格式的图像文件时，在图层面板中只有一个背景图层，由于无法对背景图层进行移动和变换等编辑操作，需要将其转换为普通图层。

要将背景图层转换为可编辑的普通图层，只需在图层面板中双击名为"背景"的图层，弹出如图5-6所示的【新建图层】对话框，然后单击 确定 按钮即可。在该对话框中也可以对图层命名或进行颜色、模式和不透明度等设置。

2．将普通图层转换为背景图层

如果图像没有背景图层，用户可以将一个图层转换为背景图层。操作如下：

选择要转换为背景的一个图层，然后选择【图层】→【新建】→【背景图层】命令，这样所选普通图层就转换成了位于底层的背景图层。

图 5-6 【新建图层】对话框

5.3 图层混合模式

图层混合模式是将当前选择的图层与下面的图层进行混合，从而产生另一种显示效果。在默认状态下，图层混合模式为【正常】，同时 Photoshop 还提供了多种不同的图像显示模式，不同的混合模式可以产生不同的效果。如图 5-7 所示，单击图层面板 正常 ▼ 中的向下箭头，在弹出的下拉列表框中可以进行混合模式的选择，下面介绍各种模式的意义。

（1）【正常】模式：系统默认模式，当不透明度为 100％，该模式没有什么效果，只是当前图层中的图像将下一层的图像覆盖而已；当不透明度小于 100％时，则显露出下面的图像。

（2）【溶解】模式：当不透明度为 100％时，该模式也不起作用；当不透明度值小于 100％时，上一层的图像以散乱的点状形态叠加到底层图像上，其结果呈颗粒状。不透明度的值越小，溶解效果越明显。

（3）【变暗】模式：该种模式按照像素对比上下层中的颜色，取其中的暗色作为该像素的最终颜色。最终的结果是所有亮于下层的颜色被替换，暗于下层的颜色保持不变。

（4）【正片叠底】模式：将上层图像的颜色像素值与下层的像素值相乘后，除以 255 得到的结果就是最终结果，最终产生的颜色要比两个图层上的颜色都暗。该模式可以制作一些阴影效果。但黑色和任何颜色混和还是黑色，任何颜色和白色叠加得到的还是该颜色。

（5）【颜色加深】模式：这一模式与上一模式的效果相反，使

图 5-7 图层混合模式

下层图像的色彩变暗，并将下层图像的色彩反射到上层图像中。图像中的白色部分不会发生明显变化，除白色以外的区域都将与黑色混合。

（6）【线性加深】模式：该模式是【变暗】模式和【颜色加深】模式的叠加效果，从整体上将图像变暗，白色部分也表现为合成效果。这种模式可以在保持原图像形态的同时制作出合成效果。

（7）【变亮】模式：该模式与上一模式相反，是对图像进行加亮处理。最终的结果是，上层图像颜色较亮的部分没有发生明显变化，而颜色较暗的部分将变亮。

（8）【滤色】模式：将上层图像的颜色像素值与下层像素的互补色相乘后，除以 255 得到的结果就是最终结果。最终产生的颜色要比两个图层上的颜色都浅。如果上一图层的颜色非常浅，那么它就相当于对下一图层进行漂白的漂白剂。

（9）【颜色减淡】模式：该模式和【滤色】模式相类似，加亮了下层图像的色彩，并把它反射到目标图像，当图像中的色彩很丰富时，会得到一些意想不到的效果。

（10）【线性减淡】模式：该模式在执行过程中，检查每个通道的颜色信息，通过降低其亮度使底色的颜色变亮。最终得到的效果要比【颜色减淡】模式的光照效果更强。

（11）【叠加】模式：该模式产生的效果相当于同时使用了【正片叠底】和【滤色】两种模式。原理是根据下层颜色决定是【正片叠底】还是【滤色】。一般发生变化的都是中间色调，亮调区和暗调区的变化不太大。整体上会使画面的亮度、饱和度和色彩对比度的值提高。

（12）【柔光】模式：该模式是根据下层图像的色彩亮度来决定加亮还是变暗图像，使亮调区的图像变亮，暗调区的图像变暗。结果是亮区更亮，暗区更暗，反差增大，类似于柔光灯照射的效果。·

（13）【强光】模式：该模式是【柔光】模式的一种更为强烈的模式。亮调区的图像会变得更亮，暗调区的图像会变得更暗，可以在图像上表现出聚光灯照射时的效果。

（14）【亮光】模式：该模式会使亮调区更亮，暗调区更暗，表现出强烈的颜色对比度，产生一种耀眼的强烈色调。

（15）【线性光】模式：该模式与上一模式有些相似，也可以表现出较强的对比度。但该模式可以清楚地表现出图像的轮廓，获得清晰的图像合成效果。

（16）【点光】模式：该模式与上两个模式有相同之处，都可以使图像变亮。该模式的特点是，将上一图层中的白色区域处理成透明状态，所以合成出来的图像会表现出更丰富的色彩。

（17）【实色混合】模式：该模式与【亮光】模式的效果相近，只是该模式合成的图像颜色更鲜艳一些。

（18）【差值】模式：该模式的颜色效果变化较大。两个图层的亮度值进行运算，上层图像中的黑色不产生变化，暗调区变化较小，白色和亮调区将下层颜色反相后，与上层图像相混合，产生色彩反相变化。

（19）【排除】模式：该模式与上一模式相类似，可以表现出更柔和的合成效果。

（20）【色相】模式：将上层图像的色彩值与下层图像的色彩、饱和度及亮度值相混合，只对混合的颜色产生影响，对没有参与混合的颜色不产生影响。

（21）【饱和度】模式：将上层图像的饱和度值与下层图像的色彩值和亮度值相混合，以调整混合部分的饱和度。

（22）【颜色】模式：将使图像的色彩产生变化，但不改变亮度和饱和度，产生的图像较暗。

（23）【明度】模式：与上一模式的效果相反，上层图像的亮度值与下层图像的色彩值及饱和度值相混合，可以使暗色调的图像变亮。

5.4 图层的基本操作

图层的基本操作主要包含以下内容：新建图层和图层组、新建智能对象图层、选择图层、显示与隐藏图层、复制图层、移动与删除图层、改变图层名称、改变图层的对齐与分布、改变图层的不透明度与填充、选择透明图层的不透明区域、图层的链接、编辑图层组、合并图层等内容。

5.4.1 新建图层

可以通过以下方法创建新图层：

（1）单击图层面板底部的【创建新图层】按钮，可以创建一个新图层。

（2）在图层面板上单击右上方的小三角会弹出一个菜单，选择该菜单中的【新建图层】命令，会弹出如图 5-8 所示的【新建图层】对话框，设置后可在图层面板中产生一个新图层。

（3）从【图层】菜单中建立新图层。

① 选择【图层】→【新建】→【图层】命令，可以创建一个空的新图层。

② 选择【图层】→【新建】→【背景图层】命令，可以将背景图层转换为一个新的图层。

③ 用选择工具在图像中制作一个选区，然后选择【图层】→【新建】→【通过拷贝的图层】命令，可将选区内的图像复制生成一个新的图层。

④ 用选择工具在图像中制作一个选区，然后选择【图层】→【新建】→【通过剪切的图层】命令，可将选区内的图像剪切下来生成一个新的图层。

（4）选择【编辑】→【粘贴】命令，将剪贴板上复制的图像粘贴到另一图像上时，软件会自动给所粘贴的图像建立一个新图层。

（5）使用工具箱中的横排文字工具和直排文字工具在图像中输入文本时，可自动生成一个文字图层，且在图层上会显示一个"T"字母，表示当前图层是可编辑的文字图层。

新建图层组的方法如下：

（1）单击图层面板底部的【创建新组】按钮，可以创建一个新的图层组。

（2）在图层面板菜单中选择【新建组】命令，会弹出如图 5-9 所示的【新建组】对话框，设置后可在图层面板中产生一个新的图层组。

（3）选择【图层】→【新建】→【组】命令，可以创建一个空的新图层组。

图 5-8 【新建图层】对话框

图 5-9 【新建组】对话框

5.4.2 新建智能对象图层

智能对象类似一种具有矢量性质的容器，在其中可以嵌入栅格或矢量图像数据。图像在进行旋转或缩放等变形操作后，边缘将会产生锯齿，变换次数越多，产生的锯齿越明显，其图像质量与原图像之间的颜色数据差别就越大。如果在图像进行变换操作之前，先将图像转换为智能对象，无论对智能对象进行怎样的编辑，其仍然可以保留原图像的所有数据，保护原图像不会受到破坏。创建智能对象的方法如下：

（1）在图层面板中选择图层，然后选择【图层】→【智能对象】→【转换为智能对象】命令，在图层面板中智能对象图层的缩览图上会显示圈图标，如图 5-10 所示。如果同时选择了多个图层，如图 5-11 所示，执行【转换为智能对象】命令，这些图层即被打包到一个智能图层中，如图 5-12 所示。

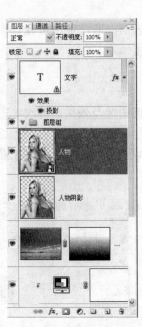

图 5-10　显示智能对象图标

图 5-11　选择图层

图 5-12　创建智能图层

（2）选择【文件】→【置入】命令，可以将选择的图片文件作为智能对象置入到当前文件中。

（3）将图片从 Adobe Illustrator 复制并粘贴到 Photoshop 文件中。使用此方法时应注意，在 Adobe Illustrator 中选择【编辑】→【参数预置】→【文件和剪贴板】命令，会弹出一个对话框，在该对话框中要将 PDF 和 AICB 两个复选框选中，否则将图片粘贴到 Photoshop 中时会将其自动栅格化。

（4）将图片从 Adobe Illustrator 中直接拖入到 Photoshop 文件中。

5.4.3　选择图层

要编辑图像首先要正确地选择图层，选择对应的图层为当前图层，只有这样才能完成编辑操作。选择图层的基本方法是，在图层面板中单击要编辑的图层，当图层底面以蓝底白字显示时即为选中状态，如图 5-13 所示。

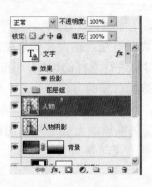

图 5-13　当前选择的图层

还可以在选项栏中选择【图层】选项并选择【自动选择】复选框，通过单击可视像素选择图层。

5.4.4　显示与隐藏图层

单击图层缩览图左边的眼睛图标，即可隐藏此图层上的所有图像及效果，再次单击将恢复显示。该操作对于图层组、图层样式同样适用。

在眼睛图标上右击，将弹出如图 5-14 所示的菜单命令，可以选择【隐藏本图层】及【显示/隐藏所有其他图层】和图标的颜色等命令。

5.4.5　复制、移动与删除图层

图层的复制和移动是经常性的工作，必须熟练掌握。

1．在同一文件中复制图层

通过对图像中已经存在的图层进行复制，可以建立一个与原图层一样的新图层。复制图层的第一步就是选中要复制的原图层。然后，使用下面的一种方法进行操作，达到在当前文件中复制图层的目的。

（1）拖动法：用鼠标将当前图层拖到【创建新图层】按钮上，释放鼠标即可创建原图层的副本。

（2）快捷键：按 Ctrl+J 组合键，可创建当前图层的副本。

（3）命令方式：共有 3 种方式。

① 在面板菜单中选择【复制图层】命令。

② 选择【图层】→【复制图层】命令。

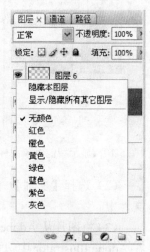

图 5-14　图层菜单

③ 在图层面板中右击，在弹出的快捷菜单中选择【复制图层】命令。

2．在不同文件之间复制图层

图层不仅可以在同一文件中复制，也可以在不同文件之间进行复制。通常将原图层所在的图像文件称为源文件，将需要增加新图层的文件称为目标文件。

复制操作的第一步，是同时打开源文件和目标文件，在源文件的图层面板上选中要复制的图层，然后用下面的任意一种方式，将选中的图层复制到目标文件中。如图 5-15 所示为原图，图 5-16 所示为复制的效果图。

（1）直接用鼠标将图层从源文件拖到目标文件中。

（2）在源文件的图像窗口中将要复制的图层复制到剪贴板中，然后将其粘贴到目标文件中。

（3）使用前面讲述的 3 种命令方式中的任意一种，打开【复制图层】对话框，在【文档】下拉列表框中选择目标文件名，然后单击【确定】按钮，即可将源文件中的图层复制到目标文件中。

图 5-15　用移动工具拖曳复制图

图 5-16　复制效果

3．复制图层中的部分图形

在实际操作中，经常需要将某一图层中的部分图形进行复制，而不是复制整个图层，这时，需要在图层上建立选区。建立选区的方法在第 2 章中已经介绍了很多，要根据具体情况选用最适合的方法。

（1）建立选区后，选择【图层】→【新建】→【通过拷贝的图层】命令，或选择【通过剪切的图层】命令，都可以将选区中的图形复制到新图层上。

（2）使用两个命令的快捷键：Ctrl+J 和 Shift+Ctrl+J。

（3）将鼠标移动到选区内，右击，在弹出的快捷菜单中选择上述两个命令。

【通过拷贝的图层】和【通过剪切的图层】两个命令的区别是：前一命令执行后，原图层选区中的图形依然存在，而后一个命令执行后，原图层选区中的图形被剪切掉了。

4．将所有图层中的内容同时复制

上面讲述的复制操作，都只能对当前图层中的图像进行复制。在实际工作中，有时需要将分布在不同图层上的图像，在不合并图层的情况下，一次性进行复制，这就必须使用【编辑】菜单中的【合并拷贝】命令了。具体的操作步骤如下：

（1）在图像窗口中建立选区（必须将复制的内容全部包括在选区内）。

（2）选择【合并拷贝】命令，这样不同图层上的图像被同时复制到了剪贴板中。

（3）选择【粘贴】命令，操作完成。

5．移动图层

当图像中存在多个图层时，由于上面的图层总是遮盖其下面的图层，所以图层的叠放次序将直接影响图像显示的效果。因此，在编辑图像时经常需要调整各图层之间的叠放次序。具体的调整有 3 种方法：拖动法、快捷键与命令方式。

（1）拖动法。在图层面板中选中需要调整位置的图层，拖动鼠标将图层向上或向下移动，当移动到理想位置时，释放鼠标，图层即被调整到所需的位置。

（2）快捷键。

- Shift+Ctrl+]：将当前图层置为顶层。
- Ctrl+]：将当前图层上移一层。
- Ctrl+[：将当前图层下移一层。
- Shift+Ctrl+[：将当前图层置为底层（在背景图层之上）。

（3）命令方式：选择【图层】→【排序】命令，然后选择其下的子命令。

6．删除图层

对于不需要使用的图层，可以将其删除，删除图层后该图层中的图像也将被删除。删除图层有以下几种方法：

（1）在图层面板中选中需要删除的图层，单击面板底部的【删除图层】按钮 🗑 。

（2）在图层面板中将需要删除的图层拖动到【删除图层】按钮 🗑 上。

（3）在图层面板中选中要删除的图层，然后选择【图层】→【删除】命令。

（4）在图层面板中要删除的图层上右击，在弹出的快捷菜单中选择【删除图层】命令。

5.4.6 改变图层名称以及对齐和分布图层

1．改变图层名称

如果一个图像文件中的图层比较多，为了便于标识各个图层，可以用易记的名字为图层命名。其方法是，在要命名的图层的名称上双击，使图层名称呈可编辑状态，输入所需的名称后单击其他任意位置，如图 5-17 所示。

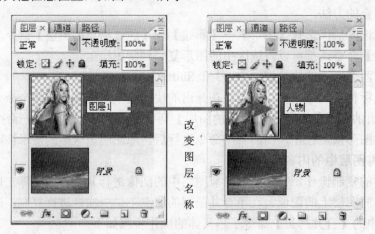

图 5-17 改变图层名称

2．对齐与分布图层

使用图层的对齐和分布命令，可以以当前图层中的图像为依据，对图层面板中的所有与当前图层同时选择或链接的图层进行对齐与分布操作。

1）对齐图层

当图层面板中至少有两个同时被选择或链接的图层，且背景图层不处于链接状态时，图层的对齐命令才可用。选择【图层】→【对齐】命令，将弹出如图 5-18 所示的【对齐】

菜单。执行其中的相应命令，可以将图层中的图像进行对齐。

2）分布图层

当图层面板中至少有 3 个同时被选择或链接的图层，且背景图层不处于链接状态时，图层的分布命令才可用。选择【图层】→【分布】命令，将弹出如图 5-19 所示的【分布】菜单。执行相应命令，可以将图层中的图像进行分布。

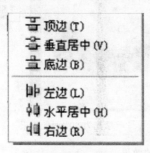

图 5-18　【对齐】菜单　　　　　　　　　　　　图 5-19　【分布】菜单

5.4.7　改变图层的不透明度与填充

除了可以改变图层的位置和层次以外，在图层面板的【不透明度】和【填充】文本中输入不同的值，或单击文本框右边的三角形，拖动滑块，还能改变当前图层的透明程度及填充。降低不透明度后图层中的像素会呈现半透明的效果，有利于进行图层之间的混合处理。

1. 改变图层的不透明度

当不透明度为 100% 的时候，代表完全不透明，图像看上去非常饱和、非常实在。如图 5-20 所示。当不透明度下降的时候，图像也随之变淡。如果把不透明度设为 0%，则相当于隐藏了这个图层。层的不透明度虽然只对本层有效，但会影响本层与其他图层的显示效果，如图 5-21 所示。

图 5-20　不透明度为 100% 时的效果　　　　图 5-21　不透明度为 40% 时的效果

2. 改变图层填充

调整填充与不透明度的操作方法一样，都可以改变图层的不透明度，其区别主要体现在对图层样式效果的影响不同。不透明度同时影响图层像素及图层效果的不透明度，填充不透明度只影响图层像素的不透明度。

112

例如图 5-22 所示，当调整图层面板中的【填充】时，当前图层的不透明度改变了，但是，图层样式效果没有改变。

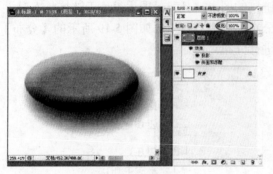 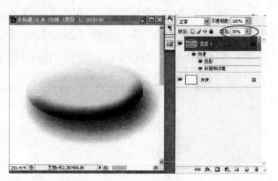

填充为 100%时的效果　　　　　　　　　　　填充为 30%时的效果

图 5-22　调整【填充】值的效果

5.4.8　选择透明图层的不透明区域

在编辑图像时，经常要快速选择图层中的不透明区域。快捷方法是：在按住 Ctrl 键的同时单击具有透明区域的图层，此时可将此图层上的不透明区域选中，并得到选区。也可以在图层缩览图上右击，在弹出的快捷菜单中选择【选择像素】命令得到透明图层中的不透明区域，如图 5-23 所示。

如果已经存在选区，快捷菜单中的【添加透明蒙版】为加选选区，【减去透明蒙版】为减选选区，【交叉透明蒙版】为得到两个选区的重合部分。

5.4.9　图层的链接

要保持图层之间的相对位置，在编辑图像时，有时想将几个图层在不改变它们相对关系的同时，一起移动、旋转或合并。此时，使用将图层链接在一起的方法就可以实现。

图 5-23　【选择像素】命令

在图层面板中选择要链接的多个图层（在按住 Ctrl 键的同时，连续单击选择多个要链接的图层），然后选择【图层】→【链接图层】命令，或单击面板底部的 ⊖ 按钮，即可将选择的图层创建为链接图层，每个链接图层右侧都会显示一个 ⊖ 图标。此时若用移动工具移动或变换图像，可以对所有链接图层中的图像一起调整。

在图层面板中选择一个链接图层，然后选择【图层】→【选择链接图层】命令，可以将所有与之链接的图层全部选中；再选择【图层】→【取消图层链接】命令或单击图层面板底部的 ⊖ 按钮，可以解除它们之间的链接关系。

5.4.10　创建图层组

可以将若干图层组合成图层组。可以将图层组理解为一个装有多个图层的文件夹，创建图层组便于对多个图层进行分类管理。

创建图层组有以下 3 种方法。

1. 使用图层面板菜单

单击图层面板右上方的 ⭯≣ 图标，弹出面板菜单，在其中选择【新建组】命令，弹出【新建组】对话框，如图 5-24 所示。

在【新建组】对话框中，【名称】文本框用于设置新图层组的名称；【颜色】下拉列表框用于设置新图层组在面板中的显示颜色；【模式】下拉列表框用于设置当前图层的合成模式；【不透明度】下拉列表框用于设置当前图层的透明度。单击【确定】按钮，建立如图 5-25 所示的图层组。

2. 使用图层面板中的按钮

单击图层面板下方的【创建新组】按钮 📁，新建一个图层组。

图 5-24　【新建组】对话框

图 5-25　创建组 1

3. 使用【图层】菜单命令

选择【图层】→【新建】→【组】命令，弹出【新建组】对话框，如图 5-24 所示。单击【确定】按钮，建立如图 5-25 所示的图层组。

在图层面板中，可以按照需要的关系新建图层组和图层。

单击图层面板右上方的 ⭯≣ 图标，在弹出的菜单中选择【组属性】命令，将弹出【组属性】对话框，如图 5-26 所示。

在【组属性】对话框中，【名称】文本框用于图层组的重命名；【颜色】下拉列表框用于设置图层组的显示颜色。

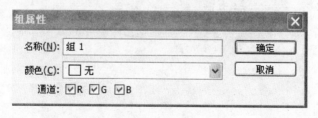

图 5-26　【组属性】对话框

5.4.11　合并图层

在存储图像文件时，若图层太多会增加图像文件所占的磁盘空间。所以当图像绘制完成后，可以将一些不必单独存在的图层合并，以减少图像文件的大小，下面讲解具体的操作方法。

（1）【向下合并】命令用于向下合并一层。单击图层面板右上方的 ▾≡ 图标，在弹出的菜单中选择【向下合并】命令，或按 Ctrl+E 组合键。

（2）【合并可见图层】命令用于合并所有可见图层。单击图层面板右上方的 ▾≡ 图标，在弹出的菜单中选择【合并可见图层】命令，或按 Shift+Ctrl+E 组合键。

（3）【拼合图像】命令用于合并所有的图层。单击图层面板右上方的图标 ▾≡，在弹出的菜单中选择【拼合图像】命令，也可以选择【图层】→【拼合图像】命令。

5.5 新建填充图层和调整图层

在 Phtotshop 中可以创建填充图层与调整图层。调整图层是一种一次性在若干图层上应用颜色和色调的有效途径，而且不会对图像本身有任何影响；填充图层可以方便迅速地在图层上应用可编辑的渐变、图案和实色填充。

1．填充图层

填充图层可填充的内容包括颜色、渐变和图案。在设定新的填充图层时，Photoshop会自动生成一个图层蒙版。另外，填充图层可以设定不同的透明度以及不同的图层混合模式，利用这些特性可以使图像产生多种特殊效果。

（1）颜色填充图层：选择【图层】→【新建填充图层】→【纯色】命令，在弹出的对话框中选择颜色，即可创建实色填充图层。

（2）渐变填充图层：选择【渐变】命令，在弹出的对话框中选择或编辑一种渐变，即可创建渐变填充图层。

（3）图案填充图层：选择【图案】命令，在弹出的对话框中选择或自定义一种图案，即可创建图案填充图层。

填充图层在创建后将覆盖下面的图层，如图 5-27 所示。可以通过改变图像的混合模式或者在蒙版上进行编辑，来混合各图层上的图像得到与众不同的效果。

图 5-27 填充图层效果

2．调整图层

除了填充图层外，还需要了解调整图层，调整图层对于图像的色彩调整非常有帮助。

早期的 Photoshop 版本对于色彩调整只能对图像本身执行，存储后不能恢复到以前的色彩状况。在 Photoshop CS3 中创建的调整图层中进行各种色彩调整，效果与对图像执行色彩调整命令相同，并且在完成色彩调整后还可以随时进行修改和调整，且丝毫不会破坏原来的图像。

3．填充及调整图层的更改和编辑

在图层面板中选择要进行编辑的调整图层，然后选择【图层】→【图层内容选项】命令，在弹出的相应对话框中重新进行调整，之后单击 确定 按钮即可。如图 5-28 所示为更改前后的效果。

图 5-28　编辑调整图层内容前后的对比效果

5.6　图　层　样　式

图层样式是 Photoshop CS3 的强大功能，提供了对图层添加的各种样式效果，包括阴影、发光、斜面和浮雕、颜色等，利用这些效果可以迅速改变图层内容的外观，而且通过图层面板还可以快速查看和修改各种预设的样式效果。

5.6.1　添加图层样式

1．添加图层样式效果

1）使用图层面板中的按钮

在图层面板中单击【添加图层样式】按钮，在弹出的菜单中选择一个命令。

2）使用图层面板菜单

单击图层面板右上角的 图标，将弹出一个菜单。在该菜单中选择【混合选项】命令，将弹出【图层样式】对话框，如图 5-29 所示。【混合选项】命令用于对当前图层进行特殊效果的处理。

3）使用【图层】命令

选择【图层】→【图层样式】→【混合选项】命令，弹出【图层样式】对话框。

4）双击除背景图层以外的图层面板区域。

此时也会弹出【图层样式】对话框。

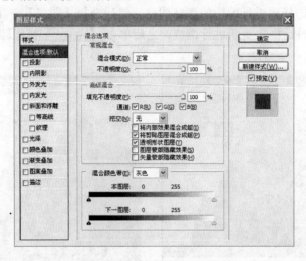

图 5-29 【图层样式】对话框

2. 【图层样式】对话框简介

单击图层面板下方的 *fx.* 按钮，在弹出的菜单中选择【混合选项】命令，弹出【图层样式】对话框，在该对话框中可以设置图层的混合效果，其中各选项的含义如图 5-30 所示。

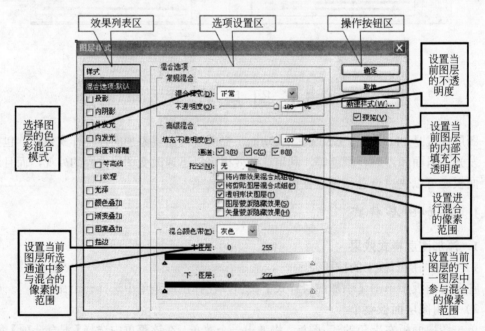

图 5-30 【图层样式】对话框选项介绍

（1）效果列表区：该区域列出了所有可以添加的图层效果供用户选择。只有最上边的【样式】选项比较特殊，单击【样式】，在选项设置区中弹出的是样式面板。

（2）选项设置区：在效果列表区中选择不同的效果，该区域的界面会随之发生变化，出现与选择的效果相对应的属性设置界面。由于界面中有很多选项是相同的，所以重点学习几个界面，其他界面的使用也就掌握了。

（3）操作按钮区：前两个按钮大家较为熟悉，在此介绍下面的按钮和选项。

- 【新建样式】按钮：单击该按钮，会弹出【新建样式】对话框。
- 【预览】复选框：选中该复选框，可直接在图像窗口中预览所添加的图层效果。否则，只有在单击【确定】按钮后，才可以在图像窗口中看到所添加的图层效果。
- 最下面的是效果缩览图，用于对所设置的图层效果进行预览。

5.6.2 图层的特殊效果

1. 添加样式效果

【样式】命令用于使当前图层产生样式效果。选择此命令将弹出【样式】对话框，如图 5-31 所示。

选择要应用的样式，单击【确定】按钮，效果将出现在图层中。如果用户制作了新的样式效果也可以将其保存，单击【新建样式】按钮，会弹出【新建样式】对话框，如图 5-32 所示，输入名称后，单击【确定】按钮即可创建新的样式效果。

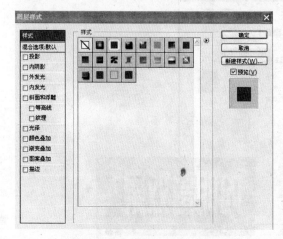

图 5-31 【图层样式】对话框

图 5-32 【新建样式】对话框

2. 设置图层的混合选项

【混合选项】命令用于使当前图层产生默认效果。选择此命令将弹出如图 5-29 所示的对话框。

在该对话框中，【混合模式】下拉列表用于设置混合模式；【不透明度】选项用于设置透明度；【填充不透明度】选项用于设置填充图层的透明度；【通道】选项用于选择要混合的通道；【挖空】下拉列表用于设置图层颜色的深浅；【将内部效果混合成组】复选框用于将本次的图层效果组成一组；【将剪贴图层混合成组】复选框用于将剪切的图层组成一组；【混合颜色带】下拉列表用于将图层的设定色彩混合；【本图层】和【下一图层】

选项用于设定当前图层和下一图层颜色的深浅度。

3．添加阴影效果

添加阴影效果可以增强图像的立体感及透视效果。Photoshop CS3 提供了投影和内阴影两种阴影效果。其中，投影可以为图层添加投影效果，内阴影可在图层边缘的内部增加阴影，产生凹陷效果。

1）投影效果

单击图层面板下方的【添加图层样式】按钮，在弹出的菜单中选择【投影】命令，弹出如图 5-33 左边所示的对话框，为文字图层添加投影后的效果如图 5-33 右边所示。各项参数的含义如下。

（1）混合模式：在其中可以设置添加的阴影与原图层中图像的合成模式，单击该选项后面的色块，会弹出拾色器，在其中可以设置阴影的颜色。

（2）不透明度：用于设置投影的不透明程度。

（3）使用全局光：选择该复选框，图像中的所有图层效果使用相同的光线角度。

（4）等高线：用于设置阴影的轮廓形状，可以在其下拉列表框中进行选择。

（5）消除锯齿：用于设置阴影的边缘是否具有抗锯齿的效果。

（6）杂色：用于设置是否使用噪点对阴影进行填充。

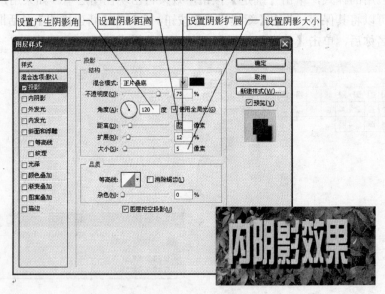

图 5-33　设置【投影】选项及显示案例效果

2）内阴影效果

单击图层面板下方的 *fx.* 按钮，在弹出的菜单中选择【内阴影】命令，弹出如图 5-34 左图所示的对话框，为文字图层添加内阴影后的效果如图 5-34 右图所示。由于其中的各项参数与投影效果完全相同，在此不再赘述。

4．添加发光效果

Photoshop 提供了外发光和内发光两种发光效果。其中，外发光效果可在图像边缘的外部制作发光效果，内发光效果可在图像边缘的内部制作发光效果。

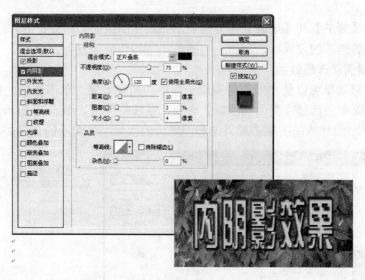

图 5-34　设置【内阴影】选项及显示案例效果

1）外发光效果

单击图层面板下方的 **fx.** 按钮，在弹出的菜单中选择【外发光】命令，弹出如图 5-35 左边所示的对话框，进行设置后，为文字图层添加外发光效果，如图 5-35 右边所示。各项参数含义如下。

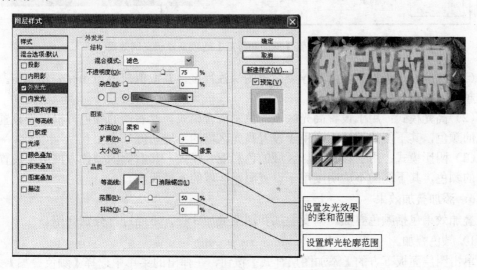

图 5-35　设置【外发光】选项及显示案例效果

（1）⊙□ 单选按钮：选中该单选按钮，将使用单一的颜色作为发光效果的颜色，单击其中的色块，在打开的拾色器中可以选择所需要的其他颜色。

（2）○▭ 单选按钮：选中该单选按钮，将使用一个渐变颜色作为发光效果的颜色，单击其中的渐变色块，在打开的渐变编辑器中可以选择其他的渐变颜色。

（3）【抖动】文本框：用于设置在辉光中产生的颜色杂点数。

2）内发光效果

内发光效果对话框中的选项与外发光效果对话框中的选项基本相同，但多了两个新的单选按钮，即【居中】和【边缘】，分别表示光线从图像中心向外扩展和从边缘内侧向中心扩展。完成各选项的设置后，单击 确定 按钮应用设置。

5. 添加斜面和浮雕效果

斜面和浮雕效果可以使图像产生类似于浮雕的图像效果。单击图层面板下方的 *fx.* 按钮，在弹出的菜单中选择【斜面和浮雕】命令，系统将弹出如图 5-36 所示左边的对话框。图 5-36 右边所示为化妆品图层添加斜面和浮雕后的效果。各选项的含义如下。

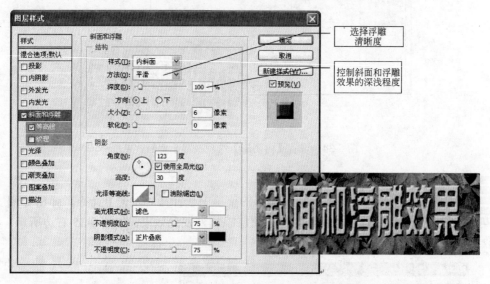

图 5-36 设置【斜面和浮雕】选项及显示案例效果

（1）深度：用于控制斜面和浮雕效果的深浅程度，其取值范围为 0%～1000%。设置的值越大，浮雕效果越明显。

（2）高光模式：用于设置高光区域的色彩混合模式。其右侧的颜色方框用于设置高光区域的颜色，其下侧的不透明度用于设置高光区域的不透明度。

（3）阴影模式：用于设置阴影区域的色彩混合模式。其右侧的颜色方框用于设置阴影区域的颜色，其下侧的不透明度用于设置阴影区域的不透明度。

6. 添加叠加效果

叠加效果包括颜色叠加、渐变叠加和图案叠加 3 种，下面进行分别介绍。

1）颜色叠加

单击图层面板下方的【添加图层样式】按钮，在弹出的菜单中选择【颜色叠加】命令，系统将弹出如图 5-37 左图所示的对话框。该图层样式的参数设置非常简单，单击【混合模式】后的颜色块，可以设置叠加的颜色，为文字添加颜色叠加后的效果（叠加颜色为红色）如图 5-37 右图所示。

2）渐变叠加

单击图层面板下方的【添加图层样式】按钮，在弹出的菜单中选择【渐变叠加】命令，弹出如图 5-38 左边所示的对话框，各项参数的含义如下。

（1）渐变：用于选择渐变的颜色，与渐变工具中的相应选项完全相同。

（2）样式：可从其下拉列表框中选择渐变的样式，包括线性渐变、径向渐变、角度渐变、对称的渐变及菱形渐变。

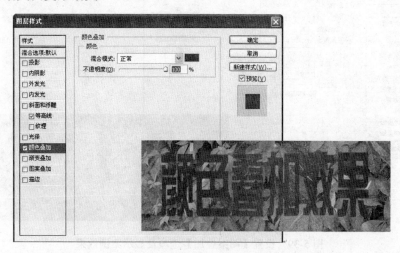

图 5-37　设置【颜色叠加】选项及显示案例效果

执行【渐变叠加】命令产生的渐变（色谱渐变）叠加效果如图 5-38 右图所示。

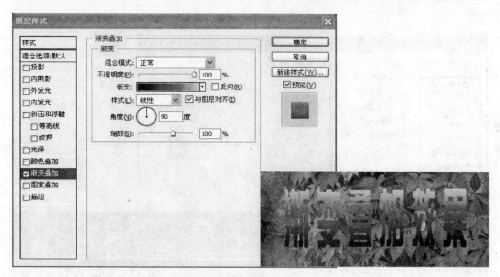

图 5-38　设置【渐变叠加】选项及显示案例效果

3）图案叠加

单击图层面板下方的【添加图层样式】按钮，在弹出的菜单中选择【图案叠加】命令，系统将弹出如图 5-39 左图所示的对话框。在【图案】下拉列表框中可选择一种叠加图案样式，【缩放】选项用于设置填充图案的纹理大小，值越大，纹理越大。为文字图层添加图案叠加后的效果如图 5-39 右图所示。

7. 添加描边效果

单击图层面板下方的【添加图层样式】按钮，在弹出的菜单中选择【描边】命令，系统将弹出如图 5-40 左边所示的对话框。设置相关选项后，所产生的描边效果如图 5-40 右图所示。各选项的含义如下。

122

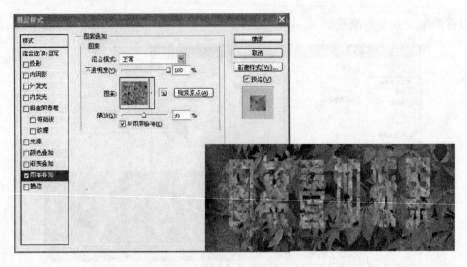

图 5-39 设置【图案叠加】选项及显示案例效果

（1）位置：用于设置描边的位置，包括【外部】、【内部】和【居中】3 个选项。

（2）填充类型：用于设置描边填充的内容类型，包括【颜色】、【渐变】和【图案】3 种类型。

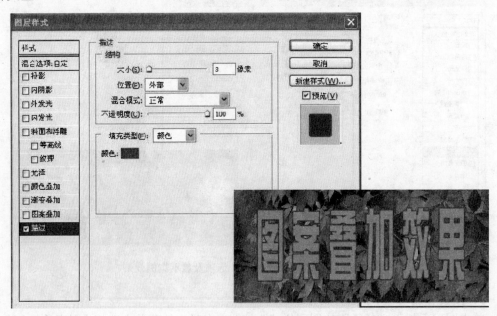

图 5-40 设置【描边】选项及显示案例效果

5.6.3 显示、隐藏及编辑图层样式

对于添加了图层样式的图像，可以进行显示、隐藏，或在原图层样式的基础上快速编辑所需的图层样式，也可以清除不需要的图层样式。

1. 显示、隐藏图层样式

在图层面板中单击效果图层的眼睛图标 👁，可以将当前图层效果隐藏或显示。单击效果层下指定效果左侧的眼睛图标 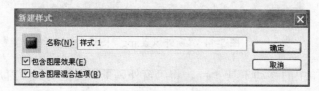，可从将某一个效果隐藏或显示。选择【图层】→【图层样式】→【隐藏所有效果】命令，可将所有的图层效果隐藏，此时【隐藏所有效果】命令将变为【显示所有效果】命令。

2．编辑图层样式

图层样式的编辑主要是包含修改、复制、保存及删除图层样式等操作。

1）在当前样式的基础上修改样式

在应用图层样式时，将样式面板中预设的样式添加到图形中，如果效果达不到设计的需要，可以在预设样式的基础上修改样式。如果感觉按钮的颜色不满意，可以通过双击样式层中已经选定的样式，然后在弹出的【图层样式】对话框中修改颜色和参数。

2）复制样式

当图像样式制作好以后，如果在制作其他图像时需要用到该图层样式，可以将该图层样式复制到其他图层上。

（1）在图层面板中复制图层样式。在添加了图层样式的图层上右击，从弹出的快捷菜单中选择【拷贝图层样式】命令，然后在没有添加图层样式的图层上右击，从弹出的快捷菜单中选择【粘贴图层样式】命令。

（2）通过菜单命令复制图层样式。选中添加了图层样式的图层，选择【图层】→【图层样式】→【拷贝图层样式】命令，然后选中要添加图层样式的图层，选择【图层】→【图层样式】→【粘贴图层样式】命令。

3）删除图层样式

可以在图层样式中删除单个效果，也可以在图层面板中删除整个效果层，以还原图像的原始效果。

（1）选择【图层】→【图层样式】→【清除图层样式】命令，可以删除工作层中应用的样式。

（2）在图层面板的效果列表中，将要删除的单个样式或整个效果层拖曳到 按钮上，释放鼠标左键后即可删除该样式或整个效果层。

4）保存图层样式

用户还可以将制作好的图层样式保存在样式面板中，这样以后需要制作相同样式时，只需在样式面板中单击相应的样式图标即可。

将制作好的图层样式保存到样式面板中的方法主要有以下几种：

（1）在图层面板中选择具有图层样式的图层，然后将鼠标光标移动到样式面板的空白处，当鼠标光标变为 形状时，将弹出如图 5-41【新建样式】对话框，在【名称】文本框中输入样式的名称并单击 确定 按钮即可。

（2）在添加图层样式时单击【图层样式】对话框右侧的【新建样式】按钮，弹出如图 5-41 所示的【新建样式】对话框并进行设置。

图 5-41 【新建样式】对话框

123

5.7 上机实践——应用图层操作

【例 5.1】 窗外风景

（1）打开素材文件夹中的"窗户.jpg"文件，如图 5-42 所示。在图层面板中双击背景图层，在弹出的【新建图层】对话框中单击 确定 按钮，将其转换为普通图层（图层0），并改名为"窗口"。

（2）用多边形套索工具沿着玻璃边缘选择左右两边的玻璃为选区，按 Delete 键删除选区内的图像，去掉玻璃背景，如图 5-43 所示。

图 5-42 打开"窗户.jpg"图像　　　　　　图 5-43 删除玻璃背景

（3）打开素材文件夹中的"窗外风景.jpg"文件，如图 5-44 所示。

图 5-44 "窗外风景.jpg"图像

（4）选择工具箱中的移动工具 ，将"窗外风景"图拖动到"窗户"所在的图像窗口中，此时会产生图层 1，将图层 1 改名为"窗外风景"。按 Ctrl+T 组合键，为其添加一个变换框，将鼠标光标移到左上角，当鼠标光标变成调整形状时，将"窗外风景"缩小（与"窗户"适当大小），效果如图 5-45 所示。

（5）选中"窗外风景"图层，将创建的"窗外风景"图层拖移到"窗口"图层下面，见图 5-46，形成窗外风景图像，如图 5-47 所示。

图 5-45　"窗外风景"图层拖移结果

图 5-46　"窗外风景"图层下移

（6）打开素材文件夹中的"人物肖像.jpg"文件，如图 5-48 所示。

图 5-47　形成窗外风景图像

图 5-48　"人物肖像.jpg"图像

（7）使用魔棒工具，以添加到选区的方式，将人物背景选中。然后选择【选择】→【反向】命令，将人物选中，接着单击工具箱中的移动工具 ，将"窗外风景"图拖动到"窗户"所在的图像窗口中，并产生图层 1。将图层 1 改名为"人物"图层，并将"人物"图层调整到"窗户"图层下面，如图 5-49 所示。

（8）选中"人物"图层，按 Ctrl+T 组合键为其添加一个变换框，然后将鼠标光标移到左上角，按住 Shift 键拖移鼠标，调整"人物"图像大小与窗口适当（见图 5-50），并保存图像。

图 5-49 调整图层位置 图 5-50 "窗外风景"效果图

【例 5.2】 枫叶红了

（1）打开素材"枫叶"，使用横排文字工具在背景右下角输入"枫叶红了的时候"，并将其字体设置为方正综艺简体，字号为 200，颜色为黄色。更改文本属性，在红叶背景的下方输入"金秋时节"4 个文字，如图 5-51 所示。

图 5-51 输入文字

（2）双击文本图层，打开【图层样式】对话框，首先在对话框右侧选择【预览】复选框，然后在对话框左侧单击【投影】选项，设置混合模式为正常、不透明度为 53%、角度为 144°，选择【使用全局光】复选框，并设置距离为 25 像素、扩展为 0%、大小为 5 像素，如图 5-52 所示。

（3）单击【斜面和浮雕】选项，设置样式为内斜面、方法为平滑、方向为上、大小为 13 像素、软化为 5 像素、角度为 144、高度为 25，并且选择【等高线】复选框，如图 5-53 所示。

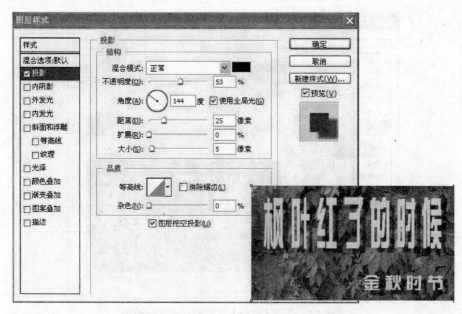

图 5-52　设置【投影】选项及显示案例效果

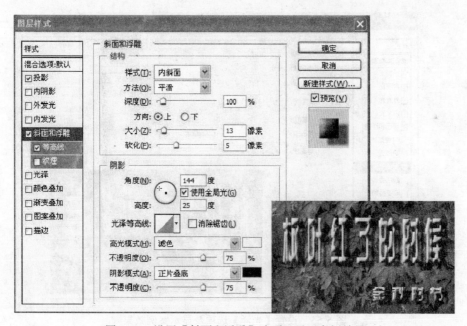

图 5-53　设置【斜面和浮雕】选项及显示案例效果

　　（4）在【斜面和浮雕】下面有两个选项，分别是【等高线】和【纹理】，先选择【等高线】，然后选择【纹理】选项。单击【图案】选项后面的三角形，在弹出的下拉面板中选择一种纹理效果，并将【缩放】和【深度】选项都设置为 100，如图 5-54 所示。

　　（5）再添加一种图层样式，因为一个好的字效必须是多种图层样式的巧妙组合。选择【光泽】选项，设置混合模式为亮光，并在其拾色器里选择白色，然后设置不透明度值为 81、角度为 130、距离为 34 像素、大小为 51 像素，在【光泽等高线】中选择一种合适的类型，如图 5-55 所示。

图 5-54　设置【纹理】选项及显示案例效果

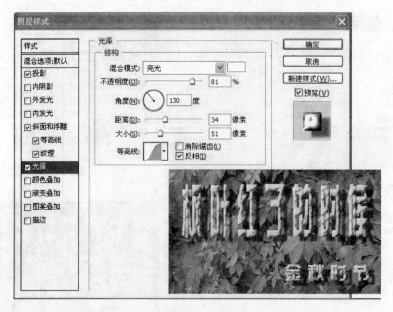

图 5-55　设置【光泽】选项及显示案例效果

（6）选择【颜色叠加】选项，设置混合模式为正常，在拾色器中选择绿色，然后设置不透明度为 87%，并添加描边样式，完成浮雕字效果，如图 5-56 所示，保存文件。

【例 5.3】　奥运五环

（1）新建一个 640×480 像素的白色背景的 RGB 文件，命名为"奥运五环"。

（2）显示图层面板，单击【创建新的填充或调整图层】按钮 ●，在弹出的菜单中选择【图案】命令，弹出【图案填充】对话框，如图 5-57 所示，创建一个"木质"图案的图层。

图 5-56　设置【颜色叠加】和【描边】选项及显示案例效果

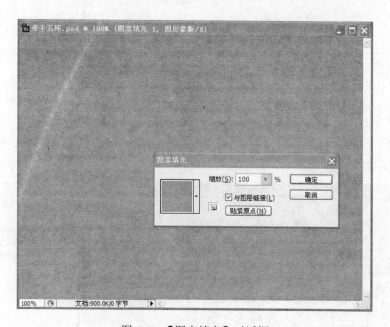

图 5-57　【图案填充】对话框

（3）打开第 5 章素材库中的福娃素材，用矩形选框工具定义图案区域，如图 5-58 所示（在选择前要设定羽化值为 0）。

（4）选择【编辑】→【定义图案】命令，在【图案名称】对话框中输入图案的名称，如图 5-59 所示，将选择区图像定义为"福娃"。

（5）选择"奥运五环"文件，在图层面板中，单击【创建新图层】按钮 🗀，创建一个新图层，并命名为"福娃背景"。

（6）选择【图层】→【填充】命令，弹出【填充】对话框，选择刚才定义的"福娃"

图案，如图 5-60 所示，制作"福娃背景"图层。

图 5-58 福娃素材　　　　　　　　　　图 5-59 定义"福娃"图案

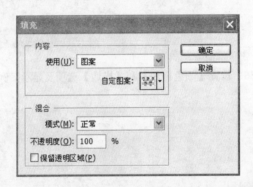

图 5-60 【填充】对话框

（7）选择"福娃背景"图层，在图层面板的右上角单击不透明度框的三角按钮，然后拖动不透明度滑块改变该层的不透明度（或直接输入数值），如图 5-61 所示。

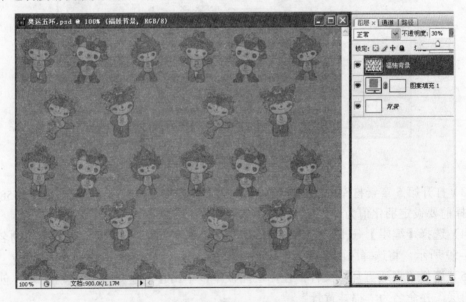

图 5-61 调整"福娃背景"图层的不透明度

（8）在图层面板中单击【创建新图层】按钮 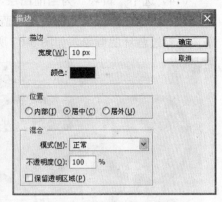，创建一个普通图层。选择椭圆选框工具，按住 Shift+Alt 组合键绘制一个圆形选区，并调整选区位置。选择【编辑】→【描边】命令，弹出【描边】对话框（见图 5-62），设置宽度为 10px、颜色为蓝色，进行描边，之后按 Ctrl+D 组合键取消选区。

（9）为了制作奥运五环标志，选择【图层】→【复制图层】命令，弹出【复制图层】对话框，命名为"黑环"，复制一个"黑环"图层，如图 5-63 所示。使用移动工具调整图像位置，并按住 Ctrl 键，单击"黑环"图层的缩览图，然后选中蓝色区域，填充为黑色。按 Ctrl+D 组合键取消选区，效果如图 5-64 所示。

图 5-62 【描边】对话框

（10）重复第 9 步的操作，最终得到奥运五环图，5 个图层的名称分别为"蓝环"、"黑环"、"红环"、"黄环"、"绿环"，如图 5-65 所示。

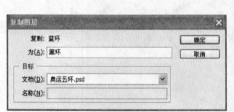

图 5-63 【复制图层】对话框

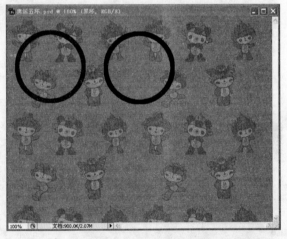

图 5-64 调整"黑环"图层后的效果

（11）选择"绿环"为当前图层，按下 Ctrl 键，单击"红环"图层的缩览图，选中红色区域。用橡皮擦工具擦抹红环与绿环左上角相交处，绿环选区部位的绿色被抹掉，形成了绿环穿过红环的假象，如图 5-66 所示。

（12）选中"绿环"为当前图层，按下 Ctrl 键，单击"黑环"图层的缩览图，选中黑色区域。用橡皮擦工具擦抹黑环与绿环右上角相交处，绿环选区部位的绿色被抹掉，形成了绿环穿过黑环的之假象，如图 5-67 所示。

（13）选中"黄环"为当前图层，按下 Ctrl 键，单击"黑环"图层的缩览图，选中黑色区域。用橡皮擦工具擦抹黑环与黄环左上角相交处，黄环选区部位的黄色被抹掉，形成了黄环穿过黑环的假象，如图 5-67 所示。

（14）选中"黄环"为当前图层，按下 Ctrl 键，单击"蓝环"图层的缩览图，选中蓝色区域。用橡皮檫工具擦抹黄环与蓝环右上角相交处，黄环选区部位的黄色被抹掉，形成了黄环穿过蓝环的假象，如图 5-67 所示。

图 5-65　五环图层及效果

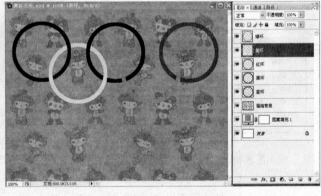

图 5-66　橡皮擦工具擦抹后的效果　　　　　　图 5-67　五环相穿效果

（15）选中 5 个圆环图层，单击图层面板右上角的 按钮，选择【合并图层】命令。双击五环合并图层，弹出【图层样式】对话框，选择【投影】选项，设置参数如图 5-68 所示，得到"五环"阴影效果图，如图 5-69 所示。

（16）选择横排文字工具，在图像下方输入"北京欢迎你"字样，设置字体属性（黑色、方正行楷）并调整大小，然后双击文字，弹出【图层样式】对话框，添加并设置【投影】（距离为 20、大小为 10）和【斜面和浮雕】（大小为 7、软化为 2），得到最终效果，如图 5-70 所示，最后保存图像。

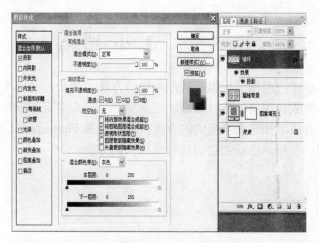

图 5-68 【图层样式】对话框

图 5-69 五环阴影效果

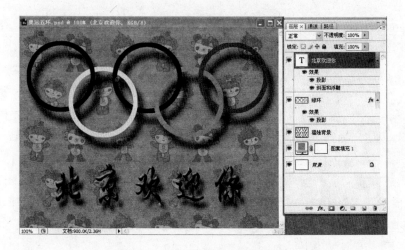

图 5-70 "奥运五环"图层及效果

5.8 本 章 小 结

  本章系统地讲解了应用图层编辑、处理图像的方法和技巧，通过本章的学习，读者可以应用图层的混合模式、图层的特效效果，使图像产生更为丰富的视觉效果。图层的应用为图像编辑和图像合成工作带来了极大的方便，同时也是 Photoshop CS3 最为频繁的操作手段，掌握好图层的使用，能给创意设计带来极大的方便。

6.1 文 字 图 层

在 Photoshop 中，可以使用各种文字工具创建文字图层，如图 6-1 所示。在文字图层中可以编辑文字并应用各种图层效果。

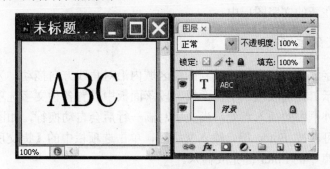

图 6-1 文字图层

在文字图层可以直接进行的操作有：更改文字方向，应用消除锯齿功能，在点文字与段落文字之间进行转换，基于文字创建工作路径，进行自由变换中的缩放、旋转、斜切、翻转等变形，使用图层样式等。

文字图层实际上是矢量图层，图层中保存的是文字的矢量轮廓。Photoshop 中的像素工具，例如画笔工具、修补工具、渐变工具等不能直接在文字图层上进行操作。要使用像素工具修改文字图层，必须先对文字图层进行栅格化，将矢量文字轮廓转换为像素。栅格化后的文字不再具有矢量轮廓，不能再作为文字进行编辑。

另外，多通道、位图或索引颜色模式不支持文字图层。在这些模式中创建的文字将自动栅格化后放置在背景上。

6.2 创 建 文 字

Photoshop 中的文字工具有横排文字工具、直排文字工具、横排文字蒙版工具和直排文字蒙版工具 4 种，如图 6-2 所示。

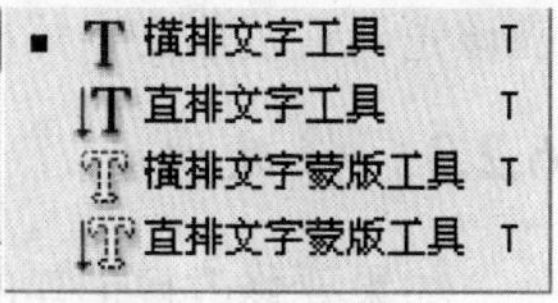

使用横排文字工具或直排文字工具创建的文字分为点文字、段落文字和路径文字 3 种。

点文字是从文字工具单击的位置开始建立的一个水平或垂直的文本行，用于向图像中添加少量文字。

段落文字是通过拖动文字工具建立一个水平或垂直的字符

图 6-2 文字工具

边界控制字符内容，文字根据字符边界换行，通常用于创建一个或多个段落，或大量文字。

路径文字是沿着开放或封闭路径的边缘流动的文字。

6.2.1　创建点文字

选择横排文字工具，将光标移动到图像区域内，此时光标形状变为 I，其中光标中间的短横线是文字基线位置。单击鼠标，图像中会出现闪烁的光标，表示文字的插入点，如图 6-3 所示。此时输入文字，文字将出现在文字插入点处。输入文字时如果要换行，可以按下 Enter 键。输入文字后，单击选项栏中的【提交所有当前编辑】按钮☑或按数字键盘中的 Enter 键完成输入。

在输入点文字时，每行文字都是独立的，行的长度随着文字内容变化，不会自动换行。输入的文字出现在新的文字图层中。

6.2.2　创建段落文字

选择横排文字工具，将光标移动到图像区域内沿对角线方向拖动，为文字定义一个外框，如图 6-4 所示。在选项栏、字符面板、段落面板中设置各种文字选项。输入文字，文字将出现在文字外框内的插入点处，当文字写满一行后会自动换行，如图 6-5 所示。如果要开始新段落，可以按 Enter 键。输入文字后，单击选项栏中的【提交所有当前编辑】按钮☑或按数字键盘中的 Enter 键完成输入。

图 6-3　输入点文字　　　　图 6-4　建立段落文字外框　　　　图 6-5　输入段落文字

段落文字和点文字可以相互转换。将点文字转换为段落文字，可以在外框内调整字符排列；将段落文字转换为点文字，可以使各文本行彼此独立地排列。

在图层面板中选择文字图层，然后选择【图层】→【文字】→【转换为点文本】或【图层】→【文字】→【转换为段落文本】命令，可以转换点文字或段落文字。在将段落文字转换为点文字时，每个文字行的末尾（最后一行除外）都会添加一个回车符，段落文字中溢出外框的字符会被自动删除。因此，为了避免文本丢失，在将段落文字转换为点文字前，应该先调整段落文字外框，使全部文字都可见。

6.2.3　修改文字

如果要修改已创建的点文字，在图层面板的文字图层指示标记 T 上双击，或在图层面板中选择文字图层，然后选择横排文字工具或直排文字工具在文字上单击，进入文字编辑状态，如图 6-6 所示，修改文字内容。

对于段落文字，在图层面板的文字图层指示标记T上双击，或在图层面板中选择文字图层，然后选择横排文字工具或直排文字工具在文字上单击，此时会出现文字外框，如图6-7所示，修改文字内容即可。

将鼠标指向文字外框四周的控制点，当鼠标指针变为双向箭头↔时拖动，可以调整文字外框的大小，如图6-8所示。按住Shift键拖动控制点，可以将文字外框按比例进行缩放。

图6-6　编辑点文字

图6-7　编辑段落文字

图6-8　调整文字外框大小

将鼠标指向文字外框四角的控制点，当鼠标指针变为双向箭头↰时拖动，可以绕旋转中心旋转文字外框，如图6-9所示。如果旋转时按住Shift键，可以限制旋转角度按15°递增进行。如果要调整旋转中心，可以按住Ctrl键拖动旋转中心点。

按住Ctrl键，将鼠标指向文字外框，当鼠标指针变为箭头▸时拖动，可以斜切文字外框，如图6-10所示。

图6-9　旋转文字外框

图6-10　斜切文字外框

6.2.4　设置字符格式

无论创建的是点文字还是段落文字，都可以在字符面板和段落面板中对字符格式进行修改，使文字具有更精美的外观。

字符格式可以在输入字符之前先设置，也可以在输入字符后选择字符进行设置。

选择文字工具，单击选项栏中的【显示/隐藏字符和段落调板】按钮▤，可以打开字符面板和段落面板，如图6-11和图6-12所示。也可以选择【窗口】→【字符】命令，打开字符面板；选择【窗口】→【段落】命令，打开段落面板。

图 6-11　字符面板

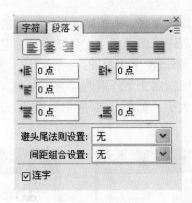

图 6-12　段落面板

使用文本工具选定要修改格式的文字，在字符面板中可以设置字体、字体大小、垂直缩放、水平缩放、字符间距、偏移量、语言、防锯齿功能等。

如果文档使用了系统上未安装的字体，在打开该文档时 Photoshop 会弹出警告信息，指明缺少哪些字体，并使用可用的匹配字体替换缺少的字体。用户也可以选择文本并选择任何其他可用的字体。

使用文本工具选定要修改格式的段落文字，在段落面板中可以设置段落对齐方式、缩进格式、连字等选项。

6.2.5　创建文字蒙版

使用横排文字蒙版工具或直排文字蒙版工具，可以创建文字形状的选区。创建的文字选区将出现在当前选定的图层中，用户可以像其他选区一样对其进行移动、复制、填充或描边。

在图像中新建一个图层，选择横排文字蒙版工具，设置好各文字选项后在图层上单击或拖动鼠标，确定点文字输入位置或段落文字输入外框，输入文字内容。输入文字时，图层上会出现一个红色蒙版，如图 6-13 所示。单击【提交所有当前编辑】按钮 ✔ 之后，文字选区边界会出现在当前图层中，如图 6-14 所示。

图 6-13　使用文字蒙版工具输入文字

图 6-14　创建文字选区边界

在创建文字选区边界后，可以对文字选区边界进行填充、描边等进一步处理。

6.3 文字效果

在 Photoshop 中可以对文字执行各种操作更改其外观。例如使文字变形、将文字沿路径排列、将文字转换为路径制作特效等。

6.3.1 文字变形

Photoshop 为文字提供了多种变形方式，对文字进行扭曲以符合各种形状，创建特殊的文字效果。

在图层面板中选择文字图层，然后选择文字工具，单击选项栏中的【创建文字变形】按钮 ，弹出【变形文字】对话框，如图 6-15 所示。在【样式】下拉列表框中选择变形样式，拖动【弯曲】、【水平扭曲】、【垂直扭曲】滑块，调整各选项的变形比例，然后单击【确定】按钮，设置变形效果。例如对文字应用【鱼形】变形，其效果及参数如图 6-16 所示。

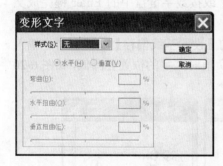

图 6-15 【变形文字】对话框

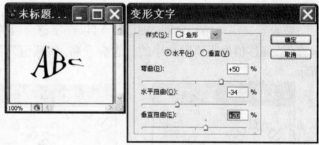

图 6-16 【鱼形】文字变形效果

注意：变形文字不能变形包含"仿粗体"格式和使用不包含轮廓数据字体设置的文字。

要取消变形文字，可以先在图层面板中选择已应用变形的文字图层，然后单击选项栏中的【创建文字变形】按钮 ，弹出【变形文字】对话框，在【样式】下拉列表框中选择【无】选项，单击【确定】按钮取消文字变形。

6.3.2 沿路径排列文字

在使用横排文字工具创建的文字图层中，字符将沿着与基线垂直的路径出现；在使用直排文字工具创建的文字图层中，字符将沿着与基线平行的路径出现。除了水平方向和垂直方向以外，在 Photoshop 中还可以根据路径来创建文字，使文字沿指定路径分布。

要创建沿路径排列的文字需要先创建工作路径，然后使用文字工具输入沿工作路径边缘排列的文字。在路径上输入横排文字时字符方向与基线垂直，在路径上输入直排文字时字符方向与基线平行。创建文字后，如果移动路径或更改路径形状，文字将自动适应新的路径位置或形状。

具体操作步骤如下：

（1）要创建沿路径排列的文字，需要先使用钢笔工具或形状工具创建工作路径，如

图 6-17 所示。

（2）选择横排文字工具或直排文字工具，使文字工具光标的基线指示符位于路径上，变为 ⊥ 形状，如图 6-18 所示。单击鼠标，在路径上添加文字插入点。

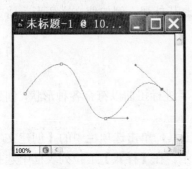
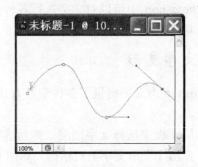

图 6-17　创建工作路径　　　　　　　　　图 6-18　设置文字起点

（3）输入文字，文字将沿路径方向流动，如图 6-19 所示。

（4）单击选项栏中的【提交所有当前编辑】按钮 ✔ 或按数字键盘中的 Enter 键完成文字输入。

要设置文字与路径之间的距离，可以在字符面板的【设置基线偏移】文本框 ⁴⁺ 中输入偏移值。偏移值为正值时文字的位置会升高，偏移值为负值时文字的位置会降低，如图 6-20 所示。

　　　　　　　　　　　　　　　　　基线偏移值 30 点　　　　　基线偏移值–30 点

图 6-19　输入沿路径排列的文字　　　　图 6-20　设置基线偏移值改变文字位置

选择路径选择工具 ▶ 或直接选择工具 ▶，将鼠标指向文字，当鼠标指针变为 ⊺ 形状时，沿径拖动鼠标，可以在路径上移动文字，如图 6-21 所示。拖动鼠标时，如果将鼠标拖动到路径的另一侧，可以将文字翻转，如图 6-22 所示。

图 6-21　沿路径移动文字　　　　图 6-22　将文字翻转到路径的另一侧

选择路径选择工具 ，将鼠标指向路径，当鼠标指针为 形状时拖动鼠标，可以移动路径，此时文字也将跟随路径移动。

选择直接选择工具 ，在路径上单击，路径上会出现控制点，单击选择控制点，拖动控制点或控制点滑杆，可以改变路径的形状，文字也将随路径改变形状，如图 6-23 所示。

图 6-23　改变路径形状

6.3.3　在闭合路径内创建文字

在 Photoshop 中除了可以沿路径排列文字以外，还可以在封闭路径内创建段落文字。创建的文字会根据路径的形状自动换行，就像把文字封闭在特定形状的封套中一样。

具体操作步骤如下：

（1）使用矢量工具绘制一条封闭路径。

（2）选择横排文字工具 **T**，将鼠标指针移动到封闭路径内，当其变成 形状时单击，输入文字，如图 6-24 所示。

（3）单击选项栏中的【提交所有当前编辑】按钮 或按数字键盘中的 Enter 键完成文字输入。

6.3.4　将文字转换为形状

对文字图层执行【图层】→【文字】→【转换为形状】命令，可以将文字转换为形状。转换为形状时文字图层被替换为具有矢量蒙版的图层，如图 6-25 所示。转换为形状后，用户可以使用直接选择工具修改文字的形状，但无法再将文字形状作为文本进行编辑。

图 6-24　在闭合路径内创建文字

图 6-25　将文字转换为形状

6.3.5　将文字转换为工作路径

对文字图层执行【图层】→【文字】→【创建工作路径】命令，可以创建工作路径。创建的工作路径将作为临时路径出现在路径面板中，用于定义形状的轮廓，如图 6-26 所示。对于创建的文字路径可以进行编辑、存储，也可以进行填充、描边等操作，但路径中的字符无法以文本形式编辑。如果要编辑文字，可以回到文字图层进行编辑处理。

142

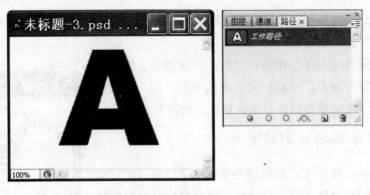

图 6-26　将文字转换为工作路径

6.3.6　栅格化文字

Photoshop 中的滤镜效果和绘画工具不能在文字图层中直接应用。因此，如果要对文字添加滤镜或在文字图层中绘画，需要先将文字图层栅格化。栅格化后的文字图层转换为普通图层，无法再作为文本进行编辑。

对文字图层执行【图层】→【栅格化】→【文字】命令，可以将文字栅格化。如果直接对文字图层使用了需要先栅格化再使用的命令或工具，系统会弹出栅格化文字的警告信息（见图 6-27），用户单击【确定】按钮确认后再栅格化文字。

图 6-27　栅格化文字警告信息

6.4　上机实践——文字综合应用

例 6.1　杂志封面。

（1）新建一个宽 1000 像素、高 1400 像素的文件。

（2）打开素材文件夹中的"儿童.jpg"文件，选择【选择】→【全部】命令和【编辑】→【拷贝】命令，复制照片。

（3）切换到新文件窗口，选择【编辑】→【粘贴】命令，将照片粘贴到新文件中，然后使用移动工具将照片中的儿童移动到图像中央，如图 6-28 所示。

（4）选择横排文字工具，在字符面板中设置字体为"华文琥珀"、文字颜色为白色、字体大小为 250 点，在图像右下角输入文字"夏"。单击选项栏中的【创建文字变形】按钮，在【变形文字】对话框中选择样式为膨胀，设置弯曲为 100%，如图 6-29 所示。单击【确定】按钮，应用变形效果。在图层面板中设置【不透明度】为 50%，完成文字图层设置，如图 6-30 所示。

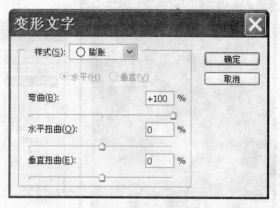

图 6-28 复制照片　　　　　　　　图 6-29　设置"膨胀"变形文字

（5）选择横排文字工具，在字符面板中设置字体为 Haattenschweiler、文字颜色为浅红色、字体大小为 140 点、水平缩放为 125%，如图 6-31 所示。在图像下方输入文字 CHILDHOOD，制作英文标题，如图 6-32 所示。

图 6-30　制作变形文字"夏"　　　　　　图 6-31　设置字符格式

（6）选择 CHILDHOOD 文字图层，单击图层面板下方的【添加图层样式】按钮 *fx*，在弹出的菜单中选择【混合选项】命令，在【图层样式】对话框中选择【投影】选项，设置投影角度为 145、距离为 18 像素、大小为 5 像素，如图 6-33 所示。在【图层样式】对话框中选择【渐变叠加】选项，设置渐变颜色为淡红到白色的渐变，角度为 90，如图 6-34 所示。单击【确定】按钮，完成图层效果，如图 6-35 所示。

图 6-32　加入英文标题

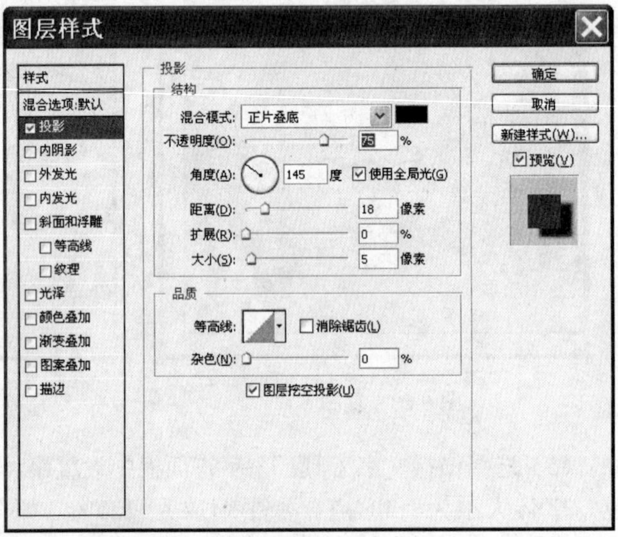

图 6-33　设置投影图层效果

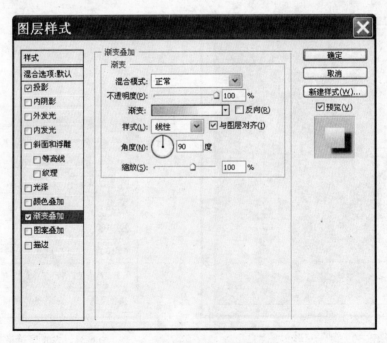

图 6-34　设置渐变叠加图层效果

（7）选择 CHILDHOOD 文字图层，然后选择【图层】→【文字】→【创建工作路径】命令，对 CHILDHOOD 文字创建文字路径。

（8）新建一个图层，命名为"CHILDHOOD 描边"。选择画笔工具，在选项栏中设置画笔的直径为 7 像素、硬度为 100%，设置前景色为深红色。单击路径面板中的【用画笔描边路径】按钮〇，对文字路径进行描边，如图 6-36 所示。

图 6-35 添加文字图层效果

图 6-36 对文字路径进行描边

（9）选择横排文字工具，在字符面板中设置字体为"黑体"、文字颜色为深红色、字体大小为 120 点，仿粗体，在图像左上角输入文字"童年"，制作中文标题，如图 6-37 所示。

（10）选择"童年"文字图层，单击图层面板下方的【添加图层样式】按钮 fx，在弹出的菜单中选择【斜面和浮雕】命令，在【斜面和浮雕】对话框中设置样式为外斜面、深度为 100%、大小为 5 像素，如图 6-38 所示。单击【确定】按钮，为"童年"文字图层添加图层样式。

图 6-37 输入中文标题

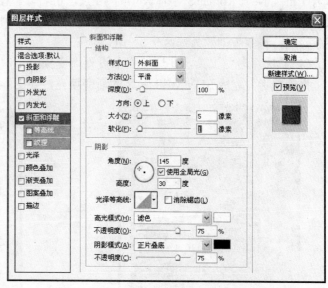

图 6-38 设置"童年"文字图层样式

（11）选择钢笔工具，在"童年"文字上方绘制一条圆弧。选择横排文字工具，在字符面板中设置字体为 Berlin Sans FB Demi、字体大小为 24 点，然后沿圆弧路径输入日期"2010.7 July"，加入日期，如图 6-39 所示。

（12）选择圆弧日期文字图层，然后选择【图层】→【栅格化】→【文字】命令，将文字图层转换为像素图层。

（13）在路径面板中选择工作路径，然后选择【编辑】→【自由变换路径】命令，将路径缩小并移动到合适的位置。选择画笔工具，在选项栏中设置画笔的直径为 3 像素、硬度为 100%，设置前景色为深红色。单击路径面板中的【用画笔描边路径】按钮 ○，对弧线进行描边。重复以上操作，完成弧形文字上方的弧线，如图 6-40 所示。

图 6-39　加入圆弧形日期　　　　　　　　　图 6-40　调整弧线路径并描边

（14）新建一个图层，命名为 Summer。选择横排文字蒙版工具，在字符面板中设置字体为 Times New Roman、字体大小为 36 点，仿粗体。在 Summer 图层中单击，输入文字 SUMMER，创建文字蒙版，如图 6-41 所示。单击选项栏中的【提交所有当前编辑】按钮 ✓ 完成输入，将蒙版创建为选区。

（15）选择渐变工具，在选项栏中设置渐变颜色为深红色到白色过渡，在选区中从下向上拖动鼠标，完成 SUMMER 文字的渐变填充，如图 6-42 所示。

图 6-41　创建 SUMMER 文字蒙版　　　　　图 6-42　制作渐变填充文字

（16）选择 SUMMER 图层，单击图层面板下方的【添加图层样式】按钮 *fx*，在弹出的菜单中选择【内阴影】命令，在【内阴影】对话框中设置【混合模式】为正片叠底、颜色为黑色、【角度】为 145、【距离】为 5 像素。单击【确定】按钮，为 SUMMER 图层添加图层样式，如图 6-43 所示。

（17）选择钢笔工具，在图像左侧绘制一条封闭路径，如图 6-44 所示。

图 6-43　SUMMER 图层样式　　　　　　　　图 6-44　创建文字范围路径

（18）选择横排文字工具，在字符面板中设置字体为"华文琥珀"、字体大小为 48 点。将光标移动到路径范围内，当光标变为 ⓘ 形状时单击，输入几个小标题，如图 6-45 所示。

（19）使用横排文字工具选择输入的各个小标题，在字符面板中将各个小标题设置为不同颜色，完成儿童杂志封面，整体效果如图 6-46 所示。

图 6-45　制作路径范围内的标题文字　　　　　图 6-46　儿童杂志封面

6.5　本 章 小 结

　　本章介绍了使用 Photoshop 在图像中创建各种文字、对文字样式进行设置、对文字进行变形、创建各种效果的方法和技巧。使用横排文字工具和直排文字工具可以创建文字图层；使用横排文字蒙版工具和直排文字蒙版工具可以创建文字选区。在字符面板和段落面板中可以对文字样式进行设置。利用文字变形功能可以创建各种文字变形效果。将文字工具和路径工具相结合，可以创建沿路径排列的文字和在路径范围内的文字。熟练掌握使用各种文字工具的方法和技巧，根据需要在图像中加入各种文字，可以使作品更具特色、更有表现力。

通道是 Photoshop 的核心功能之一，是用于装载选区的一个载体，同时在这个载体中还可以像编辑图像一样编辑选区，从而得到更多的选区状态，并最终制作出更为丰富的图像效果。在 Photoshop 中，蒙版就像特定的遮罩，控制着图层或者图层组中的不同区域如何隐藏或者显示。本章将详细介绍通道和蒙版的功能与应用。

7.1 通道与蒙版简介

Photoshop 中通道的概念与图层相似，都是用来存放图像的颜色信息和选区信息的。用户可以通过调整通道中的颜色信息来改变图像的色彩，或对通道进行相应的编辑操作以调整图像或选区信息，帮助用户制作出与众不同的图像效果。

一个图像文件可能包括 3 种通道，即颜色通道、专色通道和 Alpha 通道。颜色通道的类型根据图像颜色模式的不同而不同，主要有 RGB 通道、CMYK 通道和 Lab 通道等。颜色通道的数目由图像颜色模式决定，RGB 颜色模式的图像有 4 个颜色通道，而 CMYK 颜色模式的图像有 5 个专色通道。Alpha 通道都是用户自行创建的通道，其主要功能是制作和保存选区。

蒙版主要是隔离并保护部分图像，根据选区创建蒙版时，未选中的区域将被遮住（不能编辑）。使用蒙版可以保存耗费大量时间创建的选区，另外，蒙版还可以用于完成其他的复杂编辑任务，如修改图像的颜色或应用滤镜效果等。在 Photoshop 中，蒙版可以创建被称为快速蒙版的临时蒙版，也可以创建永久性蒙版，并将其存储为被称为 Alpha 通道的特殊灰度通道。

7.2 使用通道面板

7.2.1 查看通道面板

在 Photoshop 中，每一个相对成熟的功能都有一个面板与之对应，选择【窗口】→【通道】命令即可显示通道面板。在默认情况下，通道面板上没有通道，在打开一幅图像后，会根据该图像的颜色建立相应的颜色通道，在通道面板中则以当前图像文件的颜色模式显示其相应通道，如图 7-1 所示。下面对面板中的按钮进行详细介绍。

（1）【指示通道可见性】图标 ：当该图标为 形状时，图像窗口中显示该通道的图像，单击该图标后，图标变为 形状，并隐藏该通道的图像，再次单击即可显示图像。

（2）【将通道作为选区载入】按钮 ：单击该按钮可将当前通道快速转换为选区。

（3）【将选区存储为通道】按钮 ：单击该按钮可将图像中选区之外的图像转换为蒙

版的形式，将选区保存在新建的 Alpha 通道中。

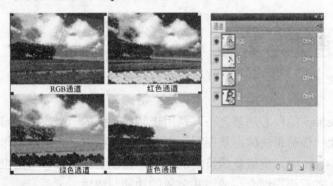

图 7-1　通道面板

（4）【创建新通道】按钮 ▣：单击该按钮可创建一个新的 Alpha 通道。

（5）【删除当前通道】按钮 ▣：单击该按钮可删除当前通道。

7.2.2　新建 Alpha 通道

Alpha 通道是为保存选择区域而专门设计的通道。在生成一个图像文件时，并不一定产生 Alpha 通道。通常，它是由人们在图像处理过程中人为生成，并从中读取选择区域的信息。因此在输出制版时，Alpha 通道会因为与最终生成的图像无关而被删除。但有时，比如在三维软件中最终渲染输出的时候，会附带生成一张 Alpha 通道，用于在平面处理软件中做后期合成。

除了 Photoshop 的 PSD 文件格式外，GIF 与 TIFF 格式的文件都可以保存 Alpha 通道。GIF 文件还可以用 Alpha 通道进行图像的去背景处理。因此，可以利用 GIF 文件的这一特性制作任意形状的图形。

在图像编辑过程中，可以创建新的通道，通道类型为 Alpha 通道。Photoshop 提供了多种创建方法，大家可以在工作过程中根据实际情况选择适合的方法。

1. 创建空白 Alpha 通道

单击通道面板底部的【创建新通道】按钮 ▣，可以按照默认状态新建一个空白 Alpha 通道。如果要对创建的新 Alpha 通道进行参数设置，可以按住 Alt 键单击通道面板中的【创建新通道】按钮 ▣，或者选择通道面板菜单中的【新通道】命令，在弹出的如图 7-2 所示的对话框中进行参数设置。

（1）名称：在此文本框中输入新通道的名称。

（2）被蒙版区域：选中该单选按钮，新建的通道显示为黑色，利用白色在通道中绘图，白色区域将成为对应的选区。

（3）所选区域：选中该单选按钮，新建的通道显示为白色，利用黑色在通道中绘图，黑色区域将成为对应的选区。

图 7-2　【新建通道】对话框

（4）颜色：单击其后的颜色框，在弹出的【选择通道颜色】对话框中可制定快速蒙版的颜色。

（5）不透明度：在此指定快速蒙版的不透明度显示。

2. 从选区创建同形状的 Alpha 通道

新建 Alpha 通道的另外一种方法是，在当前图像文件中存在选区的状态下，单击通道面板下面的【将选区存储为通道】按钮 ，则该选区自动保存为新的 Alpha 通道，如图 7-3 所示。

图 7-3　从选区创建 Alpha 通道

7.2.3　新建专色通道

为了让自己的印刷作品与众不同，大家往往要做一些特殊处理。如增加荧光油墨或夜光油墨，套版印制无色系（如烫金）等，这些特殊颜色的油墨（称其为"专色"）都无法用三原色油墨混合而成，这时就要用到专色通道与专色印刷了。

专色通道是一类较为特殊的通道，可以使用除青色、洋红、黄色和黑色以外的颜色来绘制图像。它是用特殊的预混油墨来替代或补充印刷色油墨，常用于需要专色印刷的印刷品中，如画册中常见的纯红色及证书中的烫金、烫银效果等。值得注意的是，除了默认的颜色通道外，每一个专色通道都有相应的印版，在打印输出一个含有专色通道的图像时，必须先将图像模式转为多通道模式。

专色通道的创建方法是：在通道面板上单击右上角的 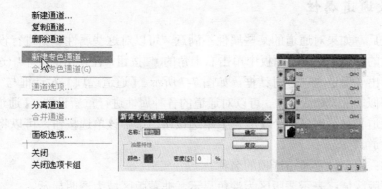 按钮，在弹出的菜单中选择【新建专色通道】命令，在相应对话框中设置专色通道的名称和颜色，完成后单击【确定】按钮即可创建专色通道，如图 7-4 所示。

图 7-4　新建专色通道

除了创建专色通道以外，还可以将已有的 Alpha 通道转换为专色通道。双击 Alpha 通道名称后面的区域，在弹出的【通道选项】对话框中选择【专色】选项，并设置适当的参数即可。

7.2.4 删除通道

执行【删除通道】命令可以删除当前通道。删除通道共有 3 种方法：第一种是选择需要删除的通道，单击通道面板下方的【删除当前通道】按钮 🗑 ，如图 7-5 所示；第二种只要将需要删除的通道拖动到【删除当前通道】按钮 🗑 上，释放鼠标即可；第三种是在删除的通道上右击，在弹出的快捷菜单中选择【删除通道】命令执行相应的删除操作。

7.2.5 复制通道

复制通道的方法与删除通道的方法类似，主要有两种方法。第一种是直接将要复制的通道拖至通道面板的【创建新通道】按钮 🔳 上，释放鼠标即可；第二种是在通道面板上选择单个颜色通道或 Alpha 通道，在其上右击，在弹出的快捷菜单中选择【复制通道】命令执行相应的操作，如图 7-6 所示。

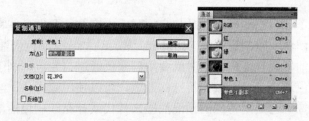

图 7-5　删除通道　　　　　　　　　图 7-6　复制通道

（1）复制：其后显示所复制的通道名称。

（2）为：在此文本框中输入复制得到的通道名称，默认名称为"当前通道名称 副本"。

（3）文档：在此下拉列表框中可选择复制通道的存放位置。选择【新建】选项，将会由复制的通道生成一个多通道模式的新文件。

7.2.6 修改通道属性

创建通道后，如果对通道的某些属性不满意，可以对这些属性重新进行设置。选中要重新设置属性的通道，在通道面板中单击右上角的 ▼ 按钮，在弹出的菜单中选择【通道选项】命令，弹出【通道选项】对话框，如图 7-7 所示。【通道选项】对话框与【新建通道】对话框非常相似，在该对话框中，可以对通道的各种属性进行重新设置。【通道选项】对话框比【新建通道】对话框多一个【专色】单选按钮，选中该单选按钮，可以将 Alpha 通道转换为专色通道。

（1）名称：用于设置通道选项的名称。

（2）被蒙版区域：表示蒙版区为深色显示，非蒙版区域为透明显示。

（3）所选区域：表示蒙版区为透明显示，非蒙版区域为深色显示。

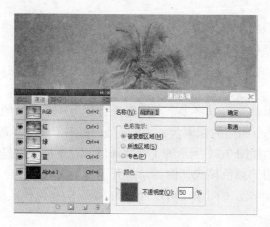

图 7-7　修改通道属性

（4）专色：表示以专色显示。

（5）颜色：用于设定填充蒙版的颜色。

（6）不透明度：用于设定蒙版的不透明度。

7.3　使用通道面板菜单

单击通道面板右上角的 按钮，会弹出一个菜单，如图 7-8 所示。本节将分别介绍菜单中的【分离通道】、【合并通道】、【合并专色通道】等命令。

7.3.1　分离通道

通过【分离通道】命令可以把图像的每个通道拆分为独立的图像文件。对于一个包含多个通道的图像文件，可以将图像的通道分离为单独的图像，即使每一个通道的内容单独成为一个图像文件。

下面通过案例来学习图像的通道分离，操作步骤如下：

（1）打开第 7 章素材库中的"图 7-1.jpg"，对该图像进行分离通道的操作，如图 7-9 所示。首先在通道面板上单击 按钮。

图 7-8　通道面板菜单

图 7-9　原图像

（2）在弹出的面板菜单中选择【分离通道】命令，即可将图像文件中的单色通道拆分成图像文件，每个文件都为 8 位的灰度图，如图 7-10 所示。

7.3.2 合并通道

使用【合并通道】命令可以将多个灰度图像合并为一个图像的通道。要合并的图像必须是在灰度模式下，具有相同的像素尺寸，并且处于打开状态。在通道面板菜单中选择【合并通道】命令，会弹出如图 7-11 所示的【合并通道】对话框。已经打开的灰度图像的数量决定了合并通道时可用的颜色模式。例如，打开了 3 幅灰度图像，可以合并为 RGB 颜色模式的图像；打开了 4 幅灰度图像，可以合并为 CMYK 颜色模式的图像。

图 7-10 分离通道后

图 7-11 【合并通道】对话框

7.3.3 合并专色通道

在 RGB 或 CMYK 颜色模式下，可以删除专色通道，也可以将它们合并到标准颜色通道中。将专色通道的信息合并到其他混合通道中，它会对指定区域施加一种指定的颜色。

选中新建的专色通道，单击通道面板右上角的 ▾≡ 按钮，在弹出的菜单中选择【合并专色通道】命令，将专色通道进行合并。

下面通过案例，用合并专色通道的方法，以指定的"山水"为图案设置专色，完成"扇面"底色及图案，同时保留"扇面"原有的图案。操作步骤如下：

（1）打开第 7 章素材库中的"扇面"图像，如图 7-12 所示（完成后的效果如图 7-13 所示）。

（2）选中图层 1，按 Ctrl+J 组合键（通过拷贝的图层），获得"图层 1 副本"。为了操作的便利，把"图层 1 副本"重命名为"扇面"图层。按住 Ctrl 键，用鼠标单击"扇面"图层，选中"扇面"为选区。

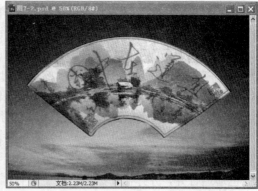

图 7-12　源图像素材（1）　　　　　　　　　图 7-13　完成后的效果

（3）单击通道面板右上角的 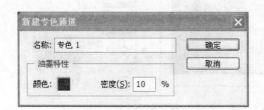 按钮，弹出下拉菜单，在该菜单中选择【新建专色通道】命令，弹出【新建专色通道】对话框，如图 7-14 所示（默认名称为"专色 1"，设置颜色为蓝色），创建一个新的蓝色专色通道，如图 7-15 所示。

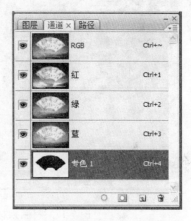

图 7-14　【新建专色通道】对话框　　　　　　图 7-15　创建蓝色专色通道。

（4）打开第 7 章素材库中的"山水"图像，如图 7-16 所示。

图 7-16　源图像素材（2）

（5）单击"山水"图像的通道面板，选择通道面板中的"绿色"通道为当前通道，按 Ctrl+A 组合键全选图层，然后按 Ctrl+C 组合键复制图层。

（6）回到"扇面"图像文件，打开通道面板，选中新建的"专色 1"通道，按 Ctrl+V 组合键把刚复制的新素材图像粘贴到"专色 1"通道中，如图 7-17 所示。

（7）选择【编辑】→【变换路径】→【变形】命令，调整变换节点与"扇面"图像重合，如图 7-18 所示。按 Ctrl+D 组合键，取消选区。

（8）以"专色 1"通道为当前通道，选择通道面板菜单中的新建专色通道。单击通道面板右上角的 按钮，弹出一个下拉菜单，在弹出的菜单中选择【合并专色通道】命令，将专色通道合并，并弹出【图层合并】对话框，如图 7-19 所示。然后，单击【确定】按钮。

（9）保存文件，完成最终效果图像，如图 7-13 所示。

图 7-17　将新素材图像粘贴到"专色 1"通道中及图像效果

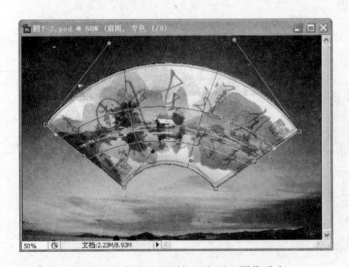

图 7-18　调整变换节点到与"扇面"图像重合

图 7-19　【图层合并】对话框

7.4 使 用 通 道

在学习 Photoshop 时，了解和掌握通道与图层、蒙版一样都是图像处理中最重要的部分，通道的应用是从入门到精通的必经之路。在本节中，将介绍 Alpha 通道、通道的操作及通道的计算，同时还会应用实例来说明使用通道的原理及其运用的方法。

7.4.1 使用 Alpha 通道

选区就是选择的区域。当用【选择】→【存储选区】命令，保存选区时，实际上是把选区转化为了一种通道——即 Alpha 通道。

Alpha 通道是一种比较特殊的通道，记录的不是颜色，而是选区。在 RGB 颜色模式的默认状态下，白色表示选择的区域，黑色表示未选择的区域，中间各种不同的灰度值，表示羽化的程度，对由 Alpha 通道转化成的选区进行填充时，灰度区域即羽化区域，表示为不同的不透明度，原 Alhpa 通道中越是偏白的区域，不透明度就越高，越是偏黑的区域，不透明度就越低。

1．创建 Alpha 通道的两种方式

（1）选择【选择】→【存储选区】命令。

（2）在选区存在的状态下单击【通道】面板中的【将选区存储为通道】按钮 。

2．3 种载入选区的方法

（1）选择【选择】→【载入选区】命令，在弹出的【载入选区】对话框中选定需载入的通道名，然后单击【确定】按钮。

（2）单击通道面板下部的【将通道作为选区载入】按钮 。

（3）在通道面板上，将混合通道选定为当前通道，可以按住 Ctrl 键单击 Alpha 通道的缩览图。

3．编辑 Alpha 通道

选区通道的优势之一是具有良好的可扩展性，可以使用各种绘图工具和编辑工具对一个 Alpha 选区通道进行处理。由于在 Alpha 通道中黑色表示未选中的区域，白色表示选中的区域，灰色则表示具有一定透明度的选区区域，所以，可以通过 Alpha 选区通道内的颜色变化来修改 Alpha 通道选区通道的形状。

下面通过案例学可如何创建及编辑 Alpha 通道

1）案例目标

选择图像中的色彩区域，创建 Alpha 通道，并在 Alpha 通道中按"黑色"、"白色"、"灰色"的原理来修改 Alpha 通道、选区通道的形状，达到编辑图像的目的。

2）操作步骤

（1）打开第 7 章素材库中的"图 7-4.jpg"，图 7-20 所示为原始图片及通道内容。

（2）用魔棒工具在图像的背景上右击，创建图像的背景选区。在通道面板底部单击【将选区存储为通道】按钮 ，得到 Alpha 通道，如图 7-21 所示。在 Alpha 通道中，以白色区域为背景，以黑色区域为人物和衣服。

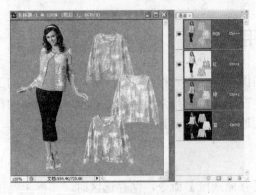

图 7-20　原始图片及通道内容　　　　　　　图 7-21　得到 Alpha 通道

（3）按下 Ctrl+D 组合键取消选区，选择 Alpha 通道为当前通道，画面中会出现白色背景，黑色人物和衣服，如图 7-22 所示。

（4）选择画笔工具，设置前景色为白色，涂抹黑色人物区域为白色。单击 RGB 复合通道，返回到图像原始状态，编辑 Alpha 通道，按下 Ctrl 键，单击 Alpha 通道，得到新的选区，如图 7-23 所示。

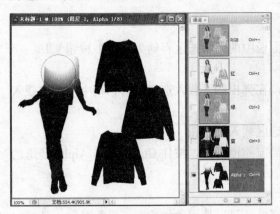
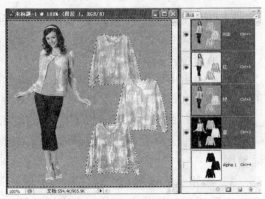

图 7-22　编辑 Alpha 通道　　　　　　　图 7-23　对 Alpha 通道编辑后的选区

7.4.2　通道的应用

在 Photoshop CS3 中颜色通道的作用非常重要，颜色通道用于保存和管理图像中的颜色信息，每个图像都有一个或多个颜色通道，图像中默认的颜色通道数取决于其颜色模式，即一个图像的颜色模式将决定其颜色通道的数量。在打开新图像时会自动进行创建。例如，RGB 模式的图像包含红、绿、蓝 3 个颜色通道，这 3 个通道分别记录了图像中的红色、绿色、蓝色的信息，并通过通道中的灰度图像表现出来。图像红通道中的白色部分的图像越多，表示该图像的红色越多，反之则表示红色越少。其他颜色通道同理。依据颜色通道原理可以轻易地利用颜色通道选择图像。

案例——用通道选择手掌

下面通过案例，根据颜色通道记录图像颜色信息的概念。分别单击各通道，在 RGB 颜色模式下，暗色区域表示该色缺失，亮色区域表示该色存在的原理，从黑色背景中利用颜色通道选择手掌图像。

（1）打开第 7 章素材库中的"图 7-5.jpg"文件，如图 7-24 所示。

图 7-24　手掌原图像

（2）切换到通道面板，按住 Ctrl 单击红色通道，调出红色通道的选区，如图 7-25 所示。

图 7-25　创建红色通道的色彩选区

（3）切换回图层面板，选择背景图层，单击图层面板中的【新建图层】按钮 ，创建一个图层，填充纯红色，按 Ctrl+D 组合键取消选择，如图 7-26 所示。

图 7-26　对图层 1 填充纯红色

160

（4）隐藏图层 1，用与第 2 步同样的方法，调出绿通道的选区。单击图层面板中的【新建图层】按钮 ，新建图层 2，填充纯绿色，然后按 Ctrl+D 组合键取消选择，如图 7-27所示。

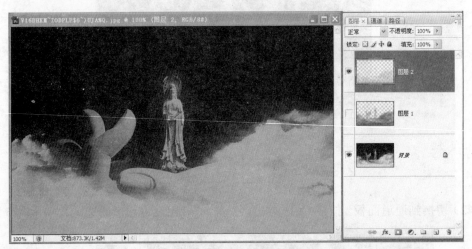

图 7-27　对图层 2 填充纯绿色

（5）隐藏图层 2，用与第 2 步同样的方法，调出蓝通道选区。新建图层 3，填充纯蓝色，然后按 Ctrl+D 组合键取消选择，如图 7-28 所示。

图 7-28　对图层 3 填充纯蓝色

（6）隐藏背景，显示图层 1、图层 2 和图层 3，分别对这 3 个图层的模式设置为【滤色】模式，如图 7-29 所示。

（7）按住 Ctrl 键单击图层 1、图层 2 和图层 3，将其全部选中，然后单击图层面板右上角的 按钮，选择菜单中的【可见合并】命令，得到 3 个图层的合并"图层 3"，如图 7-30 所示。

（8）插入背景，保存文档，完成利用颜色通道选择手掌图像的操作，如图 7-31 所示。

图 7-29　添加了 3 个图层

图 7-30　得到 3 个图层的合并"图层 3"

图 7-31　完成利用颜色通道选择手掌图像的操作

162

7.4.3 通道的计算

通道的计算是执行【图像】菜单下的【应用图像】和【计算】命令，可以按照各种合成方式合成单个或几个通道中的图像内容像素值进行运算，改变图像的自然颜色，使两幅不可能在一起的图像融合为一幅图像。但通道运算的图像尺寸必须一致。

1．应用图像

【应用图像】命令可以将图像的图层或通道（源）与现用图像（目标）的图层或通道混合，从而产生特殊效果。选择【图像】→【应用图像】命令，将弹出【应用图像】对话框，如图 7-32 所示。

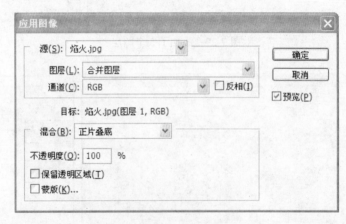

图 7-32 【应用图像】对话框

【应用图像】对话框中各选项的含义如下。

（1）源：设置要与目标图像文件合成的图像文件。如果绘图窗口中打开了多个图像文件，在此下拉列表中会逐一罗列出来，供与目标图像文件合成时选择。

（2）图层和通道：设置要与目标图像文件合成时参与的图层和通道。如果图像文件包含多个图层，在【图层】下拉列表中选择【合并图层】时，将使用源图像文件中的所有图层与目标图像文件进行合成。如果是在两个图像文件中使用【应用图像】命令，则只有在两个图像文件具有相同的颜色模式时，才可以选择【合并图层】选项。

（3）反相：选择该复选框，将在混合图像时使用通道内容的负片。

（4）目标：即当前执行【应用图像】命令的文件。

（5）混合：在下拉列表中可以选择源图像文件与目标图像文件合成时的混合模式。

（6）不透明度：用于设置目标文件的不透明度。

（7）保留透明区域：选择该复选框，可将混合效果只应用到结果图层中的不透明区域。

（8）蒙版：选择该复选框，将通过蒙版应用混合。可以选择任何的颜色通道或 Alpha 通道用作蒙版，也可使用基于当前选区或选择图层（透明区域）边界的蒙版。选择【反相】复选框将反转通道的蒙版区域和未蒙版区域。

下面通过案例，采用【应用图像】命令，将目标"长江大桥"为源图像的 RGB 通道与"火焰"源图像中的所有通道进行"正片叠加"混合运算，得到新的图像。

（1）打开第 7 章素材库中的"图 7-6.jpg"和"图 7-7.jpg"两张图像，选择【图像】→【图像大小】命令，弹出【图像大小】对话框。设置参数，然后单击【确定】按钮，将两张图像设置为相同的尺寸，如图 7-33 所示。

图 7-33　打开的源图像 7-6.jpg 和源图像 7-7.jpg

（2）选择"图 7-6.jpg"文件，选择【图像】→【应用图像】命令，在弹出的【应用图像】对话框中进行设置，如图 7-34 所示。单击【确定】按钮，两张图像混合后的效果如图 7-35 所示。

图 7-34　在【应用图像】对话框中进行设置　　　图 7-35　两张图像混合后的效果

2．计算

【计算】对话框允许直接以不同的 Alpha 选区通道进行计算，来生成新的 Alpha 选区通道。使用通道计算功能，可将不同图像中的两个通道混合起来，或者将同一图像中的两个通道混合起来，创建通道的新组合，然后用通道计算功能将其加在一个新的通道或创建新的灰度图像文档中去，但无法生成彩色图像。选择【图像】→【计算】命令，将弹出如图 7-36 所示的【计算】对话框。

对【计算】对话框中各选项的介绍如下。

（1）源 1 和源 2：可在其打开的下拉列表中选择第 1 个源图像文件和第 2 个源图像文件。系统默认的源图像文件为当前选中的图像文件。

（2）图层：可在其下拉列表中选择参与运算的图层。当选择【合并图层】时，则使用源图像文件中的所有图层参与运算。

- 通道：可在其下拉列表中选择参与运算的通道。
- 混合、不透明度和蒙版：与【应用图像】对话框中的功能相同，在此不再赘述。
- 结果：可在此下拉列表中选择混合结果放入的位置，包括【新建文档】、【新建通道】和【选区】3 个选项。

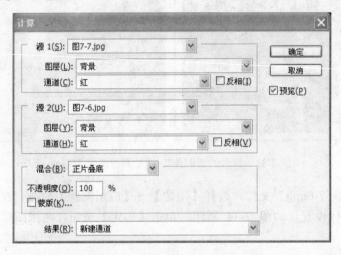

图 7-36 【计算】对话框

下面通过案例练习计算功能的使用。

（1）打开第 7 章素材库中的"图 7-8.jpg"和"图 7-9.jpg"文件，选择【图像】→【图像大小】命令，弹出【图像大小】对话框，设置其参数，然后单击 确定 按钮，分别将两张图像设置为相同的尺寸，如图 7-37 所示。

图 7-37 原始图像

（2）将"图 7-8.jpg"设置为当前文件，选择【图像】→【计算】命令，在弹出的【计算】对话框中设置选项及参数，如图 7-38 所示。单击 确定 按钮，效果如图 7-39 所示，可见在通道面板中生成了 Alpha1 通道。

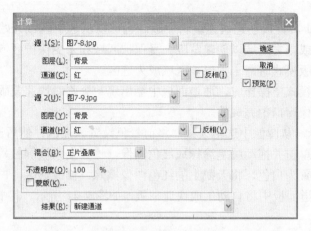

图 7-38 【计算】对话框

图 7-39 效果图及生成的 Alpha1 通道

7.5 使用蒙版

蒙版是基于图层或者图层组建立的一种有遮盖功能的"板"。也就是说，它本身不是一个图层，其存在是为了遮盖图层中不想显示的部分。

图层蒙版中只有黑色、白色和灰色。蒙版中的纯黑色区域可以遮罩当前图层中的图像，从而显示出下方图层中的内容，因此黑色区域将被隐藏；蒙版中的纯白色区域可以显示当前图层中的图像，因此白色区域可见；而蒙版中的灰色区域会根据其灰度值呈现出不同层次的半透明效果。

7.5.1 使用快速蒙版

快速编辑蒙版是用来创建、编辑和修改选区的。方法是单击工具箱中的【以快速蒙版模式编辑】按钮 ◙ ，直接创建快速编辑蒙版。也可以从选中区域开始，使用快速蒙版模式在该区域中添加或减去区域以创建蒙版。受保护区域和未受保护区域以不同颜色进行区分。当离开快速蒙版模式时，未受保护区域成为选区。

当在快速蒙版模式中操作时，通道面板中会出现一个临时快速蒙版通道。但是，所有的蒙版编辑是在图像窗口中完成的。

如图 7-40 所示，从图像中选中天鹅，将前景色设置为黑色，然后选择画笔工具 🖊，在天鹅以外的区域单击并拖动画笔涂抹成红色图像，将其变为被屏蔽、不被选择的区域。还可以将前景色设置为白色，将天鹅上的红色图像擦除，修改选区，白色涂抹表示要创建的选区，同时在通道面板中将自动生成快速蒙版，如图 7-41 所示。其中，白色区域为选中的天鹅。

图 7-40　天鹅以外区域被涂抹成红色

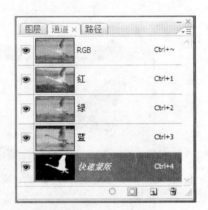

图 7-41　自动生成快速蒙版

然后单击工具箱中的【以标准模式编辑】按钮 ◙ ，返回正常模式，这时黑色画笔没有绘制到的区域将形成选区，如图 7-42 所示，天鹅为选中状态。

图 7-42　天鹅为选中状态

选区与快速蒙版之间的关系：快速蒙版是制作选择区域的一种方法，因此两者之间具有必然的转换关系。在具体操作时，可以通过创建并编辑快速蒙版得到选区，也可以通过将选区转换成快速蒙版对其进行编辑，以得到更精确、合适的选区。

7.5.2　创建图层蒙版

图层蒙版的创建可以通过【图层】菜单命令和图层面板来实现。

1．通过【图层】菜单命令创建

选择【图层】→【图层蒙版】命令，将弹出其子菜单，出现相应的子命令，如图 7-43 所示。选择前 4 个子命令可以创建不同的蒙版。

（1）【显示全部】命令：创建一个显示图层中全部图像的蒙版。

（2）【隐藏全部】命令：创建一个遮盖图层中全部图像的蒙版。

（3）【显示选区】命令：当图像窗口中存在选区时，创建一个只显示选区内图像的蒙版。

（4）【隐藏选区】命令：当图像窗口中存在选区时，创建一个遮盖选区内图像的蒙版。

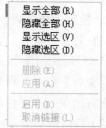

图 7-43　【图层蒙版】子菜单

在【图层蒙版】命令的子菜单中，【显示全部】和【隐藏全部】两个命令只有在图层中创建了选区的状态下才可使用。

2．通过图层面板创建

用于为特定的图层创建蒙版。其创建方法是，在图像中创建一个选区，然后单击图层面板下方的【添加图层蒙版】按钮 。

创建了图层蒙版后，在图层缩览图的右边增加了蒙版缩览图，如图 7-44 所示。

图 7-44　图层蒙版及缩览图

7.5.3　编辑图层蒙版

1．使用绘图工具编辑图层蒙版

在图层面板中单击蒙版缩览图使之成为工作状态，然后在工具箱中选择任一绘图工具，执行下列操作之一即可编辑蒙版。

（1）在蒙版图像中绘制黑色，可增加蒙版被屏蔽的区域，并显示更多的图像。

（2）在蒙版图像中绘制白色，可减少蒙版被屏蔽的区域，并显示更少的图像。

（3）在蒙版图像中绘制灰色，可创建半透明效果的屏蔽区域。

图层蒙版的编辑是在创建图层蒙版后，用其他工具对图层蒙版进行编辑，以达到优化混合效果。创建图层蒙版后可通过工具箱中的绘图工具对其进行编辑，其中，最为常用的编辑操作是通过渐变工具 ，创建透明或半透明的图像效果，在图像合成类实例中经常用到。

2．控制图层蒙版

编辑好图层蒙版后，可以根据需要停用或扔掉某个图层蒙版，其方法如下。

（1）停用图层蒙版：在某个添加了蒙版的缩览图上右击，在弹出的快捷菜单中选择【停用图层蒙版】命令，可以将图像恢复为原始状态，但蒙版仍被保留在图层面板中，蒙版缩览图上将出现一个红色的【×】标记。

（2）启用图层蒙版：当需要再次应用某个停用的蒙版效果时，在其蒙版缩览图上右击，在弹出的快捷菜单中选择【启用图层蒙版】命令即可。

（3）扔掉图层蒙版：选择【图层】→【移去图层蒙版】→【扔掉】命令或用鼠标右击蒙版缩览图，在弹出的快捷菜单中选择【扔掉图层蒙版】命令，可将图像中的图层蒙版彻底删除，使该图层恢复为普通图层，图像效果也恢复为原始效果。

（4）应用图层蒙版：停用图层蒙版后，右击蒙版缩览图，在弹出的快捷菜单中选择【应用图层蒙版】命令，可应用添加的图层蒙版，而删除隐藏的图像部分。

3．取消图层与蒙版的链接

默认情况下，图层和蒙版处于链接状态，当使用 ▶ 工具移动图层或蒙版时，该图层及其蒙版会一起被移动，取消它们的链接后可以单独移动。

（1）选择【图层】→【图层蒙版】→【取消链接】或【图层】→【矢量蒙版】→【取消链接】命令，即可将图层与蒙版之间的链接取消。

（2）在图层面板中单击图层缩览图与蒙版缩览图之间的链接图标 ，链接图标消失，表明图层与蒙版之间已取消链接；当在此处再次单击，链接图标出现时，表明图层与蒙版之间又重新建立起链接。

7.5.4 应用图层蒙版

图层蒙版在 Photoshop 中的应用相当广泛，蒙版最大的特点就是可以反复修改，且不会影响本身图层的任何构造。如果对用蒙版调整的图像不满意，可以去掉蒙版，此时原图像会重现。本节以制作海市蜃楼为例，

根据图层蒙版的原理，将两张风景图像叠加成一张图像，使图像之间的过渡是自然过渡，模仿海市蜃楼的效果。

（1）同时打开两个图像文件：第 7 章素材库中的"图 7-10.jpg"和"图 7-11.jpg"文件，如图 7-45 和图 7-46 所示。

（2）将"图 7-10.jpg"设置为当前文件，将其复制到"图 7-11jpg"上，调整其位置及

大小，此时的图像和图层面板如图 7-47 和图 7-48 所示。

图 7-45　图像文件（1）

图 7-46　图像文件（2）

（3）在图 7-48 所示的图层面板中确定图层 1 为当前图层，单击面板下方的【添加蒙版】按钮，为图层 1 添加图层蒙版。

图 7-47　复制图像

图 7-48　图层面板

（4）在工具箱中选择渐变工具，在选项栏中设置渐变的方式为【径向渐变】。在图像上按下鼠标左键拖动，绘制径向的渐变图层蒙版，此时图像和图层面板如图 7-49 和图 7-50 所示。

图 7-49　效果图像

图 7-50　图层面板

169

7.5.5 使用剪贴蒙版

剪贴蒙版的工作原理:通过使用处于下方图层的形状来限制上方图层的显示状态,以达到一种剪贴画的效果,即上一图层展现的是内容,下一图层展现的是轮廓形状,可以使用图像、形状或字母来创建轮廓形状,有时简称为"下形状上颜色"。

1. 创建、释放剪贴蒙版

当图层面板中存在两个或两个以上图层时,可以创建剪贴蒙版,如图 7-51 所示。

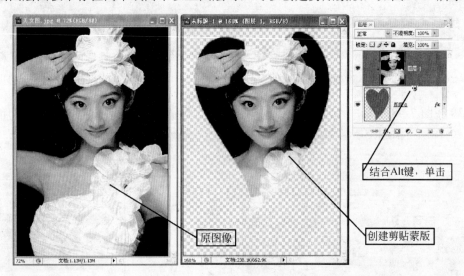

图 7-51　创建剪贴蒙版

创建剪贴蒙版,可执行下列操作之一:

(1)按住 Alt 键不放,将指针放在图层面板中分隔两个图层的线上(指针会变成两个交迭的圆），然后单击,即可创建剪贴蒙版。再次重复此操作,剪贴蒙版将被取消。

(2)在图层面板中选择一个图层,然后选择【图层】→【创建剪贴蒙版】命令。选择【图层】→【释放剪贴蒙版】命令,剪贴蒙版将被取消。

(3)选择上一图层,按 Alt+Ctrl+G 组合键即可创建剪贴蒙版,再次重复此命令,将取消剪贴蒙版。

创建剪贴蒙版后,剪贴蒙版在图层面板中的表现形式如下:

- 剪贴蒙版只能包括连续图层。
- 蒙版中的基底图层名称带下划线。
- 上层图层的缩览图是缩进的。
- 在重叠图层前会显示剪贴蒙版图标 。

2. 编辑剪贴蒙版

创建剪贴蒙版后,还可以对其中的图层进行编辑,例如随意移动调整某一个蒙版的位置。如果是移动下方图层中的图像,那么会在不同位置显示上方图层中的不同区域图像;如果是移动上方图层中的图像,那么会在同一位置显示该图层中的不同区域图像,并且可能会显示出下方图层中的图像。还可以调整图层的不透明度与图层混合模式等。

合并具有剪贴蒙版关系的所有图层：选择底层，然后选择【图层】→【合并剪贴蒙版】命令或按 Ctrl+E 组合键。

3. 剪贴蒙版案例

下面通过案例，采用剪贴蒙版的原理，以蝴蝶的图片为轮廓，以汉街图片为展现的内容，表现汉街的一角，同时，对上层展现的图片，采用了亮光的图层混合模式达到艺术效果。

（1）打开第 7 章素材库中的 "图 7-12.jpg"、"图 7-13.jpg" 和 "图 7-14.jpg"，如图 7-52 所示。

图 7-52 打开的 3 幅图像

（2）以 "图 7-12.jpg" 为背景，利用移动⊕工具将 "图 7.13.jpg" 图像移动复制到 "图 7-12.jpg" 文件中，生成图层 1，并调整其大小、方向及位置，如图 7-53 所示。

图 7-53 导入图像并调整大小、方向及位置

（3）将 "图 7-14.jpg" 文件设置为当前文件，利用移动工具⊕将其移动复制到

"图 7-12.jpg" 背景文件中，生成图层 2，并调整其大小及位置，如图 7-54 所示。

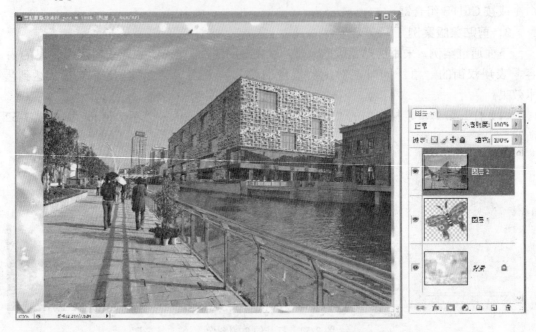

图 7-54　导入图像并调整大小、方向及位置

（4）按住 Alt 键不放，将指针放在图层面板上分隔图层 1、图层 2 两个图层的线上（指针变成两个交迭的圆），然后单击，即可创建剪贴蒙版。图层面板如图 7-55 所示，创建的剪贴蒙版效果如图 7-56 所示。

图 7-55　图层面板

图 7-56　创建剪贴蒙版效果

（5）选择图层 2 为当前图层，选择图层混合模式中的【明度】模式，并对剪贴蒙版的位置进行细微的调整，得到"汉街一角"效果图，保存文件，如图 7-57 所示。

图 7-57 "汉街一角"效果图

7.6 上机实践——制作 HTC 手机广告

（1）打开第 7 章素材库中的"图 7-15.jpg"～"图 7-18.jpg"文件，如图 7-58 所示。

图 7-58 素材原图像

（2）以"图 7-15.jpg"为背景图，利用移动工具 ，将"图 7-16.jpg"图像移动复制到"图 7-15.jpg"文件中，生成图层 1，并调整其大小及位置，如图 7-59 所示。

图 7-59　调整图像的大小及位置

（3）在图层面板中单击【添加图层蒙版】按钮 ，为生成的图层 1 添加图层蒙版，然后将前景色设置为黑色，选择画笔工具 ，设置合适的笔头大小，在要隐藏的区域上拖曳，生成的效果及蒙版形态如图 7-60 所示。

图 7-60　添加蒙版并编辑后的效果

（4）将"图 7-17.jpg"文件设置为当前文件，利用移动工具 ，将其移动复制到"图 7-15.jpg"文件中，生成图层 2，并调整到如图 7-61 所示的位置。选择魔棒工具 ，选中【添加到选区】按钮，选取手机黑色外壳。

（5）在图层面板中单击【添加图层蒙版】按钮 ，为生成的图层 2 添加图层蒙版，生成选中的手机外壳白色可见的图层蒙版，如图 7-62 所示。

图 7-61　调整手机的位置

（6）使用矩形选框工具框选手机屏幕，然后将前景色设置为白色，选择画笔工具 ，设置硬度为 0 及合适的笔头大小，在要显示的区域上拖曳，生成的效果及蒙版形态如图 7-63 所示。

图 7-62　手机图层蒙版

图 7-63　添加手机图层蒙版后的效果

（7）利用横排文字工具 T 在画面的右边输入相关文字，并添加【投影】、【斜面和浮雕】样式效果，如图 7-64 所示。

（8）将"图 7-18.jpg"文件设置为当前文件，然后利用移动工具 将其移动复制到"图 7-15.jpg"文件中，生成图层 4，并调整图像盖住文字，如图 7-65 所示。

（9）选择图层 4 为当前图层，按下 Alt+Ctrl+G 组合键，创建以文字轮廓为形状的剪贴蒙版图层，如图 7-66 所示。

图 7-64　为文字图层添加样式效果

图 7-65　添加图像并调整位置

（10）用移动工具 适当调整剪贴蒙版图层的位置，保存完成最终手机广告效果的图像，如图 7-67 所示。

图 7-66　创建剪贴蒙版图层

图 7-67　最终手机广告效果图

7.7 本 章 小 结

　　本章详细讲解了通道和蒙版的概念，以及基本操作方法和使用技巧，尤其是对通道和蒙版的概念做了深入的讲解，并插图说明了各自的特性和作用。通道和蒙版是 Photoshop 中的两个不可缺少的重要工具，在图像处理中有很多地方的修改都需要利用通道和蒙版来完成，可以这么说，如果没有掌握好通道和蒙版，运用 Photoshop 就少了它最精妙的一笔。希望大家在深入研究和探索通道与蒙版的基础上，能充分掌握这些内容，这也是深入了解 Photoshop 的一个重要台阶。

第 8 章　图像修复、修饰工具及图像色彩

Photoshop CS3 为用户提供了多样化的图像处理工具和图像色彩调整命令,利用相应的工具和命令不仅可以修饰和修改图像,还可以调整、变换图像的亮度、对比度、色相和饱和度等。本章将讲解使用图像仿制和修补工具组、使用图像修饰工具组、转换图像颜色模式、快速调整图像、调整色彩平衡及进行特殊色彩调整,从而制作出各类作品,使图像色彩更加符合用户的需要。

8.1　图像修复、修饰工具及图像色彩简介

图像修复和修饰是必须经常面对的问题,在平时的工作及生活中,无论是扫描仪获得的珍贵照片,还是用数码相机拍摄的照片,都有可能出现曝光不正确、反差小、焦点虚、色彩失真、偏色、老化、破损及取景构图不正确等问题,每幅照片中的人物也不是都能表现出最佳的一面,面部皱纹、黑痣、飘动的长发、红眼、黄牙或者隆起的衣服等,都可能破坏照片的效果。面对要修复的照片,传统的照片修饰是由经过暗室修饰技巧训练的专业人士来完成的,是一件复杂、费时、费力的工作,而在 Photoshop CS3 中,用户只需要掌握一些基本的照片修饰技巧,就可以快速方便地校正原始照片,这些问题都可以从本章的学习中找到解决办法。

从原始照片到修饰完成具有理想的打印效果的图像,一般需要以下几个步骤:

1. 获得所需要的图像

图像的来源有很多,如可以通过网络查找,通过扫描仪扫描获得图像,也可以来源于数码相机,当然也可以通过绘图软件自己绘制图形,通常将初次得到的图像称为原始资料。

2. 重新设置照片的取景范围,将不需要的部分裁切掉

原始图像,无论是从网上下载的还是自己照的,总有些不尽如人意的地方。此时,可以调整图像的尺寸大小、改变其分辨率大小、旋转图像方向、删除掉图像中不符合主题的元素等。

3. 去除原始图像的斑点和划痕

由于去斑都是通过轻微涂抹柔化图像来实现的,因此,如果希望在不降低图像质量的前提下去除斑点和划痕,最好使用选择工具选择含有斑点的小块区域,然后选择相应的图像修复和修饰工具,对图像中的斑点和划痕进行擦除还原

4. 调整图像的整体对比度或色调范围

内容见本书相关介绍。

5. 去除图像的偏色

在取得图像的时候,如抓拍的照片,反射光线会照亮场景,或者不正确的显影、打印、扫描等方式,都会使图像产生偏色现象。对于去除图像中不想要的颜色,Photoshop 有很多

种方法，可以很容易地用数字调节方式去除多余的颜色。

6. 调整图像局部的颜色和色调

在 Photoshop 中，对于图像局部经常使用减淡、加深、海绵等工具来调整图像的局部颜色和色调，从而达到局部的色调、颜色、柔化等需要。

7. 调整图像整体或局部的虚实

如果照相机的焦点没有对准拍摄的主题，或者即使对准后，在拍摄的刹那间照相机有轻微的移动，都会使图像出现模糊。在 Photoshop 中经常采用锐化滤镜及锐化、涂抹、模糊等工具来完成调整图像的修复。

8. 修饰图像

可以用仿制图章、修复画笔、修补、污点修复画笔等工具擦除图像中不满意的图素及划痕。

8.2 使用图像仿制和修复、历史记录工具组

本节将介绍仿制图章工具、图案图章工具、污点修复画笔工具、修复画笔工具、修补工具、红眼工具和历史记录画笔等工具。其中，修复画笔工具、修补工具和仿制图章工具比较相似，都是用来复制图像中的一部分来修改图像的，但它们也有所区别。

（1）仿制图章工具：是从图像中的某一部分取样，然后将取样绘制到其他位置或者其他图片中，而不与原图案进行计算融合（即将取样部分全部照搬）。

（2）修复画笔工具：可以将一幅图案的全部或部分连续复制到同一或另外一幅图像中，还可将样本像素的纹理、光照、透明度和阴影与源像素进行匹配，并且与被复制图像的原底色产生互为补色的图案。

8.2.1 使用仿制图章工具

使用仿制图章工具 将一幅图像选定的基准点周围的图像复制到目标区域。

启用仿制图章工具 ，选项栏如图 8-1 所示。

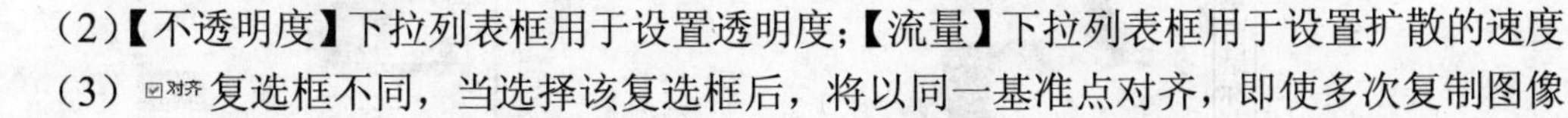

图 8-1 仿制图章工具选项栏

下面简要介绍仿制图章工具选项栏中各选项的功能。

（1）【画笔】选项用于选择画笔；【模式】下拉列表框用于选择混合模式。

（2）【不透明度】下拉列表框用于设置透明度；【流量】下拉列表框用于设置扩散的速度。

（3）☑对齐复选框不同，当选择该复选框后，将以同一基准点对齐，即使多次复制图像，复制出来的图像仍然是同一幅图像；若取消选择该复选框，多次复制出来的图像将是多幅以基准点为模板的相同图像。

（4）【样本】下拉列表框用于在指定的图层中进行数据取样。

单击仿制图章工具 后，必须按住 Alt 键不放，单击要复制的位置（单击点为基准点），然后松开 A1t 键，将鼠标指针移动到要复制的位置处，按住鼠标左键不放进行拖动即可复

制图像到该位置处。

下面通过一个案例进行练习。对图 8-2 所示的人物图像进行仿制，要求仿制的新图像位于新图层中，并且不透明度为 30%。

图 8-2 肖像仿制原图

操作步骤如下：

（1）打开第 8 章素材库中的"图 8-1.jpg"，选择仿制图章工具。

（2）在选项栏中单击【画笔】按钮，出现弹出式面板，从面板列表中选择适当的画笔笔尖；从【模式】下拉列表框中选择【正常】选项；将【不透明度】和【流量】都设为 100%；激活【喷枪】按钮 ，选择【对齐】复选框，如图 8-3 所示。

图 8-3 设置仿制图章工具属性

（3）为图像文件建立一个新图层（即图层 1）。

（4）选择背景层（即图像所在的图层）为当前图层。

（5）按下 Alt 键并单击人物图像部分的左上角，从而设置取样点，如图 8-4 所示。

（6）选择新图层（即图层 1）为当前图层，将鼠标指针移到画布左上边，按住鼠标左键不放且拖动，拖过的区域就会被取样像素（即人物图像）所取代，如图 8-5 所示。

图 8-4 设置取样点

图 8-5　在新图层上仿制图像

（7）继续仿制图像，直到将整个人物图像仿制到新图层上为止。选择【编辑】→【变换】→【水平翻转】命令，在新图层上仿制的图像将在水平方向上发生翻转，如图 8-6 所示。

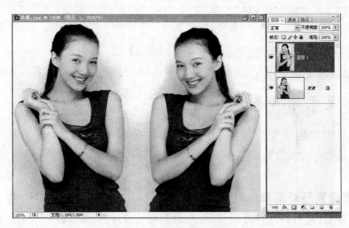

图 8-6　仿制的图像水平翻转

（8）在图层面板的【不透明度】文本框中输入 30 并按下 Enter 键，仿制的图像会变得透明，如图 8-7 所示。

图 8-7　使仿制的图像透明

第 8 章　图像修复、修饰工具及图像色彩 ◄◄◄

8.2.2　使用图案图章工具

使用图案图章工具 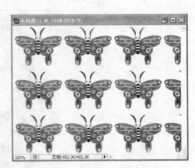 可以快速地复制图案，使用的图案素材可以从选项栏的弹出式面板中选择，用户也可以将自己喜欢的图像定义为图案，然后再使用。图案图章工具的使用方法为：选择 工具后，根据用户需要在选项栏中设置【画笔】、【模式】、【不透明度】、【流量】、【图案】、【对齐】和【印象派效果】等选项与参数，然后在图像中拖曳鼠标光标即可。如图 8-8 所示为使用 工具绘制的图案效果。

图 8-8　自定义绘制的图案

图案图章工具 的选项栏如图 8-9 所示，与仿制图章工具相似，其中不同选项的含义如下。

图 8-9　图案图章工具选项栏

（1）【图案】按钮：单击此按钮，会弹出【图案】选项面板。

（2）【印象派效果】复选框：选择该复选框，可以绘制随机产生的印象色块效果。

8.2.3　使用修复画笔工具组

修复图像工具组常用于修复照片中的杂点、划痕和红眼等瑕疵。修复画笔工具组包括污点修复画笔工具 、修复画笔工具 、修补工具 和红眼工具 ，下面分别介绍它们的使用方法。

1. 使用污点修复画笔工具

利用污点修复画笔工具 可以快速去除照片中的污点和其他不理想的部分，尤其是对人物面部的疤痕、雀斑等小面积内的缺陷修复最为有效。其修复原理是，在所修饰图像位置的周围自动取样，然后将其与所修复位置的图像融合，得到理想的颜色匹配效果。其使用方法非常简单，选择 工具，在选项栏中设置合适的画笔大小和选项后，在图像的污点位置单击即可去除污点。如图 8-10 所示为图像去除污点前后的对比效果。

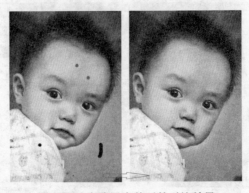

图 8-10　去除污点前后的对比效果

污点修复画笔工具  的选项栏如图 8-11 所示。各选项功能如下。

图 8-11　污点修复画笔工具选项栏

（1）【近似匹配】单选按钮：选中该单选按钮将使用选区边缘像素来查找要用选定区域修补的图像区域。

（2）【创建纹理】单选按钮：选中该单选按钮将使用选区中的所有像素创建一个用于修复该区域的纹理。

（3）【对所有图层取样】复选框：选择此复选框，可以在所有可见图层中取样；取消选择，将只能在当前层中取样。

2. 使用修复画笔工具

修复画笔工具 可用于校正瑕疵，使它们消失在周围的图像中。该工具与污点修复画笔工具 的修复原理基本相似，都是将没有缺陷的图像部分与被修复位置有缺陷的图像进行融合，得到理想的匹配效果。但使用修复画笔工具 时需要先设置取样点，即按住 Alt 键，用鼠标光标在取样点位置单击（单击处的位置为复制图像的取样点），松开 Alt 键，然后在需要修复的图像位置按住鼠标左键拖曳，即可对图像中的缺陷进行修复，并使修复后的图像与取样点位置图像的纹理、光照、阴影和透明度相匹配，从而使修复后的图像不留痕迹地融入到图像中。

修复画笔工具 选项栏如图 8-12 所示。各选项功能如下。

图 8-12　修复画笔工具选项栏

（1）【源】选项：单击【取样】单选按钮，然后按住 Alt 键在适当位置单击，可以将该位置的图像定义为取样点，以便用定义的样本来修复图像；单击【图案】单选按钮，可以在其右侧打开的图案列表中选择一种图案来与图像混合，得到图案混合的修复效果。

（2）【对齐】复选框：选择此复选框，将进行规则图像的复制，即多次单击或拖曳鼠标光标，最终复制出一个完整的图像，若想再复制一个相同的图像，必须重新取样；若取消选择，则进行不规则复制，即多次单击或拖曳鼠标光标，每次都会在相应位置复制一个新图像。

（3）【样本】下拉列表框：设置从指定的图层中取样。选择【当前图层】选项时，在当前图层中取样；选择【当前和下方图层】选项时，从当前图层及其下方图层中的所有可见图层中取样；选择【所有图层】选项时，从所有可见图层中取样。如激活右侧的【忽略调整图层】按钮 ，将从调整图层以外的可见图层中取样。选择【当前图层】选项时，此按钮不可用。

下面通过一个案例进行练习，使用修复画笔工具 修复图像时，系统会自动改变样本像素的纹理、亮度、透明度及阴影，以使其与目标图像一致，因此可以使样本像素和目标图像精确融合。如图 8-13 所示，人物的肩膀上有一个纹身图案，需要将该纹身图案去除。

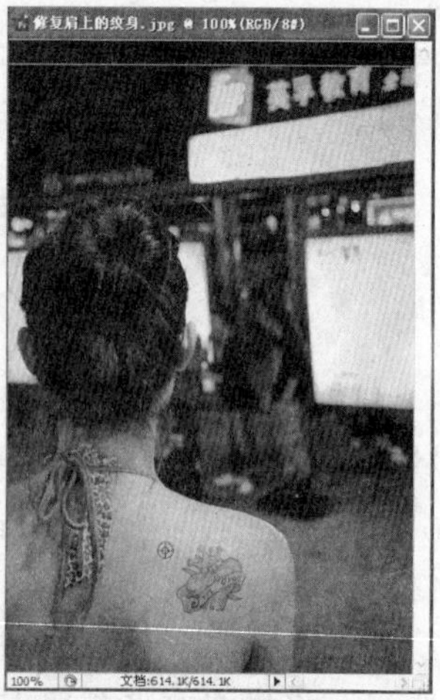

操作步骤如下：

（1）打开第 8 章素材库中的"图 8-2.jpg"，选择修复画笔工具 ✐。

（2）在选项栏中单击【画笔】按钮，出现弹出式面板，拖动【直径】滑块设置画笔大小；拖动【硬度】滑块调整画笔的硬度；拖动【间距】滑块调整画笔笔尖的间距。此外，还可以设置笔尖的角度和圆度等选项。

（3）通过选项栏中的【模式】下拉列表框选择混合模式，本例选择默认的【正常】选项。

（4）在选项栏中选择【取样】单选按钮，选择【对齐】复选框，取消【对所有图层取样】复选框。

图 8-13 修复肩上的纹身

（5）在用于取样的图像中（本例是在同一幅图像中取样），按住 Alt 键后单击适当的样本像素，从而设置一个取样点，如图 8-14 所示。

（6）在需要修复的部分单击或按住鼠标左键拖动，则被单击或拖动过的像素会被样本像素所取代，如图 8-15 所示。

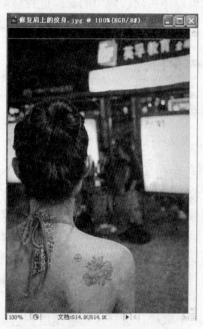

图 8-14 按住 Alt 键设置一个取样点

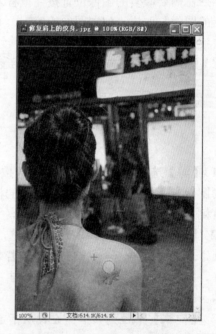

图 8-15 修复纹身过程

（7）释放鼠标左键之后，样本像素会自动调整色相、亮度及饱和度等，与目标图像相融合，如图 8-16 所示。

（8）为刺青图案的其他部分选择样本像素，然后进行修复性地单击或拖动，直到将全部纹身图案去除为止，如图 8-17 所示。

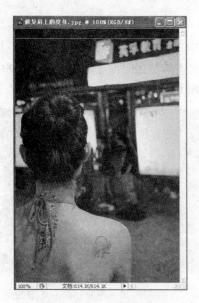

图 8-16　修复过程　　　　　　　　　　图 8-17　修复肩上的纹身效果

3．使用修补工具

利用修补工具 ◎ 可以用图像中相似的区域或图案来修复有缺陷的部位或制作合成效果。与修复画笔工具 ✐ 一样，修补工具会将设定的样本纹理、光照和阴影与被修复图像区域进行混合，从而得到理想的效果。

修补工具 ◎ 的选项栏如图 8-18 所示。各选项功能如下。

图 8-18　修补工具选项栏

（1）【修补】选项：选择【源】单选按钮，将用图像中指定位置的图像来修复选区内的图像。即将鼠标光标放置在选区内，将其拖曳到用来修复图像的指定区域，释放鼠标左键后会自动用指定区域的图像来修复选区内的图像。选择【目标】单选按钮，将用选区内的图像修复图像中的其他区域。即将鼠标光标放置在选区内，将其拖曳到需要修补的位置，释放鼠标左键后会自动用选区内的图像来修补鼠标光标停留处的图像。

（2）【透明】复选框：选择此复选框，在复制图像时，复制的图像将产生透明效果；取消选择该复选框，复制的图像将覆盖原来的图像。

（3）　使用图案　按钮：创建选区后，在右侧的图案列表中选择一种图案类型，然后单击此按钮，可以用指定的图案修补原图像。

下面通过一个案例进行练习。使用修补工具清除照片中的日期字样，如图 8-19 所示。操作步骤如下：

（1）打开第 8 章素材库中的"图 8-3.jpg"，选择修补工具。

（2）在选项栏中选择【源】单选按钮。

（3）在图像中需要修补部分的周围按下鼠标左键并拖动，以绘制一个选区，将需要去除拍摄日期的字样选中。

第 8 章　图像修复、修饰工具及图像色彩

（4）将鼠标指针移到选区内，按住鼠标左键，拖动到想要从中选择样本的区域。当对样本区域满意时，松开鼠标左键。这样，原来选中的区域被样本像素所取代，并且样本像素会很快地自动进行调整，以配合目标区域的像素。去除拍摄日期之后的照片如图 8-20 所示。

（5）选择【选择】→【取消选择】命令，取消选区。

图 8-19　清除照片中的日期字样　　　　　图 8-20　清除日期后的照片效果

4．使用红眼工具

在夜晚或光线较暗的房间里拍摄人物照片时，用闪光灯拍摄由于视网膜的反光作用，人物照片中可能存在红眼现象，用闪光灯拍摄的动物照片中可能存在白色或绿色反光现象。使用红眼工具 可以迅速地修复这种红眼效果。其方法非常简单，选择 工具，在选项栏中设置合适的【瞳孔大小】和【变暗量】参数，然后在人物的红眼位置单击即可校正红眼。

红眼工具 的选项栏如图 8-21 所示。各选项功能如下。

（1）瞳孔大小：用于设置增大或减小受红眼工具影响的区域。

图 8-21　红眼工具选项栏

（2）变暗量：用于设置校正的暗度。

下面通过一个案例来练习用红眼工具 校正猫的红眼，如图 8-22 所示。

图 8-22　校正猫的红眼

操作步骤如下：

（1）打开第 8 章素材库中的"图 8-4.jpg"，然后选择红眼工具。

（2）在图像中按住鼠标左键拖动出一个虚线框，使虚线框套在一只眼睛图像的外边，然后释放鼠标左键，这样，红眼现象即可消除。使用同样的方法，去除另一只眼睛图像的红眼现象。

8.2.4　使用历史记录工具组

如果使用其他工具在图像上进行了误操作，可以使用历史记录工具组中的工具来恢复图像的原貌。历史记录工具组中包括历史记录画笔工具　和历史记录艺术画笔工具　两种工具，下面分别进行介绍。

1．使用历史记录画笔工具

使用历史记录画笔工具　可以在图像的某个历史状态上恢复图像，图像中未被修改过的区域保持不变。

历史记录画笔工具的选项栏中各选项的含义与画笔工具　相同，只需在其选项栏中设置好画笔大小、模式等参数后，按住鼠标左键不放，在图像中需要恢复的位置拖动，鼠标指针经过的位置即会恢复为图像的原貌，而图像中未被修改过的区域将保持不变。

下面通过一个案例进行练习，应用历史记录画笔工具，将涂抹之处恢复为图像的原貌，形成"山水画"效果。

操作步骤如下：

（1）打开第 8 章素材库中的"图 8-5.jpg"，设置前景色为纯青色，然后选择【编辑】→【填充】→【前景】命令，在弹出的对话框中设置相应参数，之后单击【确定】按钮，得到的图像效果如图 8-23 所示。

图 8-23　"山水画"素材图像填充前后

（2）选择【窗口】→【历史记录】命令，打开历史记录面板，可以看到以上的操作都被自动记录下来，如图 8-24 所示。单击某个状态名称，可以看到名称的左边出现了图标　，图像窗口中显示的就是此栏的状态。

（3）单击工具箱中的历史记录画笔工具　，在选项栏中设置画笔的笔形为"粉笔"、大小为 250，如图 8-25 所示。

图 8-24　历史记录面板　　　　　　　图 8-25　历史记录画笔工具选项栏

（4）使用历史记录画笔工具 ，从画面右上角开始向左下角涂抹，则历史记录画笔工具 就将所涂抹过的图像恢复到【打开】这一步的状态，如图 8-26 所示。

图 8-26　完成"山水画"

2．使用历史记录艺术画笔工具

历史记录艺术画笔工具 可使用指定历史状态或快照作为绘画源来绘制各种艺术效果笔触。和历史记录画笔工具一样，它也是使用指定的状态作为绘画源，不同之处在于，历史记录画笔工具只是将绘画源中的数据照搬，而历史记录艺术画笔工具 在使用这些数据的同时，还加入了艺术化的处理，可以通过选项栏来控制绘画的艺术风格。

历史记录艺术画笔工具 的选项栏如图 8-27 所示。

图 8-27　历史记录艺术画笔工具选项栏

（1）【模式】下拉列表框：单击其右侧的 按钮，在弹出的下拉列表框中有"正常"、"变暗"、"变亮"、"色相"、"饱和度"、"颜色"和"明度"7 种模式供用户选择。

（2）【不透明度】下拉列表框：用于设置用历史记录艺术画笔描绘时的不透明度。

（3）【样式】下拉列表框：单击其右侧的  按钮，在弹出的下拉列表框中可以选择描绘的类型。

（4）【区域】文本框：用于设置历史记录艺术画笔描绘的范围。

（5）【容差】下拉列表框：用于设置历史记录艺术画笔所描绘的颜色与所要恢复的颜色间的差异程度。设置的容差值越大，图像恢复的精确度越低；输入的数值越小，图像恢复的精确度越高。

选择历史记录艺术画笔工具 后，将鼠标指针移动到图像中要恢复的位置，按住鼠标左键不放进行拖动即可恢复图像，同时产生设置的艺术笔触效果。

8.3　使用图像修饰工具组

对于图像进行局部修饰是 Photoshop 最常用的功能之一，灵活运用修饰工具，用户可以修复不满意的图像，本节将介绍模糊工具 、锐化工具 、涂抹工具 、减淡工具 、加深工具 和海绵工具 的使用方法及属性设置。

8.3.1　使用模糊工具

利用模糊工具 在图像中拖动，可以通过降低图像的色彩反差来对图像进行模糊处理，以更加突出图像的主题。启用模糊工具 有以下两种方法：

（1）单击工具箱中的【模糊工具】按钮 。

（2）反复按 Shift+R 组合键。

启用模糊工具 ，选项栏如图 8-28 所示。

图 8-28　模糊工具选项栏

（1）【画笔】选项：选择画笔的大小，选择的画笔直径越大，经过操作被模糊的图像区域越大。

（2）【模式】下拉列表框：可在该下拉列表框中选择操作时所需的模式。其中包括【正常】、【变暗】、【变亮】等 7 种。

（3）【强度】文本框：用于设置工具对画面操作的压力。百分数越大，被操作区域的模糊效果越明显。

（4）【对所有图层取样】复选框：当选择该复选框时，将使模糊工具的操作应用在图像的所有图层中。否则，操作效果只作用在当前图层中。

启用模糊工具 ，在模糊工具选项栏中设置选项，然后在猴相脸面以外的区域单击，并按住鼠标左键拖曳，使图像产生模糊的效果。原图像和模糊后的图像效果如图 8-29 所示。

8.3.2　使用锐化工具

锐化工具 的作用与模糊工具 相反，其作用是锐化部分图像的像素，使操作区域图像更加清晰。锐化工具的选项栏与模糊工具完全一样。

原图像 模糊后的效果

图 8-29 猴相模糊前、后的对比

　　锐化工具只能有限地提高清晰度。如果图像本身十分模糊，是不能通过锐化工具变清晰的。需要注意的是，如果对图像进行了模糊，再进行锐化是不能将其完全还原的，且过分使用锐化工具图像会出现噪点。

　　如图 8-30 所示为对模糊的仪表使用锐化工具进行锐化前后的效果。

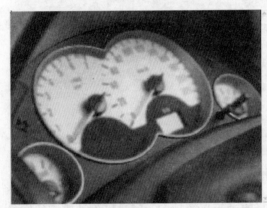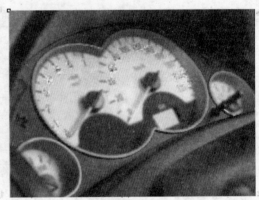

锐化前 锐化后

图 8-30 对模糊的仪表锐化前、后的对比

8.3.3 使用涂抹工具

　　【涂抹】工具 可以移动像素的位置，其效果就好像在一幅未干的油画上用手指划拉一样，其选项栏如图 8-31 所示。

图 8-31 涂抹工具选项栏

　　选中"手指绘画"复选框，在图像中操作时，涂抹起始点的颜色被设置为前景色；在取消选中该复选框的情况下，涂抹起始点的颜色为该点中图像的颜色。

　　如图 8-32 所示为利用涂抹工具 进行涂抹前、后的效果。

涂抹前   涂抹后

图 8-32   用涂抹工具涂抹前、后的效果

8.3.4 使用减淡工具

减淡工具 🔍 主要用于处理图像局部的色彩，并降低曝光量，使图像的亮度提高。利用减淡工具在图像中拖动，可以使拖过的部分图像颜色变亮。减淡工具选项栏如图 8-33 所示。

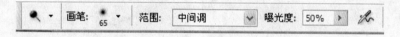

图 8-33   减淡工具选项栏

（1）【画笔】选项：可以选择一个合适的画笔，选择的画笔尺寸越大，被加亮的图像区域越大。

（2）【范围】下拉列表框：选择作用于操作区域的色调范围。在该下拉列表框中有 3 个选项，即"阴影"、"高光"和"中间调"。选择"阴影"选项，操作作用于图像的阴影区；选择"高光"选项，操作作用于图像的高亮区；选择"中间调"选项，操作作用于图像的中间色调区域。

（3）【曝光度】文本框：用于设置用减淡工具操作时的亮化程度。文本框中的数值越大，操作后，亮化的效果越明显。

设置好各选项后，利用该工具在图像中拖动，即可加亮拖动过的区域。如图 8-34 所示为应用减淡工具前、后的对比效果。

8.3.5 使用加深工具

使用加深工具 🖐 在图像中拖动，所得到的效果是将操作区域的图像加暗。加深工具的操作方法和减淡工具一样，其选项栏及使用方法也完全相同，只是得到的效果完全相反。

第 8 章   图像修复、修饰工具及图像色彩

启用加深工具 ，在其选项栏中进行设置，然后在图像中的两边区域单击，并按住鼠标左键拖曳，使图像产生加深的效果，如图 8-35 所示为原图像和加深后的图像效果。

原图　　　　　　　　　　　　　　　　　　减淡后的效果

图 8-34　使用减淡工具前、后的对比效果

原图　　　　　　　　　　　　　　　　　　加深后的效果

图 8-35　使用加深工具前、后的对比效果

8.3.6　使用海绵工具

海绵工具 的作用是对某个区域的饱和度进行更改，以降低或者增加其饱和度。选择海绵工具 后，选项栏如图 8-36 所示。

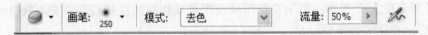

图 8-36　海绵工具选项栏

（1）【画笔】选项：可以选择一个合适的画笔，选择的画笔尺寸越大，图像中改变颜色饱和度的范围越大。

（2）【模式】下拉列表框：可以增加或降低操作区域的颜色饱和度。在该下拉列表框中有"去色"和"加色"两个选项。选择"去色"选项，可以降低操作区域的颜色饱和度；选择"加色"选项，可以增加操作区域的颜色饱和度。

（3）【流量】文本框：用于控制操作时的压力强度。该文本框中的数值越大，操作后，得到的效果越明显。

（4）【喷枪】按钮：单击选项栏右侧的【喷枪】按钮，使其处于选中状态，可以使海绵工具具有喷枪的功能，即用海绵工具在图像中单击并按住鼠标左键不放，将一直增加或去除此区域图像的饱和度，直到松开鼠标为止。

选择海绵工具 ，在其选项栏中进行设置，然后在图像中的叶子区域单击，并按住鼠标左键拖曳，使图像增加色彩饱和度。如图 8-37 所示为原图像和使用海绵工具后的图像效果。

原图　　　　　　　　　　　使用海绵工具后的效果

图 8-37　使用海绵工具前、后的对比效果

8.4　案例——修复地板

1. 案例目标

本案例将使用前面讲述的工具清除地板上的杂物，将地板上的书籍清除，还原地板的形状，如图 8-38 所示。通过练习可以掌握修饰工具的基本使用方法和技巧，在修饰过程中用到的工具有仿制图章工具、污点修复画笔等工具。

原图　　　　　　　　　　　修复后的效果图

图 8-38　地板修复前、后的效果对比

第8章　图像修复、修饰工具及图像色彩

2. 操作步骤

（1）打开第 8 章素材库中的"图 8-6.jpg"，用多边形套索工具 沿着木板及书的边沿创建选区，如图 8-39 所示。

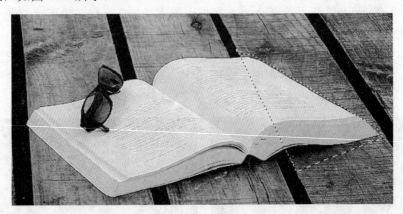

图 8-39　用多边形套索工具创建选区

（2）选择仿制图章工具 ，选择适当的画笔笔尖，从【模式】下拉列表框中选择【正常】选项，并将【不透明度】和【流量】都设为 100％，如图 8-40 所示。

图 8-40　仿制图章工具的设置

（3）在同一块木板上方适当的位置，按住 Alt 键单击，设置木板取样点。然后松开 Alt 键，将鼠标指针移动到选区内，按住鼠标左键不放并进行拖动，即可复制木板图像到该位置，注意要多次变换取样点进行复制，效果如图 8-41 所示。完成后按 Alt+D 组合键取消选区。

图 8-41　用仿制图章工具还原选区内的木板图像

（4）重复第 3 步操作，完成另外两块地板的修复工作，如图 8-42 和图 8-43 所示。

图 8-42　修复中间木板

图 8-43　修复左边木板

（5）选择污点修复画笔工具 ，采用默认属性设置，修复刚才木板表面上生硬的边沿。然后用多边形套索工具 选中木板之间的缝隙，填充为黑色，如图 8-44 所示。

（6）保存修复后的效果，如图 8-45 所示。

图 8-44　选中木板之间的缝隙

图 8-45　修复后的效果

8.5　图像色彩处理

在图像色彩处理中，将介绍色彩设置的方法，以及改变图像颜色模式、设置自动校正选项和认识直方图等内容，从而为图像进行色彩的设置和调整，以达到满意的效果。

8.5.1　色彩设置

在 Photoshop CS3 中，通用的色彩管理支持功能被安排在【颜色设置】对话框中，选择【编辑】→【颜色设置】命令，就会弹出该对话框，如图 8-46 所示。

1.【设置】下拉列表框

在【设置】下拉列表框中列出了 Photoshop 提供的预定义色彩管理设置，每一种设置中都包括一套"工作空间"和"色彩管理方案"。如果图像处理的最终目的是用于 Web 设

195

计，则应该选择【日本 Web / Internet】选项；如果图像处理的最终目的是用于在美国出版印刷，则应该选择【北美印前 2】选项；如果图像处理的最终目的是用于视频输出或作为屏幕展示，则应将【色彩管理方案】下面的 3 个选项都设置为【关】。

2.【工作空间】栏

工作空间设置的是对 RGB、CMYK 和灰度颜色模式相关的颜色配置文件。颜色配置文件系统地描述了颜色如何映射到某个设备上，如扫描仪、打印机或显示器的色彩空间。通过用颜色配置文件标记文档，在文档中提供对实际颜色外观的定义。

3.【色彩管理方案】栏

当打开未使用颜色配置文件标记的图像文件时，或其颜色配置文件与当前的系统设置不同时，可以选用不同的方式进行处理。对于 RGB、CMYK 和灰色 3 项色彩管理方案，默认为【保留嵌入的配置文件】方案，还可以设置成关或转换成工作中的相应方案。

8.5.2 转换图像颜色模式

在 Photoshop CS3 中自由转换各种图像的颜色模式。但因为不同颜色所包含的颜色范围不同，其特性存在差异。转换图像颜色模式的方法是，选择【图像】→【模式】命令，在【模式】子菜单中选择要转换的图像颜色模式，如图 8-47 所示。

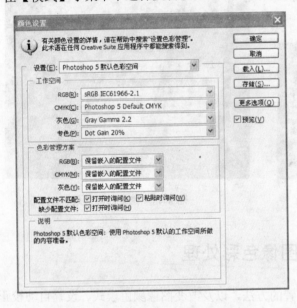

图 8-46 【色彩设置】对话框　　　　　　　图 8-47 【模式】子菜单

在进行模式转换时，要考虑这些问题，以避免产生不必要的损失。

在选择颜色模式时，要考虑以下几个方面的问题：

（1）图像的输出方式。

（2）编辑功能。

（3）颜色范围。

（4）文件占用的内存和磁盘空间。

1. 彩色模式之间的转换

在 RGB、CMYK 和 Lab 3 种颜色模式中，RGB 是计算机屏幕显示所用的色彩模式，CMYK 是彩色印刷所使用的色彩模式，而 Lab 是与设备无关的色彩模式，它既不依赖于光线，也不依赖于油墨或颜料，可用来编辑任何图像。因而在 Photoshop CS3 中将 RGB 模式转换为 CMYK 模式时，会在内部先把 RGB 模式转换为 Lab 模式，然后再转换为 CMYK 模式。Lab 模式保证，在转换成 CMYK 模式时色彩没有丢失或被替代。因此，避免色彩损失的最佳方法是，应用 Lab 模式编辑图像，再转换成 CMYK 模式打印。

注意：当一幅图像在 RGB 和 CMYK 模式间多次转换后，会产生很大的数据损失，因此要尽量减少转换次数。在 RGB 模式下选择【视图】→【校样设置】→【工作中的 CMYK】命令，可以查看 CMYK 模式下图像的真实效果。

2. 索引颜色模式转换

索引颜色模式是一种特殊的模式，该种模式的图像在网页图像中应用得比较广泛。例如，GIF 格式的图像就是索引颜色模式图像。当一幅图像从一种模式（只有 RGB 和灰度模式才能转换为索引颜色模式）转换为索引颜色模式时，会删除图像中的部分颜色，仅保留 256 色，同时产生一个颜色表格。

在将 RGB 模式转换为索引模式之前，应先保存原模式的文件，因为 Photoshop 在把彩色模式转换为索引模式时会丢失颜色信息。另外，转换为索引模式后，Photoshop 的滤镜等功能将失效。

3. 灰度模式和位图模式之间的转换

在 Photoshop 中，只有灰度模式的图像才能转换为位图模式，所以在将彩色模式转换为位图模式之前，必须先将其转换成灰度模式。

1）位图模式转换为灰度模式

位图模式转换为灰度模式后，基本看不出效果变化，但其本质已发生改变，此时能够产生中间色调的像素。

2）灰度模式转换为位图模式

位图模式图像是一种只有黑、白两种色调的图像。转换成位图模式的图像不具有 256 种色调，转换时会将中间色调的像素按指定的方式转换成黑、白像素。

在将灰度模式转换为位图模式时，首先要选择转换的灰度图像，然后选择【图像】→【模式】→【位图】命令，打开用于设置文件的输出分辨率和转换方式的【位图】对话框进行设置，如图 8-48 所示。

图 8-48　灰度模式转换为位图模式

注意：当一幅灰度图像转换成位图图像后再转换成灰度图像，将无法显示原来图像的效果。因为在图像转换时，转换后丢失的信息是不能恢复的。当一幅彩色模式图像转换为灰度模式后，再转换为彩色模式，也将丢失信息，从而不能显示为原来图像的效果。

4．灰度模式转换为双色调模式

只有灰度模式图像才能转换为双色调模式，故要将其他模式转换成双色调模式，必须先转换成灰度模式。

8.5.3 颜色的设置

与传统绘画一样，选择正确的画笔与画布颜色至关重要。Photoshop 设置颜色的方法主要有 4 种，即使用拾色器、使用颜色面板、使用色样面板和使用吸管工具，大家可以根据需要选择一种进行绘制。

1．使用拾色器设置颜色

使用拾色器可以方便地设置图像的前景色和背景色。在工具箱中提供了用于设置前景色与背景色的按钮，如图 8-49 所示。

（1）【设置前景色】按钮：默认情况下，该按钮为黑色，前景色其实就是"作图色"，无论选用哪种工具都将用前景色进行绘制，相当于传统绘画时的画笔颜色。

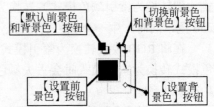

图 8-49　设置前景色与背景色的相关按钮

前景色显示的是使用文字、油漆桶、吸管、铅笔、画笔工具或者按住 Alt 键拖动涂抹工具时所用的颜色，在渐变工具中，它是渐变的起始色。

（2）【设置背景色】按钮：默认情况下，该按钮为白色，背景色显示的是画布色；在渐变工具中，它是渐变的结束色。

（3）【默认前景色与背景色】按钮 ↘：单击该按钮，前景色与背景色都会恢复到默认状态，即前景色是黑色，背景色是白色。

（4）【切换前景色和背景色】按钮 ⬒：单击该按钮，前景色和背景色会相互交换。例如，在默认情况下单击该按钮，前景色会变成白色，而背景色会变成黑色。另外，按 X 键可以交换前景色与背景色；按 D 键可以恢复默认的前景色为白色、背景色为黑色。

在工具箱中单击颜色工具左上角的设置前景色按钮，或右下角的设置背景色按钮，弹出如图 8-50 所示的【拾色器】对话框，可以选择前景色与背景色。

（1）颜色滑杆：上下拖动滑杆任意一侧的三角滑块，能够从颜色的范围内锁定要选择的颜色。

（2）颜色域：显示当前滑杆颜色对应色彩范围内的颜色。

（3）颜色选择标记：在颜色域中单击，移动选择标记能够选择新颜色。

（4）当前颜色：从颜色域中选中的颜色。单击【确定】按钮即可将此颜色设置为前景色或背景色。

（5）以前的颜色：编辑对话框之前的前景色或背景色。

（6）警告三角：当选择的颜色超出了印刷色域时，警告三角将显示，并将与此颜色最相近的印刷色显示在三角下方。单击【警告三角】按钮或其下面的小色块，颜色选择标记将自动调至最相近的印刷色所在的位置。

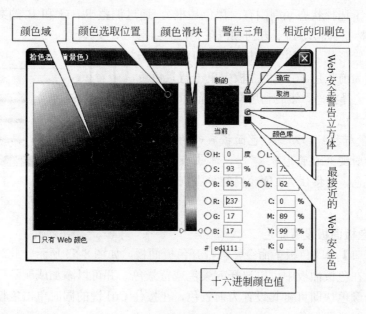

图 8-50 【拾色器】对话框

（7）Web 安全警告立方体：Web 颜色是显示在互联网上的颜色，如果所选颜色不在 Web 安全调板中，将显示 Web 安全警告立方体。单击【Web 警告立方体】按钮或其下面的小色块，将选择与指定颜色最接近的 Web 颜色。还可以选择【只有 Web 颜色】复选框，以直接选择能够正确显示在互联网上的颜色，如图 8-51 所示。

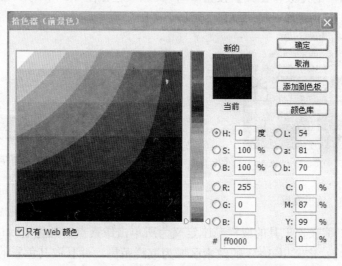

图 8-51 选择 Web 颜色时的拾色器

（8）十六进制颜色值：仅靠对色彩的感觉，人们得到的颜色是不可能完全相同的，如果在选项框中输入确切的颜色值，就能够得到相同的颜色。

2．使用颜色面板设置颜色

选择【窗口】→【颜色】命令，可打开颜色面板，如图 8-52 所示。确认颜色面板中的前景色色块处于选择状态（周围有一黑色边框），通过调整 R、G 和 B 的数值可以设置前景色；若将鼠标指针移动到下方的颜色条中，鼠标指针将显示为吸管形状，在颜色条中单击，即可将单击处的颜色设置为前景色。在颜色面板中单击背景色色块，使其处于选择状态，然后利用与设置前景色相同的方法设置背景色。

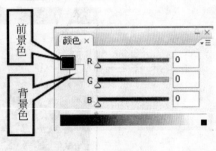

图 8-52　颜色面板

注意：将鼠标指针移动到颜色面板底部的颜色条上，当鼠标指针变为吸管形状 时，单击颜色条也可以设置前景色，在按住 Alt 键的同时单击则可设置背景色。

3．使用色板面板设置颜色

选择【窗口】→【色板】命令，可打开色板面板，如图 8-53 所示。此时鼠标指针显示为吸管形状，在色板面板中可以选择前景色或背景色，并可以添加或删除颜色。在色板面板中单击某个颜色块即可将其设置为前景色，在按住 Ctrl 键的同时单击色板面板中的颜色块则可将其设置为背景色。

如果是使用其他方式设置的前景色，可以将其添加到色板面板中。方法是，切换到色板面板中，右击，在弹出的快捷菜单中选择【新色板】命令。如果要删除某个色块，只需用鼠标将其拖动到面板底部的【删除色板】按钮 上释放鼠标即可。

4．使用吸管工具设置颜色

单击工具箱中的【吸管工具】按钮 ，其选项栏如图 8-54 所示，在【取样大小】下拉列表框中可以指定吸管工具的取样区域。

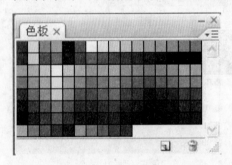

图 8-53　色板面板

图 8-54　吸管工具选项栏

- 取样点：将吸管工具的取样范围定义为所单击像素点的颜色值。
- 3×3 平均：定义以 3×3 的像素区域为取样范围，并且取其色彩的平均值。
- 5×5 平均：定义以 5×5 的像素区域为取样范围，并且取其色彩的平均值。

吸管工具 主要用于在一幅图片中吸取需要的颜色，也可以在色板面板中吸取，吸取的颜色会表现在前景色或背景色中备用。例如，通过拾色器很难设置出人的皮肤颜色，此时可以打开一幅人像图片，然后用吸管工具 吸取需要的皮肤色。

选择取样大小后，单击"吸管工具"按钮 ✐，然后用鼠标指针在图像的适当位置单击即可吸取当前图像的颜色，此时工具箱中的前景色将变为所吸取的颜色。

8.5.4　设置自动校正选项

　　自动颜色校正选项能够控制【色阶】和【曲线】命令中的自动色调和颜色校正，此外，还能控制【自动色调】、【自动对比度】和【自动颜色】命令的设置。自动颜色校正选项允许用户指定阴影和高光的剪贴百分比，并为阴影、中间调和高光指定颜色值。可以在单独使用【色阶】调整或【曲线】调整时应用这些设置，也可以在【色阶】和【曲线】中应用【自动色调】、【自动对比度】、【自动颜色】选项时，将这些设置存储为默认值。

　　要设置自动校正选项，可在【色阶】对话框或【曲线】对话框中单击【选项】按钮，弹出【自动校正选项】对话框，如图 8-55 所示。

　　在【自动颜色校正选项】对话框中，可以进行以下操作。

　　（1）指定需要 Photoshop 用来调整图像整体色调范围的算法。

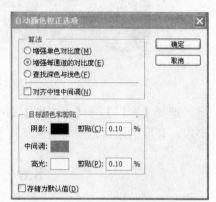

图 8-55　【自动颜色校正选项】对话框

　　①【增强单色对比度】能统一剪切所有通道，这样可以在使高光显得更亮而暗调显得更暗的同时保留整体色调关系。【自动对比度】命令使用此种算法。

　　②【增强每通道的对比度】可最大化每个通道中的色调范围，以产生更显著的校正效果。因为各通道是单独调整的，所以【增强每通道的对比度】可能会消除或引入色偏。【自动色阶】命令使用此种算法。

　　③【查找深色与浅色】查找图像中平均最亮和最暗的像素，并用它们在最小化剪切的同时最大化对比度。【自动颜色】命令使用此种算法。

　　（2）如果需要 Photoshop 查找图像中平均接近的中性色，可选择【对齐中性中间调】复选框，然后调整灰度系数值使颜色成为中性色。【自动颜色】命令使用此种算法。

　　（3）若要指定要剪切黑色和白色像素的量，可在【剪贴】文本框中输入百分比。

　　（4）若要向图像的最暗区域、中性区域和最亮区域指定颜色值，可单击相应色块。

　　（5）若要存储用于当前【色阶】或【曲线】对话框的设置，单击【确定】按钮。之后如果单击【自动】按钮，Photoshop 会将同样的设置重新应用到此图像中。

　　（6）若要将设置存储为默认值，选择【存储为默认值】复选框，然后单击【确定】按钮。下次在打开【色阶】或【曲线】对话框时，单击【自动】按钮即可应用相同的设置。

8.5.5　认识直方图面板

　　直方图又称为质量分布图、柱状图，它用一系列高度不等的纵向条纹表示数据分布的情况，是表示资料变化情况的一种主要工具。对于图片而言，它能比较直观地显示像素的分布状态，使用户对于像素的分布状况一目了然，以便于判断图片的总体情况，为更合理地处理图片提供数据依据。打开一幅图像，观察该图像的直方图，如图 8-56 所示。

图 8-56　图像的直方图

选择【窗口】→【直方图】命令，即可打开直方图面板。直方图面板中的横坐标代表亮度，亮度的取值范围为 0～255，纵坐标代表像素数。

8.6　快速调整图像颜色

Photoshop CS3 提供了【自动色阶】、【自动对比度】和【自动颜色】命令，通过这些命令，可以快速地帮助用户获得比较满意的图像效果。本节将介绍快速调整图像的方法，即用简单的操作改进图像的外观。

8.6.1　使用【自动色阶】命令

【自动色阶】命令可自动调整图像的对比明暗度，使图像更加清晰、自然。该命令通过定义每个颜色通道中的阴影和高光区域，将最亮和最暗的像素映射到纯白和纯黑的程度，使中间像素值按此比例重新分布，以去除多余灰调。

打开如图 8-57 所示的图像，选择【图像】→【调整】→【自动色阶】命令，使用【自动色阶】命令来调整图像中增加图像的对比度、增强图像清晰度的操作。

图 8-57　使用【自动色阶】命令处理图像

8.6.2 使用【自动对比度】命令

【自动对比度】命令可自动调整图像色彩的对比度。该命令通过定义图像中的阴影和高光区域，将剩余区域的最亮和最暗像素映射到纯白和纯黑的程度，从而使图像中的高光更亮、阴影更暗。

打开如图 8-58 所示的图像，选择【图像】→【调整】→【自动对比度】命令，使用【自动对比度】命令来调整对比度较低、不够清晰的图像，以使图像更加真实、清晰。

图 8-58　使用【自动对比度】命令处理图像

8.6.3 使用【自动颜色】命令

【自动颜色】命令可自动调整图像的颜色和偏色，在执行该命令后，系统会自动对图像的色相进行判断并调整，最终使整幅图像的色相均匀，使偏色的图像得到纠正。

打开如图 8-59 所示的图像，选择【图像】→【调整】→【自动颜色】命令，使用【自动颜色】命令来调整图像中不适当的颜色及色偏，通过搜索图像来标识阴影、中间调和高光，以调整图像颜色的不平衡，使图像更加真实、自然。

图 8-59　使用【自动颜色】命令处理图像

8.7　使用图像色彩和色调调整命令

Photoshop CS3 中提供了多种图像色彩和色调调整命令，利用这些命令可以校正图像色彩的明暗度、改变图像的颜色、分解色调等，还可以处理曝光照片、恢复旧照片、为黑白图像上色等。本节全面系统地讲解调整图像色彩的相关知识，帮助大家了解并掌握调整图像色彩的方法和技巧，并将所学知识灵活应用到实际的工作中。

8.7.1　使用【色阶】命令

使用【色阶】命令可以通过调整图像中的暗调、中间调和高光区域的色阶分布情况来增强图像的色阶对比，以调整图像中各个通道的明暗程度。打开素材图像，选择【图像】→【调整】→【色阶】命令，可弹出【色阶】对话框，如图 8-60 所示。在该对话框中间为直方图，其横坐标为亮度值（0～255），纵坐标为像素数。

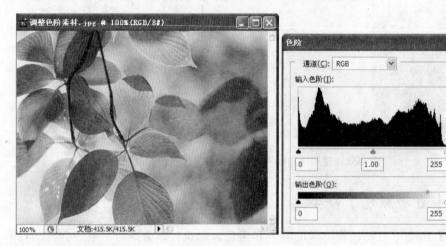

图 8-60　用【色阶】对话框调整图像

1．在【色阶】对话框调整图像色阶的 3 种方法

（1）在【输入色阶】或【输出色阶】文本框中输入数值。

（2）拖动色阶直方图中的滑块。

（3）使用对话框右下角的吸管在图像中单击，以吸取色彩。

其操作非常简单，先在【通道】下拉列表框中选择要调整的通道名称，如果当前图像模式是 RGB，则【通道】下拉列表框中包括 RGB、红、绿和蓝 4 个选项；如果当前图像模式是 CMKY，【通道】下拉列表框中包括 CMYK、青、洋红、黄、黑 5 个选项。选择需要调整的通道后，根据需要选择前面所介绍的 3 种方法中的一种对图像进行调整即可。

2．【色阶】对话框中各选项的功能简介

（1）输入色阶：3 个文本框分别用于设置图像的暗部色调、中间色调和亮部色调。

（2）输出色阶：两个文本框分别用于提高图像的暗部色调和降低图像的亮度。

（3）直方图：该对话框的中间部分称为直方图，它与 Photoshop 工作界面中直方图面板的显示是一致的。

（4） 用于在原图像窗口中单击选择颜色。其中，用黑色吸管 单击图像，图像上所有像素的亮度值都会减去选取色的亮度值，从而使图像变暗；用灰色吸管 单击图像，Photoshop 将用吸管单击处的像素亮度来调整图像所有像素的亮度；用白色吸管 单击图像，图像上所有像素的亮度值都会加上该选取色的亮度值，以使图像变亮。

（5）![自动(A)]：单击该按钮，Photoshop 将应用自动颜色校正功能来调整图像。

（6）![存储(S)...]：单击该按钮，可以以文件的形式存储当前对话框中色阶的参数设置。

（7）![载入(L)...]：单击该按钮，可载入存储的*．Alv 文件中的调整参数。

（8）![选项(T)...]：单击该按钮，将弹出【自动颜色校正选项】对话框，可以设置暗调、中间值的切换颜色，以及自动颜色校正的算法。

（9）![预览(P)]：选中该复选框，在原图像窗口中可预览图像调整后的效果。

3．调整色阶滑块

调整【输入色阶】中的 3 个滑块，图像会产生不同的色彩效果，如图 8-61 所示。调整【输出色阶】中的两个滑块后，图像会产生不同的色彩效果，如图 8-32 所示。

图 8-61　调整【输入色阶】的 3 个滑块时图像产生的色彩效果

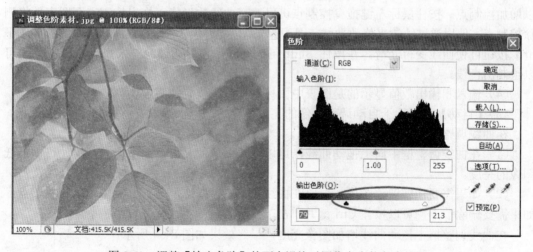

图 8-62　调整【输出色阶】的两个滑块时图像产生的色彩效果

8.7.2　使用【曲线】命令

使用【曲线】命令可以对图像的色彩、亮度和对比度进行综合调整，与【色阶】命令不同的是，它可以在从暗调到高光这个色调范围内对多个不同的点进行调整，常用于改变物体的质感。打开第 8 章素材库中的"图 8-7.jpg",选择【图像】→【调整】→【曲线】命令,可弹出【曲线】对话框,如图 8-63 所示。

图 8-63　原图与【曲线】对话框

(1)在【曲线】对话框中,【通道】下拉列表框用于设置图像的颜色通道。

(2)图表中的 X 轴为色彩的输入值,Y 轴为色彩的输出值。曲线代表了输入和输出色阶的关系。

(3)在默认状态下选中的是编辑点以修改曲线工具 ∿,使用它在图表曲线上单击,可以增加控制点。按住鼠标左键拖曳控制点可以改变曲线的形状,拖曳控制点至图表外将删除控制点。使用通过绘制来修改曲线工具 ✐ 可以在图表中绘制任意曲线,单击右侧的【平滑】按钮可使曲线变得光滑。在按住 Shift 键的同时,使用通过绘制来修改曲线工具 ✐ 可以绘制出直线。

(4)输入和输出数值显示的是图表中鼠标指针所在位置的亮度值。

(5)【自动】按钮用于自动调整图像的亮度。

在曲线调整中有以下特点:

(1)在曲线调整框中向上拖动曲线,可以增加图像的亮度;向下拖动曲线,可以降低图像的亮度。

(2)如果需要精细调整图像,可以在曲线上单击,以增加节点,然后拖动相关节点;如果需要删除节点,可以按住 Ctrl 键并单击节点将其删除。

在曲线调整框中拖动曲线增加图像亮度,最终效果如图 8-64 所示。

8.7.3　使用【色彩平衡】命令

使用【色彩平衡】命令可以调整图像整体的色彩平衡,在彩色图像中改变颜色的混合。若图像有明显的偏色,可以用该命令来纠正。

选择【图像】→【调整】→【色彩平衡】命令,可弹出如图 8-65 所示的【色彩平衡】对话框。

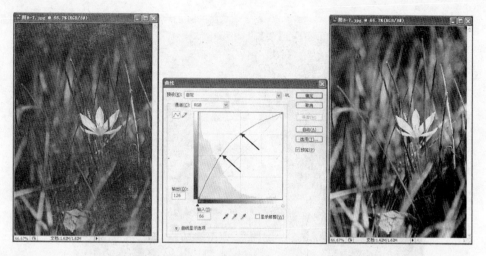

图 8-64　执行【曲线】命令调整图像亮度

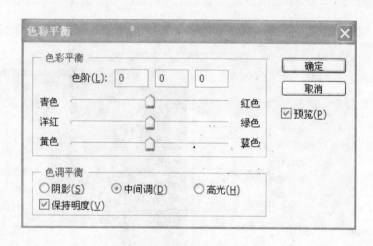

图 8-65　【色彩平衡】对话框

（1）【色彩平衡】中滑块两边的颜色分别为互补色，向任一边拖动滑块，即减少其相应的互补色。例如，向右拖动"青色—红色"中的滑块，可以增加图像的红色，但图像中的青色会减少。

（2）拖动滑块得到的数值相应地显示在【色阶】文本框中，从左到右 3 个数值框分别对应"青色—红色"、"洋红—绿色"和"黄色—蓝色"3 个滑块。以 0 值为起点向左拖动滑块，数值框中会显示负数；向右拖动滑块，数值框中将显示正数。

（3）在【色调平衡】中有 4 个选项。其中，【阴影】单选按钮调整图像阴影部分的颜色；【中间调】单选按钮调整图像中间调的颜色；【高光】单选按钮调整图像高亮部分的颜色；【保持亮度】复选框可以保持图像的亮度，即在操作时只有颜色值改变，像素的亮度值保持不变。

打开第 8 章素材库中的"图 8-8-jpg"，如图 8-66 所示。选择【图像】→【调整】→【色彩平衡】命令，可弹出【色彩平衡】对话框，设置其参数及相应效果如图 8-67 所示。

图 8-66　原图像

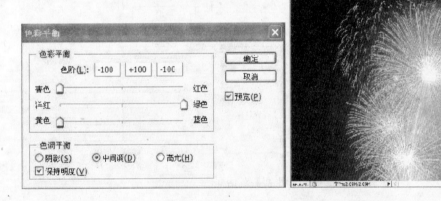

图 8-67　【色彩平衡】对话框设置及相应效果

8.7.4　使用【亮度/对比度】命令

　　使用【亮度/对比度】命令可调整图像的亮度和对比度。选择【图像】→【调整】→【亮度/对比度】命令，可弹出【亮度/对比度】对话框，如图 8-68 所示。

　　【亮度/对比度】对话框中各选项的含义如下。

　　（1）亮度：当在其右侧的文本框中输入的数值为负时，表示降低图像的亮度；当输入的数值为正时，表示增加图像的亮度；当输入的数值为 0 时，图像无变化。

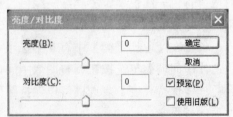

图 8-68　【亮度/对比度】对话框

　　（2）对比度：当在其右侧的文本框中输入的数值为负时，表示降低图像的对比度；当输入的数值为正时，表示增加图像的对比度；当输入的数值为 0 时，图像无变化。

打开第 8 章素材库中的"图 8-9.jpg"，如图 8-69 所示。选择【图像】→【调整】→【亮度/对比度】命令，弹出【亮度/对比度】对话框，设置其参数及相应效果如图 8-70 所示。

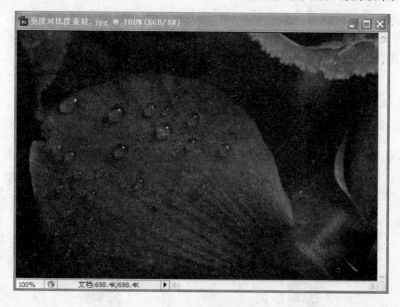

图 8-69　原图像

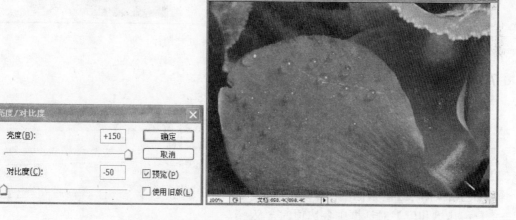

图 8-70　【亮度/对比度】对话框设置及相应效果

8.7.5　使用【黑白】命令

【黑白】命令是 Photoshop CS3 新增的黑白调整命令之一，可以快速地将彩色图像转换为黑白或单色效果，同时保持对各颜色的控制。选择【图像】→【调整】→【黑白】命令，可弹出【黑白】对话框。

【黑白】对话框中各选项的含义如下。

（1）预设：用于选择系统预定义的混合效果。

（2）颜色：调整图像中特定颜色的色调，用鼠标拖曳相应颜色下方的滑块，可使图像所调整的颜色变暗或变亮。

（3）　自动(A)　按钮：单击此按钮，图像将自动产生极佳的黑白效果。

（4）色调：选择该复选框，可将彩色图像转换为单色图像。用鼠标拖动下方的色相滑块，可更改色调的颜色；拖动下方的饱和度滑块，可提高或降低颜色的饱和度。单击右侧的色块，可在弹出的【拾色器】对话框中进一步调整色调的颜色。

打开第 8 章素材库中的"图 8-10.jpg"，然后选择【图像】→【调整】→【黑白】命令，可弹出【黑白】对话框，设置其参数，效果如图 8-71 所示。

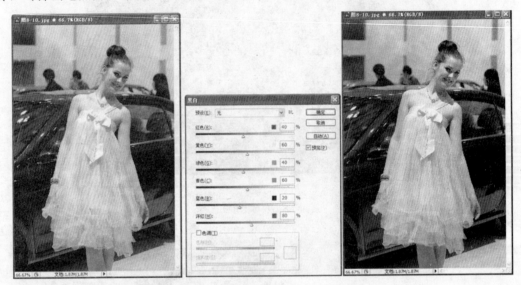

图 8-71　使用【黑白】命令处理图像

8.7.6　使用【色相/饱和度】命令

使用【色相/饱和度】命令可以调整图像中特定颜色分量的色相、饱和度和亮度，或者同时调整图像中的所有颜色。选择【图像】→【调整】→【色相/饱和度】命令，会弹出【色相/饱和度】对话框，如图 8-72 所示。

【色相/饱和度】对话框中各选项的含义如下。

（1）编辑：决定要调整颜色的色彩范围，在【编辑】下拉列表框中可以选择要调整的颜色。如果选择【全图】选项，通过拖动下面的【色相】、【饱和度】和【明度】3 个滑块将同时改变整个图像中所有色彩的色相、

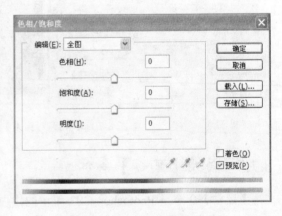

图 8-72　【色相/饱和度】对话框

饱和度和明度。若只选择【红色】、【黄色】、【绿色】、【青色】、【蓝色】、【洋红】等原色中的一种，将只调整图像中相应的颜色。在【编辑】下拉列表框中选择一种原色选项，【色相

/饱和度】对话框右下方的吸管工具将被激活,利用吸管工具在图像中单击要调整的颜色,在【编辑】下拉列表框中将自动选择此颜色名称。拖动下面的 3 个滑块,将只对吸取的颜色进行调整。

(2)色相:色相即颜色,例如红色、黄色、绿色、青色和蓝色等。在其文本框中输入数值或用鼠标拖曳下方的滑块,即可修改图像的色相。

(3)饱和度:饱和度就是某种颜色的纯度,饱和度越大,颜色越纯。向右侧拖动滑块或在数值框中输入正值,将增加颜色的饱和度;当数值为负时,将降低颜色的饱和度;如果数值为–100,所选颜色将变为灰度。

(4)明度:用于调整图像的明暗度。正值可增加图像的亮度,负值则降低图像的亮度。

(5)着色:选择该复选框,可以将彩色图像变为单色调效果或为灰度图像着色。

打开第 8 章素材库中的"图 8-11.jpg",如图 8-73 所示。选择【图像】→【调整】→【色相/饱和度】命令,弹出【色相/饱和度】对话框,设置参数,相应效果如图 8-74 所示。

图 8-73　原图像

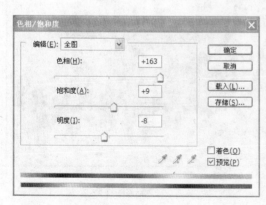

图 8-74　使用【色相/饱和度】命令调整图像

8.7.7　使用【去色】命令

使用【去色】命令可将彩色图像转换为相同颜色模式下的灰度图像。例如,给RGB图像中的每个像素指定相等的红色、绿色和蓝色，使图像表现为灰度，注意，每个像素的明度值不改变。此命令与在【色相/饱和度】对话框中将【饱和度】设置为–100 时有相同的效果。

打开第 8 章素材库中的"图 8-12.jpg"，然后选择【图像】→【调整】→【去色】命令，即可为图像去色，如图 8-75 所示。

图 8-75　使用【去色】命令前、后的效果

8.7.8　使用【匹配颜色】命令

使用【匹配颜色】命令能够使一幅图像的色调与另一幅图像的色调自动匹配，以在不同图片拼合时达到色调统一，或者对照其他图像的色调修改自己的图像色调。

打开第 8 章素材库中的"图 8-13.jpg"和"图 8-14.jpg"，如图 8-76 所示。然后选择【图像】→【调整】→【匹配颜色】命令，弹出【匹配颜色】对话框，设置该对话框中的参数，相应效果如图 8-77 所示。

匹配颜色命令素材 1　　　　　　　　　　匹配颜色命令素材 2

图 8-76　原图像

【匹配颜色】对话框中各选项的含义如下。

（1）明亮度：增加或减小目标图像的亮度。

图 8-77　匹配颜色

（2）颜色强度：调整目标图像的色彩饱和度。

（3）渐隐：控制应用于图像的调整量，向后移动滑块可减小调整量。

（4）中和：选择该复选框，可自动移动目标图像中的色痕。

（5）目标：显示要匹配颜色的图像文件的名称、格式和颜色模式等。注意，对于 CMYK 模式的图像，无法执行【匹配颜色】命令。

（6）应用调整时忽略选区：当目标图像中有选区时，决定是仅在选区内应用匹配颜色，还是在整个图像内应用匹配颜色。

（7）图像选项：其下的选项分别控制调整后的图像亮度、颜色饱和度及颜色的渐隐量。

（8）使用源选区计算颜色：当源图像中有选区时，选择该复选框，将使用选区内的图像颜色来调整目标图像。

（9）使用目标选区计算调整：当目标图像中有选区时，选择该复选框，将使用源图像的颜色对选区内的图像进行调整。

（10）源：在其下拉列表框中可以选择源图像，即要将颜色与目标图像相匹配的图像文件。

（11）图层：用于选择源图像中与目标图像颜色匹配的图层。如果要与源图像中所有图层的颜色相匹配，可以选择【合并的】选项。

8.7.9　使用【替换颜色】命令

【替换颜色】命令用于替换图像中某个选取的特定区域的颜色，在图像中基于某特定颜色创建蒙版（临时的），来调整色相、饱和度和明度。

打开第 8 章素材库中的"图 8-15.jpg"，如图 8-78 所示。然后选择【图像】→【调整】→【替换颜色】命令，将弹出【替换颜色】对话框，设置【替换颜色】对话框，相应效果如图 8-79 所示。

【替换颜色】对话框中各选项的含义如下。

（1）选区：该区域中的按钮及选项主要用于指定图像中要替换的颜色范围。其中，【吸管工具】按钮 🖋 用于吸取要替换的颜色；【添加到取样】按钮 🖋 可以在要替换的颜色中增加新颜色；【从取样中减去】按钮 🖋 可以在要替换的颜色中减少新颜色；【颜色容差】用于控制要替换的颜色区域的范围；【选区】和【图像】单选按钮决定预览图中是显示要替换的颜色范围还是显示原图像。另外，还可以单击【颜色】色块直接选择要替换的颜色。

（2）替换：可以通过调整色相、饱和度和明度来替换颜色，也可以单击【结果】色块直接选择一种颜色来替换原颜色。

图 8-78　原图像

图 8-79　替换颜色

8.7.10　使用【可选颜色】命令

使用【可选颜色】命令可选择某种颜色范围，从而进行有针对性的修改，这样可以在不影响其他颜色的情况下修改图像中某种颜色的数量。打开第 8 章素材库中的"图 8-16.jpg"，选择【图像】→【调整】→【可选颜色】命令，将弹出【可选颜色】对话框，设置【可选颜色】对话框及相应效果如图 8-80 所示。

| 原图像 | 设置【可选颜色】对话框 | 效果图像 |

图 8-80　【可选颜色】对话框及效果图像

【可选颜色】对话框中各选项的含义如下。

（1）颜色：选择图像中含有的不同色彩。可以通过拖曳滑块调整青色、洋红、黄色、黑色的百分比，并确定调整方法是"相对"或"绝对"方式。

（2）青色、洋红、黄色和黑色：用鼠标拖曳各选项下方的滑块，可以增加或减少要校正颜色中每种印刷色的含量，从而改变图像的主色调。

（3）方法：包括【相对】和【绝对】两个单选按钮。选择【相对】单选按钮，表示设置的颜色为相对于原颜色的改变量，即在原颜色的基础上增加或减少每种印刷色的含量；选择【绝对】单选按钮，则直接将原颜色校正为设置的颜色。

8.7.11　使用【通道混合器】命令

使用【通道混合器】命令可以将图像中的颜色通道相互混合，起到对目标颜色通道进行调整和修复的作用。对于一幅偏色的图像，通常是因为某种颜色过多或缺失造成的，这时候可以执行【通道混合器】命令对问题通道进行调整。

打开第 8 章素材库中的"图 8-17.jpg"，如图 8-81 所示。然后选择【图像】→【调整】→【通道混合器】命令，将弹出【通道混合器】对话框，设置【通道混合器】对话框，相应效果如图 8-82 所示。

图 8-81　原图像

【通道混合器】对话框中各选项的含义如下。

（1）输出通道：用于选择要混合的颜色通道。该下拉列表框中的选项取决于图像的颜色模式，对于 RGB 模式的图像，包括"红色"、"绿色"和"蓝色"3 个通道；对于 CMYK 模式的图像，包括"青色"、"洋红"、"黄色"和"黑色"4 个通道。

（2）源通道：用于调整源通道在输出通道中所占的颜色百分比。

（3）常数：用于调整输出通道的灰度值，负值将增加更多的黑色，正值将增加更多的白色。

（4）单色：选择该复选框，可以将设置的参数应用于所有的输出通道，但调整后的图像是只包含灰度值的彩色模式图像。

图 8-82 【通道混合器】对话框及效果图像

8.7.12 使用【渐变映射】命令

使用【渐变映射】命令可以根据各种渐变颜色对图像颜色进行调整，将相等的图像灰度范围映射到指定的渐变填充色。例如指定双色渐变填充，在图像中的阴影映射到渐变填充的一个端点颜色，高光映射到另一个端点颜色，而中间调映射到两个端点颜色之间的渐变。

打开第 8 章素材库中的"图 8-18-jpg"，如图 8-83 所示。然后选择【图像】→【调整】→【渐变映射】命令，将弹出【渐变映射】对话框，设置【渐变映射】对话框，相应效果如图 8-84 所示。

图 8-83 原图像

图 8-84 【渐变映射】对话框及效果图像

【渐变映射】对话框中各选项的含义如下。

（1）灰度映射所用的渐变：在渐变条上单击，可弹出【渐变编辑器】对话框；在色条后面的下三角按钮上单击，可弹出渐变样式下拉列表框。它们的使用与渐变工具选项栏完全相同，可以自定义或选择一种渐变样式。

（2）仿色：系统将随机加入杂色，从而产生更平滑的渐变映射效果。

（3）反向：可以使渐变的方向反转。

8.7.13　使用【照片滤镜】命令

【照片滤镜】命令用于模仿在相机镜头前面加一个彩色的滤镜，以调整通过镜头传输的光的色彩平衡，使胶片曝光，还可以选择预设的颜色应用于色相的调整。

打开第 8 章素材库中的"图 8-19.jpg"，选择【图像】→【调整】→【照片滤镜】命令，可弹出【照片滤镜】对话框，设置【照片滤镜】对话框，相应效果如图 8-85 所示。

图 8-85　【照片滤镜】对话框及效果图像

【照片滤镜】对话框中各选项的含义如下。

（1）滤镜：选择该选按钮，可以在右侧的下拉列表表中选择滤镜，既可以是自定滤镜，也可以是预设。其中，加温滤镜（85）和冷却滤镜（80）两个滤镜是用来调整图像中白平衡的颜色转换滤镜。如果图像是使用色温较低的光（如微黄色）拍摄的，则使用冷却滤镜（80）会使图像的颜色更蓝，以补偿色温较低的环境光。相反，如果照片是用色温较高的光（微蓝色）拍摄的，则使用加温滤镜（85）会使图像的颜色更暖，以补偿色温较高的环境光。加温滤镜（81）和冷却滤镜（82）两个滤镜是用来调整图像中光平衡的颜色转换滤镜，适用于对图像的颜色品质进行较小的调整。加温滤镜（81）会使图像变暖，冷却滤镜（82）会使图像变冷变蓝。用户还可以选择"颜色"单选按钮，双击其后的色块，弹出【拾色器】对话框，选择需要的颜色对图像进行过滤。如果选择了【保留明度】复选框，则在对图像增加滤镜效果时可以保持图像亮度不变。

（2）颜色：选择该单选按钮并单击其右侧的色块，可以在弹出的【拾色器】对话框中任意设置一种颜色作为滤镜颜色。

（3）浓度：控制滤镜颜色应用于图像的数量。数值越大，产生的效果越明显。

（4）保留明度：选择该复选框，可在添加照片滤镜的同时仍保持原来的亮度。

8.7.14 使用【阴影/高光】命令

【阴影/高光】命令适用于校正由强逆光形成剪影的照片，或者校正由于太接近相机闪光灯而有些发白的照片。在用其他方式采光的图像中，这种调整也可以使阴影区域变亮。

打开第 8 章素材库中的"图 8-20.jpg"，选择【图像】→【调整】→【阴影/高光】命令，可弹出【阴影/高光】对话框，设置【照片滤镜】对话框，其相应效果如图 8-86 所示。

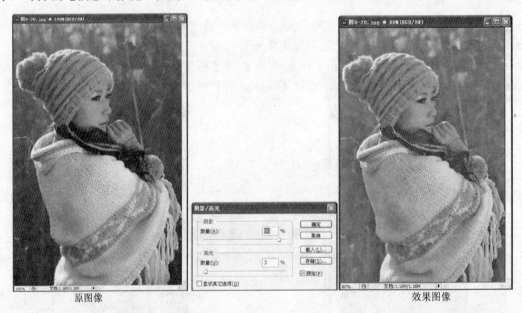

原图像　　　　　　　　　　　　　　　　　　效果图像

图 8-86　【阴影/高光】对话框及效果图像

【阴影/高光】对话框中各选项的含义如下。

（1）【阴影】选项组中的【数量】选项：拖曳其滑块可设置暗部数量的百分比，数值越大，图像越亮。

（2）【高光】选项组中的【数量】选项：拖曳其滑块可设置高光数量的百分比，数值越大，图像越暗。

（3）【显示其他选项】复选框：用于显示或者隐藏其他选项，进一步对各选项组进行精确设置，选中该复选框，【阴影/高光】对话框如图 8-87 所示。

（4）【存储为默认值】按钮：用于将当前设置存储为默认设置。

8.7.15 使用【曝光度】命令

使用【曝光度】命令可以调整 HDR 图像的色调，它也可用于 8 位和 16 位图像。曝光度是通过在线性颜色空间（灰度系数为 1.0）而不是在图像的当前颜色空间中执行计算得出的。

打开第 8 章素材库中的"图 8-21.jpg"，选择【图像】→【调整】→【曝光度】命令，将弹出【曝光度】对话框，原图像与调整曝光度后的效果如图 8-88 所示。

【曝光度】对话框中各选项的含义如下。

（1）曝光度：用于设置图像的曝光度，调整色调范围的高光端，对极限阴影的影响很轻微。

（2）位移：使阴影和中间调变暗，对高光的影响很轻微。

图 8-87 选中【显示其他选项】复选框后的【阴影/高光】对话框

（3）灰度系数校正：使用简单的乘方函数调整图像的灰度系数。负值会被视为它们的相应正值（也就是说，这些值仍然保持为负，但会被调整，就像它们是正值一样）。

（4）在图像中取样以设置黑场 ✎：将设置偏移量，同时将单击的像素变为零。

（5）在图像中取样以设置白场 ✎：将设置曝光度，同时将单击的像素变为白色（对于 HDR 图像为 1.0）。

（6）在图像中取样以设置灰场 ✎：将设置曝光度，同时将单击的像素变为中度灰色。

原图像

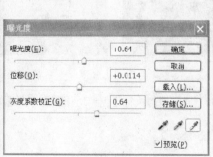
【曝光度】对话框

效果图

图 8-88 调整图像的曝光度

8.7.16 使用【反相】命令

选择【图像】→【调整】→【反相】命令，可以反转图像中的颜色，使黑白照片的正片和负片相互转换，使图像中的颜色和亮度反转成补色，生成一种照片的负片效果，如图 8-89 所示。

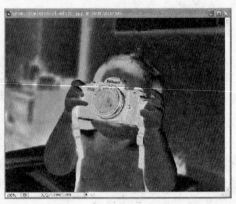

原图像   反相图像

图 8-89　使用【反相】命令生成负片效果

8.7.17 使用【色调均化】命令

使用【色调均化】命令可以重新分布图像中像素的亮度值，以使它们更均匀地呈现所有范围的亮度级。在应用此命令时，Photoshop 会查找符合图像中最亮和最暗的值，并重新映射这些值，以使最亮的值表示白色，最暗的值表示黑色。之后，Photoshop 会尝试对亮度进行色调均化处理，即在整个灰度范围内均匀分布中间像素值。原图像与执行【色调均化】命令后的效果如图 8-90 所示。

原图像   色调均化效果

图 8-90　原图像与执行【色调均化】命令后的效果

8.7.18 使用【阈值】命令

使用【阈值】命令可以将灰度图像或彩色图像转换成为高对比度的黑白图像。当指定某个色阶作为阈值时，所有比阈值亮的像素将转换为白色，而所有比阈值暗的像素将转换为黑色。使用【阈值】命令很容易确定图像中的最亮区域和最暗区域。

选择【图像】→【调整】→【阈值】命令，将弹出【阈值】对话框。在该对话框中设置一个适当的阈值色阶值，即可将图像中所有比阈值色阶亮的像素转换为白色，将比阈值色阶暗的像素转换为黑色。原图像与生成的效果如图 8-91 所示。

 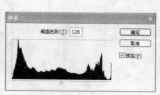 

原图像 效果图像

图 8-91 原图像与生成的效果

8.7.19 使用【色调分离】命令

使用【色调分离】命令可以指定图像中每个通道的色调级（或亮度值）的数目，然后将像素映射为最接近的匹配颜色。该命令对于创建较大的单色调区域非常有用。此外，使用该命令减少灰度图像中的灰色色阶时，效果非常明显。

选择【图像】→【调整】→【色调分离】命令，将弹出【色调分离】对话框。在【色调分离】对话框的【色阶】文本框中可以指定色阶数，系统将以 256 阶的亮度对图像中的像素亮度进行分配。色阶数值越高，图像产生的变化越小，如图 8-92 所示。

原图像 变化后的效果

图 8-92 原图像与色调分离后的效果

8.7.20 使用【变化】命令

【变化】命令通过显示替代物的缩览图，使用户可以调整图像的色彩平衡、对比度和饱和度，对于不需要精确颜色调整的平均色调图像最为有用。

选择【图像】→【调整】→【变化】命令，将弹出【变化】对话框，在该对话框中通过单击各个缩览图来加深某一种颜色，从而调整图像的整体色彩。原图像与颜色变化后的效果如图 8-93 所示。

图 8-93   原图像与颜色变化后的效果

在【变化】对话框中，上面的 4 个单选按钮用于控制图像色彩的改变范围；下面的滑块用于设定调整的等级；左上方的两个图像是图像的原始效果和调整后图像的预览效果；左下方的区域是 7 个小图像，可以从中选择增加不同的颜色效果，调整图像的亮度、饱和度等色彩值；右侧的区域是 3 个小图像，它们是调整图像亮度的效果；选择【显示修剪】复选框，可在图像色彩调整超出色彩空间时显示超色域。

8.8   上机实践——数码照片人像美容

1．案例目标

在现实生活中，数码照片已经是不可缺少的部分，对于数码照片的后期处理工作也成为不可缺少的内容，本案例以修复数码人像照片的瑕疵、修补与美容人像等，来加强练习本章所讲的主要内容。在案例中，用到了多种修复工具和各种色彩调整命令，以达到美化照片的效果。

2．案例分析

美女最重要的是长相，五官端正、皮肤光滑应该是基本要求，但是，本案例中存在的问题是：整个画面光线偏暗，人物皮肤粗糙并有少量的雀斑，没有经过化妆，如图 8-94 所示。对人物进行美容后，效果如图 8-95 所示。

图 8-94　人物原照片

图 8-95　美容后的照片

第 8 章　图像修复、修饰工具及图像色彩 ◀◀

3．操作步骤

（1）打开第 8 章素材库中的"图 8-22.jpg"，如图 8-94 所示。在图层面板中拖动"背景"图层到【创建新图层】按钮中，复制背景图层，并改名为"色阶调整"，如图 8-96 所示。

（2）以"色阶调整"图层为当前图层，按下 Ctrl +A 组合键全选图像，然后选择【图像】→【调整】→【色阶】，在弹出的【色阶】对话框中对整个图像进行对比度和亮度的调整，提高图像中的亮度，增强对比度。接着按 Ctrl+D 组合键键取消选区，如图 8-97 所示。

（3）选择修补工具 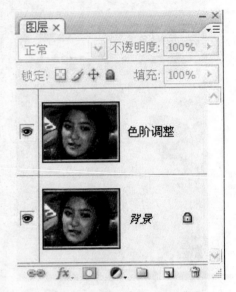，采用默认设置，对人物皮肤上少量的黑点进行修复，清除人物脸上的雀斑，还原其皮肤的本色，如图 8-98 所示。

（4）分别选择污点修复画笔工具 和修复画笔工具 ，采用默认设置，对个别较大的雀斑和皮肤粗糙处进行处理，完成脸上皮肤雀斑的修复工作，如图 8-99 所示。

图 8-96　创建"色阶调整"图层

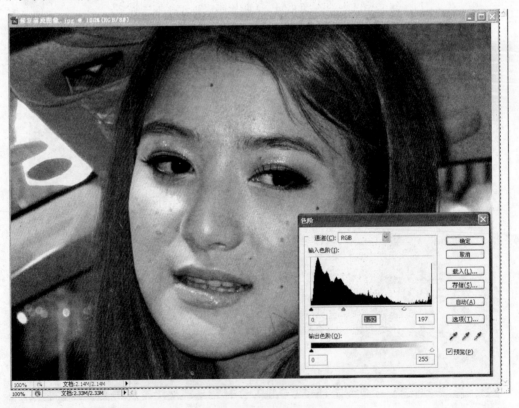

图 8-97　调整图像的亮度和对比度

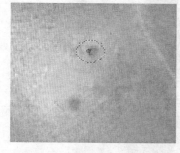

图 8-98　修复皮肤上的雀斑　　　　　　　图 8-99　完成皮肤上雀斑的修复工作

（5）为了使皮肤更光滑，美化面部，选择多边形套索工具，设置 5 个像素的羽化值，框选脸面皮肤，在完成脸面选区中，减去双眉、双眼和嘴，得到面部皮肤选区，如图 8-100 所示。

图 8-100　创建面部皮肤选区

（6）选择【滤镜】→【模糊】→【模糊】命令 2～3 次，使皮肤表面的粗糙度降低，达到皮肤光滑的要求。

（7）选择【选择】→【反向】命令，然后选择锐化工具 △ ，在选项栏中设置【强度】为 30，在双眉和双眼的选区内拖移鼠标，加强双眉和双眼区域的锐化度。接着按 Ctrl+D 组合键取消选区，效果如图 8-101 所示。

图 8-101 模糊和锐化后的效果

（8）选择多边形套索工具，设置 5 个像素的羽化值，框套嘴唇。然后选择【图像】→【调整】→【色彩平衡】命令，加强嘴唇的色彩，如图 8-102 所示。

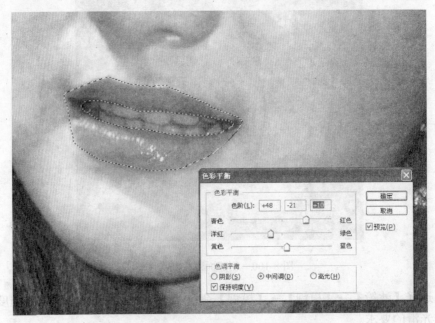

图 8-102 执行【色彩平衡】命令调整嘴唇色彩

（9）按 Ctrl+D 组合键取消嘴唇选区，然后选择多边形套索工具，设置 5 个像素的羽化值，框套面部皮肤以外的区域，选择【图像】→【调整】→【曲线】命令，在【曲线】对话框设置参数及相应效果如图 8-103 所示。按 Ctrl+D 组合键取消唇选区，保存图像，最终效果如图 8-104 所示。

图 8-103　调整面部皮肤以外区域的对比度

227

图 8-104　最终效果

4．案例小结

本案例在修复及美化人物的过程中，采用了修复工具中的污点修复画笔工具、修复画笔工具和修补工具，其目的是清除皮肤上的雀斑。本案例采用了【色阶】命令和【模糊】命令，对人物的皮肤提高对比度，进行细化；采用了锐化工具对双眉和双眼进行了锐化处理；采用了【色彩平衡】命令对嘴唇的色彩进行了调整；采用了【曲线】命令完成皮肤以外区域的加深色彩，主要是对头发加强对比度。

8.9　本章小结

本章主要讲述图像修复、修饰工具及图像色彩命令。在讲解过程中结合了大量的实例，详细介绍了各种图像修复工具的使用方法和操作技巧，以及各种图像色彩命令的调整方法和功能。这些工具及命令都是 Photoshop CS3 中的重要功能，掌握这些工具和命令对于 Photoshop 的实际应用至关重要。

在学习过程中，要求大家认真了解各种工具和命令的功能和使用方法，多动手练习，以熟能生巧。

第9章 使用滤镜

9.1 滤 镜 简 介

滤镜是 Photoshop 中功能最强大、效果最奇特的工具之一，它利用各种不同的算法实现对图像像素的数据重构，为图像快速实现比较绚丽的、复杂的、普通方法难以实现的效果。Photoshop 中的滤镜分为内置滤镜和外挂滤镜两种。内置滤镜是由 Adobe 公司自行开发的，在安装 Photoshop 软件时会自动安装。外挂滤镜是由第三方公司开发的。内置滤镜和外挂滤镜在使用方式上是一样的。

在 Photoshop CS3 中，要使用某种滤镜，从【滤镜】菜单中选择相应的滤镜子菜单命令即可，如图 9-1 所示。

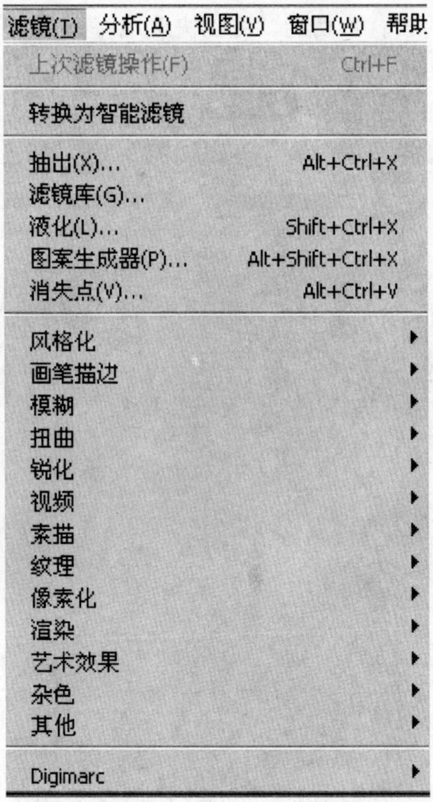

滤镜(T) 分析(A) 视图(V) 窗口(W) 帮助	
上次滤镜操作(F)	Ctrl+F
转换为智能滤镜	
抽出(X)...	Alt+Ctrl+X
滤镜库(G)...	
液化(L)...	Shift+Ctrl+X
图案生成器(P)...	Alt+Shift+Ctrl+X
消失点(V)...	Alt+Ctrl+V
风格化	▶
画笔描边	▶
模糊	▶
扭曲	▶
锐化	▶
视频	▶
素描	▶
纹理	▶
像素化	▶
渲染	▶
艺术效果	▶
杂色	▶
其他	▶
Digimarc	▶

图 9-1 【滤镜】菜单下的子菜单命令

在使用滤镜之前，需要对滤镜的适用范围和作用区域等内容有所了解。

（1）滤镜只能应用于当前的可见图层。

（2）滤镜不能应用于位图模式和索引颜色模式的图像。

（3）CMYK 和 Lab 颜色模式的图像只能应用部分滤镜。

（4）只有 RGB 颜色模式的图像可以使用全部滤镜。

合理、有效地使用滤镜是一个需要勤于实践、不断积累相关知识和操作经验的过程，一些快捷方式或者技巧，也会有助于使用滤镜效率的提高。比如：

（1）要在当前可见图层的某个区域使用滤镜，应先选择该区域；如果是对整个图像进行滤镜操作，则不用做任何的选取操作。

（2）要取消正在应用的滤镜，可按 Esc 键。

（3）要撤销滤镜操作，可按 Ctrl + Z 组合键。

（4）要再次使用最近使用的滤镜，可直接按 Ctrl + F 组合键，或者选择【滤镜】子菜单中的【上次滤镜操作】命令。

（5）要显示最后一次使用的滤镜对话框，可按 Ctrl + Alt + F 组合键。

9.2 抽 出 滤 镜

抽出滤镜是一种高级的去背景功能，可以快速地将图像中的目标对象从背景中分离出来。下面以具体实例来说明抽出滤镜的使用方法。

（1）打开一幅图像，如图 9-2 所示。

（2）选择【滤镜】→【抽出】命令，弹出如图 9-3 所示的【抽出】对话框。

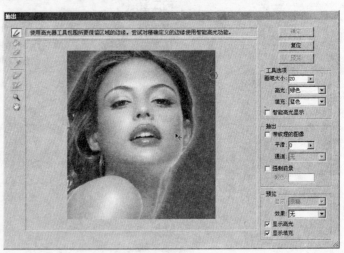

图 9-2　打开一幅原图　　　　　　　　图 9-3　【抽出】对话框

在【抽出】对话框中，可以使用边缘高光器工具  绘制要抽出目标对象轮廓的封闭曲线。在使用边缘高光器工具绘制之前，可先设置【工具选项】区域中的【画笔大小】，其取值范围为 1～999，如 20；【高光】用于设置画笔的颜色，如绿色；【填充】用于设置填充颜色，如红色；选择【智能高光显示】复选框时，画笔大小会根据图像边缘的色差大小进行自动调节。在此使用边缘高光器工具  绘制一个封闭的曲线，如图9-4所示。如果绘制的封闭曲线出现偏差，还可以用橡皮擦工具 进行擦除或修改。

图9-4　包围目标对象的绿色轮廓封闭曲线

（3）选择填充工具 ，对绘制的封闭区域以所设置的填充色进行填充，结果如图 9-5 所示。

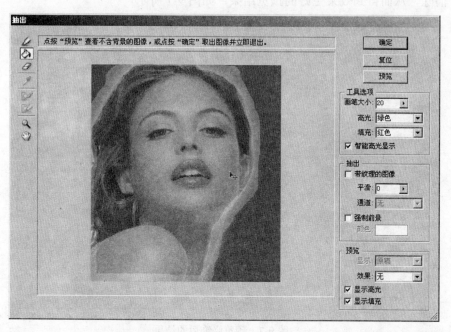

图9-5　目标对象的红色填充区域

（4）单击【预览】按钮，结果如图9-6所示。

232

图 9-6　预览抽出目标对象操作的结果

（5）如果预览的结果不是特别理想，如带有一些多余区域，可以用清除工具 进行清除，还可以选择边缘修饰工具 。按住鼠标左键反复拖动，即可对预览结果中的边缘杂色进行清除，从而得到效果更好的预览结果，如图 9-7 所示。

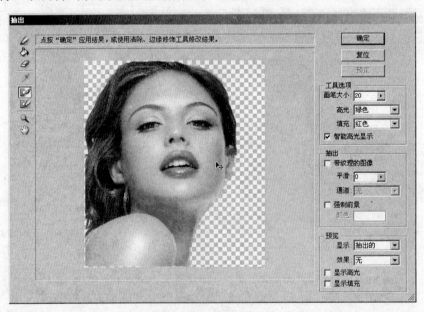

图 9-7　预览修饰后的结果

（6）单击【确定】按钮，回到主界面，得到目标对象的抽出结果，如图 9-8 所示。在【抽出】对话框中，还有一些工具和相应的参数，说明如下。

① 吸管工具 ：当抽出复杂背景对象时，由于其边界很难确定，所以用边缘高光器工具 绘制封闭曲线，选择【强制前景】复选框，然后用吸管工具来拾取目标对象的颜色。

② 缩放工具 ：对图像进行放大处理，也可以用 Alt + 对图像进行缩小操作。

③ 抓手工具 ：当图像放大后，对于一些无法显示出来的部分，可使用该工具移动图像使其显示出来。

④ 抽出参数设置：【平滑】用于设置抽出对象的平滑程度，取值范围为 0～100；【通道】用于选择图像的通道，有无、图像高光和自定义 3 个选项。选择【强制前景】复选框，可用于复杂对象的提取，取抽出对象的颜色为强制前景色。

图 9-8　抽出操作的结果

9.3　液化滤镜

液化滤镜可以使图像中的像素看起来类似于液体产生的流动效果，以实现更为随意的变形，这是普通图层变形命令无法实现的。

下面以具体实例说明液化滤镜的使用方法，操作步骤如下：

（1）打开一幅图像，如图 9-2 所示。

（2）选择【滤镜】→【液化】命令，弹出如图 9-9 所示的【液化】对话框。在该对话框中，左侧是液化变形工具，中间是操作区，右边是参数设置区。

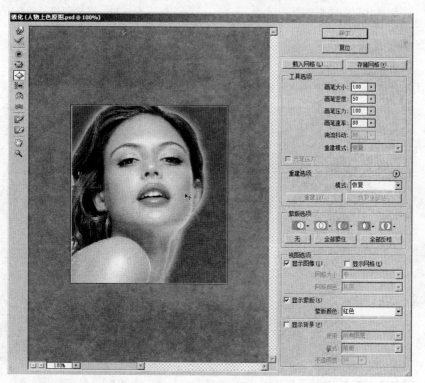

图 9-9　【液化】对话框

（3）在进行液化变形之前，首先应该设置右侧【工具选项】区域中的画笔大小、画笔密度、画笔压力、画笔速率和湍流抖动等选项。

① 向前变形工具 ：像手指涂抹工具一样，能够使图像向拖曳的方向变形，效果如图 9-10 所示。

② 重建工具 ：选择重建工具后可以在【工具选项】区域中选择重建模式，来对图像进行恢复。变形图像重建后的效果如图 9-11 所示。

图 9-10　向前变形效果　　　　　　　　　图 9-11　变形图像的部分重建

③ 顺时针旋转扭曲工具 ：该工具可以使图像产生顺时针旋转的效果，如图 9-12 所示。

④ 褶皱工具 ：图像中单击的部分会向内产生收缩，效果如图 9-13 所示。

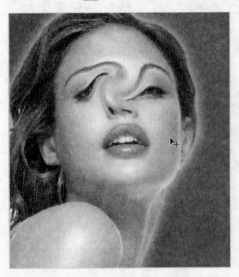 

图 9-12　顺时针旋转图像效果　　　　　　　图 9-13　褶皱变形效果

⑤ 膨胀工具 ◎：图像中单击的部分会膨胀出来，效果如图 9-14 所示。

⑥ 左推工具 ※：使用该工具拖动图像时，图像将以与移动方向垂直的方向移动，造成图像推挤的效果，如图 9-15 所示。

图 9-14　膨胀变形效果　　　　　　　　　　图 9-15　左推变形效果

⑦ 镜像工具 ※：使用该工具拖动图像时，图像将复制并推挤垂直方向的图像，效果如图 9-16 所示。

⑧ 湍流工具 ※：使用该工具，可以使图像产生柔顺的弯曲变形，效果如图 9-17 所示。

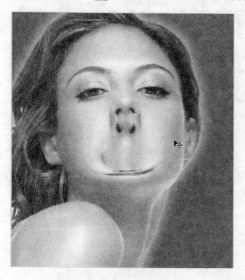

图 9-16　镜像变形效果　　　　　　　　　　图 9-17　湍流变形效果

⑨ 冻结蒙版工具 ※：使用该工具可以在预览窗口中绘制冻结区域。默认情况下，冻结区域显示为红色，并且冻结区域中的图像不会受各种变形工具的拖动变形影响，如图 9-18 所示。

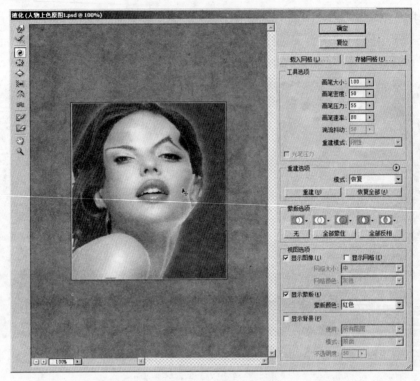

图 9-18　冻结区域不受变形影响

⑩ 解冻蒙版工具 ：使用该工具可以删除红色的冻结区域，如图 9-19 所示。

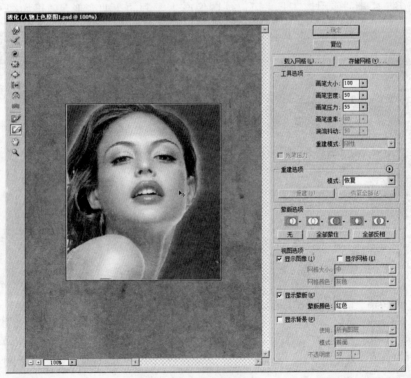

图 9-19　解冻冻结区域

9.4　像素化滤镜组

像素化滤镜组共有 7 种滤镜，如图 9-20 所示。该组滤镜的作用是将图像进行分块处理，将图像分解为各种不同的色块单元。

图 9-20　像素化滤镜组

9.4.1　彩块化滤镜

彩块化滤镜可对图像的色素块进行分组和变换，将图像中的原色与相似颜色的像素组合成许多小的彩色像素块，以产生手工绘制的图像效果。彩块化滤镜没有对话框，只要直接选择【滤镜】→【像素化】→【彩块化】命令执行即可。

如图 9-21 所示为原图，图 9-22 所示为进行彩块化滤镜操作后的图片。

图 9-21　原图

238

图 9-22　彩块化滤镜效果

9.4.2　彩色半调滤镜

　　彩色半调滤镜可以产生半调网格的效果，制作出类似铜版画的效果。选择【滤镜】→【像素化】→【彩色半调】命令，弹出【彩色半调】对话框，如图 9-23 所示。其中各参数的含义如下。

　　（1）最大半径：用于设置图像半调网格的最大半径，取值范围为 4～127 像素。数值越大，产生的网格越大。

　　（2）网角：设置图像中每个半调网格点的角

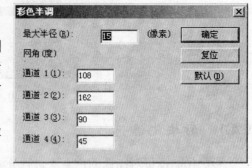

图 9-23　【彩色半调】对话框

度，取值范围为 –360°～+360°。如果是灰阶图，则只有一个通道；如果是 RGB 图，只有 3 个通道；如果是 CMYK 图，则有 4 个通道。用彩色半调滤镜处理的效果如图 9-24 所示。

图 9-24　用彩色半调滤镜处理的效果

9.4.3 晶格化滤镜

晶格化滤镜能为图像制作出结晶效果，结晶的每个区域的色彩都由该位置原来的主要颜色代替。选择【滤镜】→【像素化】→【晶格化】命令，弹出【晶格化】对话框，如图 9-25 所示。其中，【单元格大小】用来设置结晶颗粒的大小，取值范围是 3～300。数值越大，结晶颗粒越大，晶格效果越明显，图像越失真。用晶格化滤镜处理的效果如图 9-26 所示。

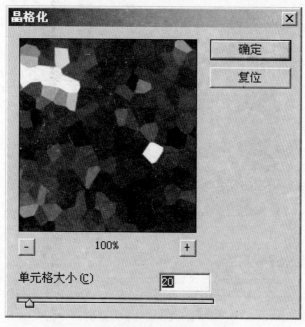

图 9-25 【晶格化】对话框

图 9-26 用晶格化滤镜处理的效果

9.4.4　点状化滤镜

点状化滤镜将图像分解为随机的色点，并且以背景色填充色点间的区域，从而使图像产生斑点效果。选择【滤镜】→【像素化】→【点状化】命令，弹出【点状化】对话框，如图 9-27 所示。其中，【单元格大小】用来设置色点的大小，取值范围是 3～300，数值越大，色点越大。用点状化滤镜处理的效果如图 9-28 所示。

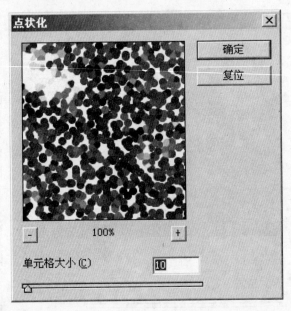

图 9-27　【点状化】对话框

图 9-28　用点状化滤镜处理的效果

9.4.5 碎片滤镜

碎片滤镜能够模拟镜头的晃动，产生一种不聚焦、模糊重叠的效果。直接选择【滤镜】→【像素化】→【碎片】命令，就能为图像设置碎片效果，如图9-29所示。

图 9-29 用碎片滤镜处理的效果

9.4.6 马赛克滤镜

马赛克滤镜能使图像变换为规则统一、排列整齐的称为单元格的方形色块，从而产生模糊的马赛克效果。选择【滤镜】→【像素化】→【马赛克】命令，可弹出【马赛克】对话框，如图9-30所示。其中，【单元格大小】用来设置马赛克方格的大小，取值范围是2～200，数值越大，方格越大，马赛克效果越明显。用马赛克滤镜处理的效果如图9-31所示。

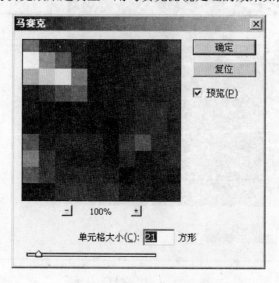

图 9-30 【马赛克】对话框

图 9-31　用马赛克滤镜处理的效果

9.4.7　铜版雕刻滤镜

　　铜版雕刻滤镜能够将图像用点或线重新绘制，以产生镂刻的版画效果。选择【滤镜】→【像素化】→【铜版雕刻】命令，可弹出【铜版雕刻】对话框，如图 9-32 所示。其中，【类型】下拉列表用来选择各种不同的雕刻风格。用铜版雕刻滤镜处理的效果如图 9-33 所示。

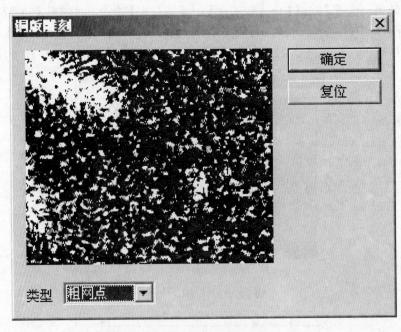

图 9-32　【铜版雕刻】对话框

图 9-33　用铜版雕刻滤镜处理的效果

9.5　扭曲滤镜组

扭曲滤镜组中的滤镜能够对图像进行各种扭曲和变形处理，以产生波浪、波纹、旋涡等变形效果。扭曲滤镜组中共有 13 种滤镜，如图 9-34 所示。

9.5.1　切变滤镜

切变滤镜能够使图像按照指定的方向产生扭曲效果。选择【滤镜】→【扭曲】→【切变】命令，可弹出【切变】对话框，如图 9-35 所示。

图 9-34　扭曲滤镜组

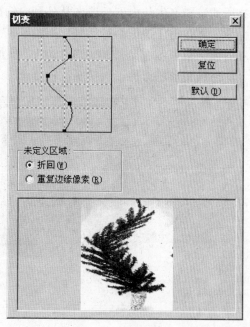

图 9-35　【切变】对话框

其中，曲线图用来控制图像变形的趋势。系统默认以一条垂直线作为切变控制线，在该线上可以单击鼠标左键来产生一个控制点，按住鼠标左键拖动控制点可以改变曲线的形状，同时图像将随曲线的变化产生相应的扭曲效果。在【未定义区域】中有【折回】和【重复边缘像素】两个单选按钮。选择【折回】单选按钮能用变形之后多余的像素来填补由于切变而空白的区域；选择【重复边缘像素】单选按钮能沿着指定方向扩散图像的边缘像素。切变滤镜效果如图 9-36 所示。

图 9-36　切变滤镜效果

9.5.2　挤压滤镜

挤压滤镜能产生从内到外或者从外到内的挤压效果。选择【滤镜】→【扭曲】→【挤压】命令，可弹出【挤压】对话框，如图 9-37 所示。其中，【数量】用来设置挤压变形的方向和程度，取值范围是–100%～+100%，负值为向外挤压，正值为向内挤压，而且绝对值越大，挤压变形越厉害。用挤压滤镜处理的效果如图 9-38 所示。

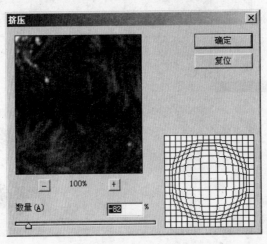

图 9-37　【挤压】对话框

图 9-38　用挤压滤镜处理的效果

9.5.3　旋转扭曲滤镜

　　旋转扭曲滤镜能够使图像围绕图像的中心产生旋转的效果。选择【滤镜】→【扭曲】→【旋转扭曲】命令，可弹出【旋转扭曲】对话框，如图 9-39 所示。其中，【角度】用来设置旋转的角度，取值范围为–999～999。当角度为正值时，旋转方向为顺时针方向，反之为逆时针方向。用旋转扭曲滤镜处理的效果如图 9-40 所示。

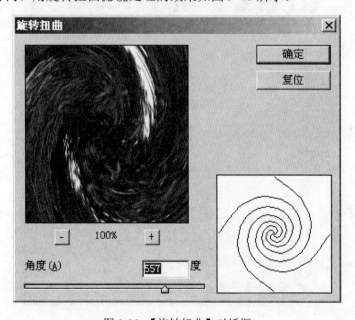

图 9-39　【旋转扭曲】对话框

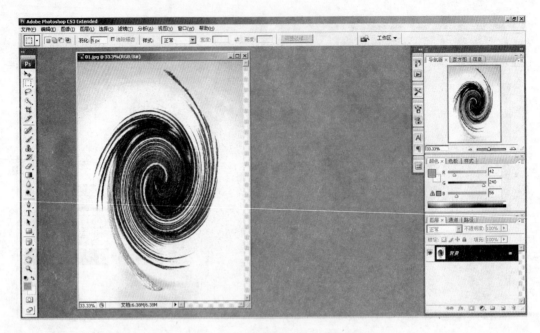

图 9-40　用旋转扭曲滤镜处理的效果

9.5.4　极坐标滤镜

　　极坐标滤镜能够将图像由原来的直角坐标系转换成极坐标系，或者由原来的极坐标系转换成直角坐标系，从而使图像产生变形效果。选择【滤镜】→【扭曲】→【极坐标】命令，可弹出【极坐标】对话框，如图 9-41 所示。用极坐标滤镜处理的效果如图 9-42 所示。

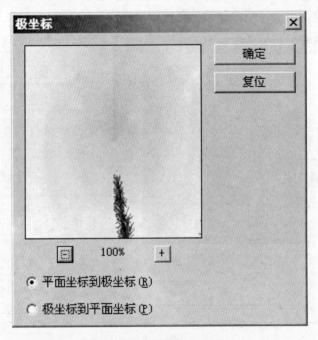

图 9-41　【极坐标】对话框

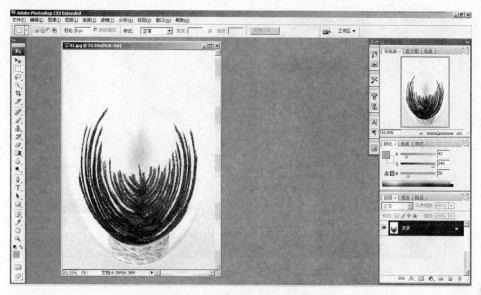

图 9-42　用极坐标滤镜处理的效果

9.5.5　水波滤镜

　　水波滤镜能使图像发生径向扭曲，产生类似于向水塘中投掷石块所形成的涟漪效果。选择【滤镜】→【扭曲】→【水波】命令，可弹出【水波】对话框，如图 9-43 所示。其中，【数量】用来设置水波的幅度，取值范围是–100%～+100%，为正值时，产生凸波纹，为负值时，产生凹波纹；【起伏】用来设置水波的数量，取值范围是 0～20，数值越大，所产生的波纹越多；【样式】用来选择产生水波的方式，有围绕中心、从中心向外和水池波纹 3 个选项。用水波滤镜处理的效果如图 9-44 所示。

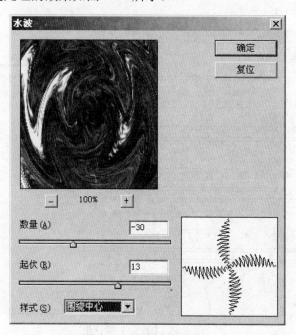

图 9-43　【水波】对话框

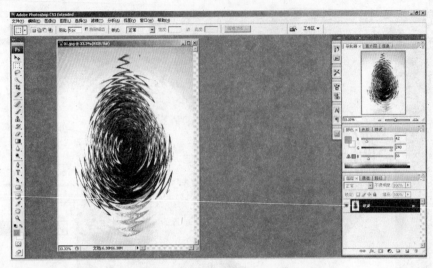

图 9-44　用水波滤镜处理的效果

9.5.6　波浪滤镜

波浪滤镜能使图像产生类似于水面倒影的波浪效果。选择【滤镜】→【扭曲】→【波浪】命令，可弹出【波浪】对话框，如图 9-45 所示。其中，【生成器数】用来设置波浪的生成数量，取值范围是 1～999，数值越大，生成的波浪越多；【波长】用来设置波浪的最长和最短波长，取值范围是 1～999，其中最小值必须小于或等于最大值；【波幅】用来设置波浪的最大和最小幅度，取值范围是 1～999；【比例】用来设置波浪在水平和垂直方向上的变形程度，取值范围是 0%～100%；【类型】用来设置波浪的形状特征，有正弦、三角形和方形 3 种波形可以选择；单击【随机化】按钮可设置随机产生的波纹。用波浪滤镜处理的效果如图 9-46 所示。

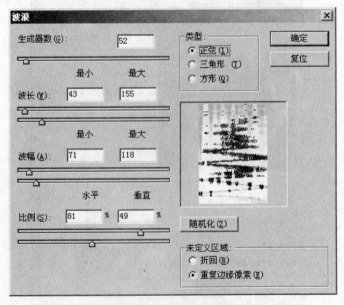

图 9-45　【波浪】对话框

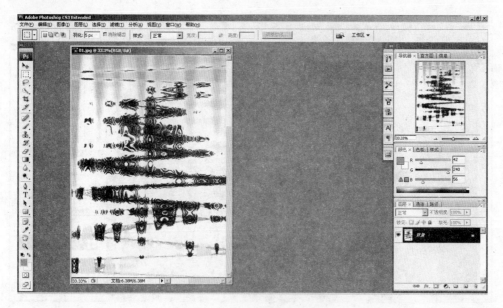

图 9-46 用波浪滤镜处理的效果

9.5.7 波纹滤镜

波纹滤镜能产生类似于水面波纹的效果。选择【滤镜】→【扭曲】→【波纹】命令，可弹出【波纹】对话框，如图 9-47 所示。其中，【数量】用来设置波纹的数量，取值范围是–999～999，负值表示波谷，正值表示波峰；【大小】用来设置波纹的大小，有小、中和大 3 个选项。用波纹滤镜处理的效果如图 9-48 所示。

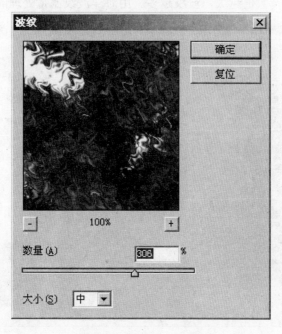

图 9-47 【波纹】对话框

图 9-48 用波纹滤镜处理的效果

9.5.8 海洋波纹滤镜

海洋波纹滤镜能产生使图像淹没于水中的效果，图像表面有波纹感。选择【滤镜】→【扭曲】→【海洋波纹】命令，可弹出【海洋波纹】对话框，如图 9-49 所示。其中，【波纹大小】用来设置波纹的大小，取值范围是 0～15，数值越大，产生的波纹越大；【波纹幅度】用来设置波纹的幅度，数值越大，波纹越多。用海洋波纹滤镜处理的效果如图 9-50 所示。

图 9-49 【海洋波纹】对话框

图 9-50　用海洋波纹滤镜处理的效果

9.5.9　玻璃滤镜

　　玻璃滤镜能够使图像产生类似于透过玻璃观看到的效果。选择【滤镜】→【扭曲】→【玻璃】命令，可弹出【玻璃】对话框，如图 9-51 所示。其中，【扭曲度】用来设置变形的程度，取值范围是 0～20，数值越大，变形越严重；【平滑度】用来设置变形的平滑程度，取值范围是 1～15，数值越小，变形效果越明显；【纹理】用来设置玻璃表面的纹理，有 4 个选项，分别是块状、画布、磨砂和小镜头；【缩放】用来设置各种纹理的缩放比例，取值范围是 50%～200%;【反相】用来设置纹理图的反相处理。用玻璃滤镜处理的效果如图 9-52 所示。

图 9-51　【玻璃】对话框

图 9-52　用玻璃滤镜处理的效果

9.5.10　球面化滤镜

　　球面化滤镜能使图像产生球形凸起，从而得到球体效果。选择【滤镜】→【扭曲】→【球面化】命令，即可弹出【球面化】对话框，如图 9-53 所示。其中，【数量】用来设置球面化的区域大小，取值范围是−100%～+100%，正值表示向外凸，负值表示向内凹，并且绝对值越大，球面化的区域越大；【模式】用来设置球面化的模式，共有 3 个选项，分别是正常、水平优先和垂直优先。用球面化滤镜处理的效果如图 9-54 所示。

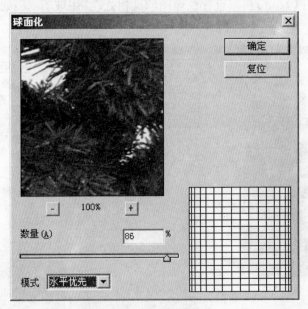

图 9-53　【球面化】对话框

图 9-54 用球面化滤镜处理的效果

9.5.11 扩散亮光滤镜

扩散亮光滤镜能使图像产生类似于置于较强光、热环境中的漫射效果,使得原图像中较亮的区域产生一种光照的效果。选择【滤镜】→【扭曲】→【扩散亮光】命令,可弹出【扩散亮光】对话框,如图 9-55 所示。其中,【粒度】用来设置图像中高亮杂色的颗粒密度,取值范围是 0～10,数值越大,粒度越大;【发光量】用来设置背景色的数量,取值范围是 0～20,数值越大,被光照的区域越大;【清除数量】用来设置图像内将被处理的阴暗区域的大小,取值范围是 0～20,数值越大,未作用的区域越小。用扩散亮光滤镜处理的效果如图 9-56 所示。

图 9-55 【扩散亮光】对话框

图 9-56　用扩散亮光滤镜处理的效果

9.5.12　置换滤镜

置换滤镜能够运用另一幅图像的颜色和形状来调整当前图像的效果。选择【滤镜】→【扭曲】→【置换】命令，可弹出【置换】对话框，如图 9-57 所示。其中，【水平比例】用来设置水平方向的位移量，取值范围是–9 999%～+9 999%；【垂直比例】用来设置垂直方向的位移量，取值范围是–9 999%～+9 999%；【置换图】用来设置置换图的作用范围，有两个单选按钮，分别是【伸展以适合】和【拼贴】，其中【伸展以适合】能使置换图的尺寸自动地与当前图像或选择区域的尺寸相匹配，【拼贴】可以将置换图放大，使之填满当前图像；【未定义区域】用来设置图像变形后空白区域的填充方式，有两个单选按钮，分别是【折回】和【重复边缘像素】。

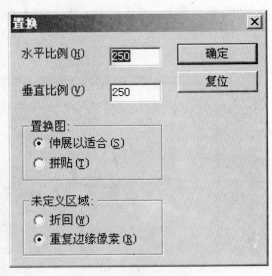

图 9-57　【置换】对话框

完成【置换】对话框中的各项参数后，单击【确定】按钮，会弹出如图 9-58 所示的【选择一个置换图】对话框，可以从中选择所需的置换图。用置换滤镜处理的效果如图 9-59 所示。

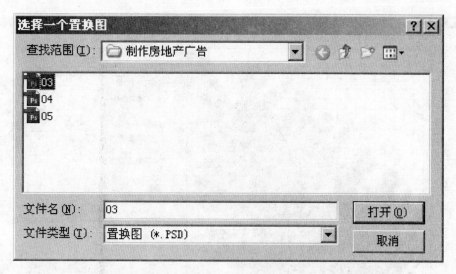

图 9-58 【选择一个置换图】对话框

图 9-59 用置换滤镜处理的效果

9.5.13 镜头校正滤镜

镜头校正滤镜是新增的滤镜功能，可以校正普通相机的镜头变形失真的缺陷，如桶状变形、枕形变形等。选择【滤镜】→【扭曲】→【镜头校正】命令，可弹出【镜头校正】对话框，如图 9-60 所示。其中，【移去扭曲】用来设置扭曲校正，取值范围是–100～+100；【色差】用来修复红色/青色、蓝色/黄色；【晕影】用来设置晕影数量，并选择晕影中点；【变换】用来设置垂直透视量、水平透视量、图像旋转角度和缩放比例等。用镜头校正滤镜处理的效果如图 9-61 所示。

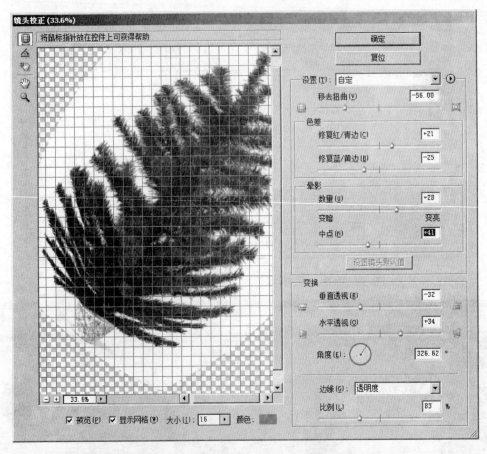

图 9-60 【镜头校正】对话框

图 9-61 用镜头校正滤镜处理的效果

9.6 杂色滤镜组

杂色滤镜组中的滤镜能为图像添加或减少杂色，能为图像消除混合时出现的色带，或者让图像中的某一部分更好地融合到它的周围背景中。杂色滤镜组中共有 5 种滤镜，如图 9-62 所示。

9.6.1 中间值滤镜

中间值滤镜是通过混合选区中像素的亮度来减少图像的杂色。此滤镜通过搜索像素选区的半径范围来查找亮度相同或相近的像素，扔掉与相邻像素差异太大的像素，并且用搜索到的像素点的中间亮度值代替中心像素，所以中间值滤镜在消除或减少图像的动感效果时非常有用。选择【滤镜】→【杂色】→【中间值】命令，可弹出【中间值】对话框，如图 9-63 所示。其中，【半径】用来设置中心像素的搜索范围，取值范围是 1～100，数值越大，图像越模糊。用中间值滤镜处理的效果如图 9-64 所示。

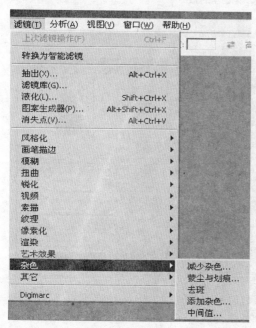

图 9-62 杂色滤镜组

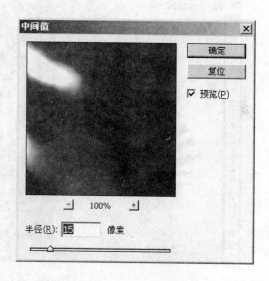

图 9-63 【中间值】对话框

9.6.2 去斑滤镜

去斑滤镜能够查找图像中颜色变化很大的区域，用模糊除去过渡边缘外部的区域，从而减少图像中的斑点。去斑滤镜可以在保持图像细节的前提下除掉杂色，并且只需选择【滤镜】→【杂色】→【去斑】命令执行即可。用去斑滤镜处理的效果如图 9-65 所示。

图 9-64　用中间值滤镜处理的效果

图 9-65　用去斑滤镜处理的效果

9.6.3　添加杂色滤镜

添加杂色滤镜能够随机地为图像添加一些细小的杂点，可以有效消除人工修饰的痕迹，使图像显得更加真实。选择【滤镜】→【杂色】→【添加杂色】命令，可弹出【添加杂色】对话框，如图 9-66 所示。其中,【数量】用来设置添加杂点的个数,取值范围是 0.10%～400%，数值越大，杂点越多；【分布】用来设置杂点的产生方式，有两个单选按钮，分别是【平均分布】和【高斯分布】；【单色】用来设置杂点是单色的还是彩色的。用添加杂色滤镜处理的效果如图 9-67 所示。

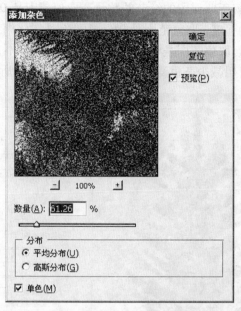

图 9-66 【添加杂色】对话框

图 9-67 用添加杂色滤镜处理的效果

9.6.4 减少杂色滤镜

图像杂色一般表现为非图像本身的随机产生的外来要素，如数码相机的 ISO 值设置过高、曝光不足等。而且低端的相机往往会比高端相机产生更多的杂色，同时将照片扫描到计算机中也会出现许多类似胶片颗粒的杂色，这时，用减少杂色滤镜就可以消除 JPEG 图像上的这些杂点。选择【滤镜】→【杂色】→【减少杂色】命令，可弹出【减少杂色】对话框，如图 9-68 所示。其中，【强度】用来设置减少明亮度杂色的强度，取值范围是 0～10；【保留细节】用来设置所要保留的细节的数量，取值范围是 0%～100%；【减少杂色】用来设置减少色差杂色的强度，取值范围是 0%～100%；【锐化细节】用来设置恢复微小细节所要应用的锐化的数量，取值范围是 0%～100%；【移去 JPEG 不自然感】用来处理因 JPEG 压缩所产生的不自然块。用减少杂色滤镜处理的效果如图 9-69 所示。

图 9-68 【减少杂色】对话框

图 9-69 用减少杂色滤镜处理的效果

9.6.5　蒙尘与划痕滤镜

　　蒙尘与划痕滤镜能够用于消除图像中的杂色、划痕等瑕疵，是通过对图像像素与附近像素的比较分析，从而来消除杂色点。选择【滤镜】→【杂色】→【蒙尘与划痕】命令，可弹出【蒙尘与划痕】对话框，如图 9-70 所示。其中，【半径】用来设置每个像素检查的半径大小，取值范围是 1～100；【阈值】用来设置杂点与正常像素间的差异程度，取值范围是 0～255，数值越大，消除的杂色效果越小。用蒙尘与划痕滤镜处理的效果如图 9-71 所示。

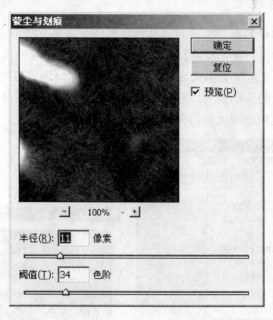

图 9-70　【蒙尘与划痕】对话框

图 9-71　用蒙尘与划痕滤镜处理的效果

9.7　模糊滤镜组

模糊滤镜组中的滤镜主要通过降低图片的对比度，用转化像素的方法平滑处理图像中的生硬部分，从而柔化、修饰一幅图像或一个选区。模糊滤镜组中共有 11 种滤镜，如图 9-72 所示。

9.7.1　动感模糊滤镜

动感模糊滤镜能够使图像产生具有动感效果的模糊效果，类似于以固定的曝光给移动的对象拍照。选择【滤镜】→【模糊】→【动感模糊】命令，可弹出【动感模糊】对话框，如图 9-73 所示。其中，【角度】用来设置动感模糊的方向，取值范围是 –90°～90°；【距离】用来设置图像像素的移动距离，控制模糊的程度，取值范围是 1～999，数值越大，模糊效果越强。用动感模糊滤镜处理的效果如图 9-74 所示。

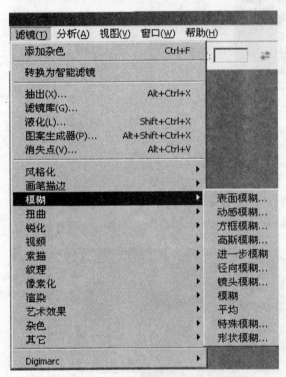

图 9-72　模糊滤镜组

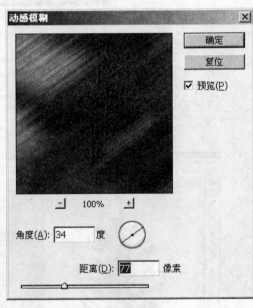

图 9-73　【动感模糊】对话框

9.7.2　径向模糊滤镜

径向模糊滤镜能够实现旋转和缩放两种模式的模糊效果，模拟照相机镜头的旋转和变焦。选择【滤镜】→【模糊】→【径向模糊】命令，可弹出【径向模糊】对话框，如图 9-75 所示。其中，【数量】用来设置模糊程度，取值范围是 1～100，数值越大，图像模糊的效果越强；【模糊方法】用来设置模糊产生的方式，有两个可选项，分别是【旋转】和【缩放】。

图 9-74　用动感模糊滤镜处理的效果

【旋转】表示以模糊中心为中心形成旋转状态的模糊效果；【缩放】表示由模糊中心沿着半径方向形成模糊效果。【品质】用来设置图像模糊效果的品质，有 3 个可选项，分别是【草图】、【好】和【最好】。【草图】的处理速度快，但效果差；【好】的处理速度慢，但效果较好；【最好】的处理速度最慢，但效果最好。用径向模糊滤镜处理的效果如图 9-76 所示。

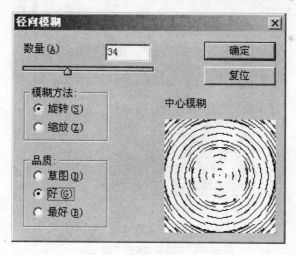

图 9-75　【径向模糊】对话框

9.7.3　特殊模糊滤镜

特殊模糊滤镜能够给选定图层或某一选区内的图像添加特殊的模糊效果，并且能够确定图像的边界，处理后图像的边界仍然非常清晰。选择【滤镜】→【模糊】→【特殊模糊】命令，可弹出【特殊模糊】对话框，如图 9-77 所示。其中，【半径】用来设置模糊的范围，取值范围是 0.1～100.0；【阈值】用来设置像素被消除以前像素值的差别，取值范围是 0.1～

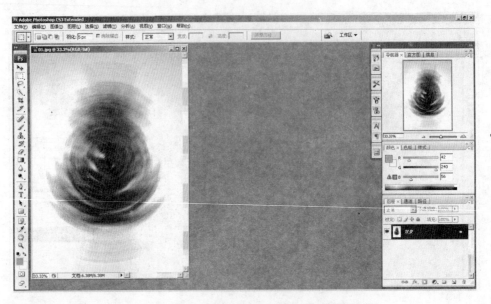

图 9-76　用径向模糊滤镜处理的效果

100.0；【品质】用来设置模糊的品质，有【低】、【中】、【高】3 个可选项；【模式】用来设置模糊的方式，有 3 个可选项，分别是【正常】、【仅限边缘】、【叠加边缘】。【正常】是指根据所设置的阈值来确定图像的边缘，进行正常的模糊处理；【仅限边缘】是指只对图像边界线做模糊处理；【叠加边缘】是指既对图像进行正常模糊，又能突出边缘。用特殊模糊滤镜处理的效果如图 9-78 所示。

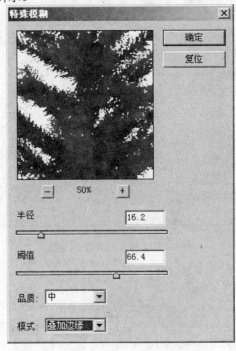

图 9-77　【特殊模糊】对话框

图 9-78   用特殊模糊滤镜处理的效果

9.7.4   模糊滤镜

模糊滤镜能够使图像产生虚化的效果，可以平滑图像中的生硬部分，但柔化的效果不明显，所以经常需要进行多次模糊滤镜操作才能达到所需的效果。可以直接选择【滤镜】→【模糊】→【模糊】命令显示对图像的模糊滤镜处理。用模糊滤镜处理的效果如图 9-79 所示。

图 9-79   用模糊滤镜处理的效果

9.7.5   进一步模糊滤镜

进一步模糊滤镜能产生比模糊滤镜更强的模糊效果，即执行一次进一步模糊滤镜操作产生的效果是 3 次模糊滤镜处理的效果。其操作方法同模糊滤镜的方法，即选择【滤镜】→【模糊】→【进一步模糊】命令即可。用进一步模糊滤镜处理的效果如图 9-80 所示。

图 9-80　用进一步模糊滤镜处理的效果

9.7.6　高斯模糊滤镜

高斯模糊滤镜是利用高斯曲线对图像的像素值进行计算处理，能产生强烈的模糊效果，也是应用最为广泛的模糊方式。选择【滤镜】→【模糊】→【高斯模糊】命令，可弹出【高斯模糊】对话框，如图 9-81 所示。其中，【半径】用来设置模糊半径的大小，取值范围是 0.1～250.0，数值越大，模糊效果越强烈。用高斯模糊滤镜处理的效果如图 9-82 所示。

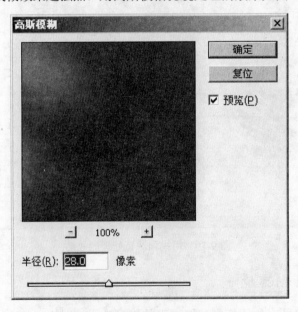

图 9-81　【高斯模糊】对话框

图 9-82　用高斯模糊滤镜处理的效果

9.7.7　表面模糊滤镜

　　表面模糊滤镜能保留图像的边缘，用于除去杂点和颗粒，产生特殊的模糊效果。选择
【滤镜】→【模糊】→【表面模糊】命令，可弹出【表面模糊】对话框，如图 9-83 所示。
其中，【半径】用来设置模糊半径的大小，取值范围是 1～100；【阈值】用来设置模糊像素
的色阶差别，取值范围是 2～254。用表面模糊滤镜处理的效果如图 9-84 所示。

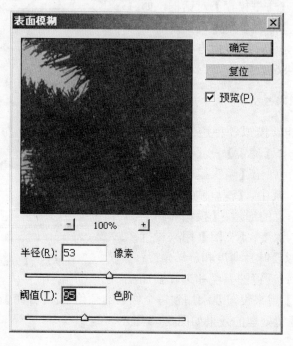

图 9-83　【表面模糊】对话框

图 9-84　用表面模糊滤镜处理的效果

9.7.8　方框模糊滤镜

　　方框模糊滤镜是以邻近像素点颜色的平均值为基准而进行的模糊，可以创建出奇特的
模糊效果。选择【滤镜】→【模糊】→【方框
模糊】命令，可弹出【方框模糊】对话框，如
图 9-85 所示。其中，【半径】用来设置模糊半
径的大小，取值范围是 1～999。用方框模糊滤
镜处理的效果如图 9-86 所示。

9.7.9　镜头模糊滤镜

　　镜头模糊滤镜能够模拟各种透镜效果所
产生的模糊效果。选择【滤镜】→【模糊】→
【镜头模糊】命令，可弹出【镜头模糊】对话
框，如图 9-87 所示。其中，【深度映射】用来
选择具有深度映射信息的通道；【模糊焦距】
用来设置透镜焦点的深度；【光圈】用来设置
镜头的形状、半径，以及叶片弯度和旋转角度；
【镜面高光】用来设置透镜的亮度和选择要加

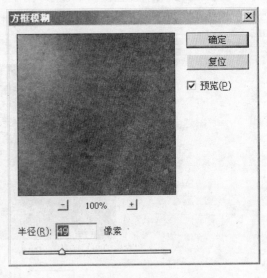

图 9-85　【方框模糊】对话框

亮的像素点；【杂色】用来设置要添加到每个像素的杂色量；【分布】用来设置模糊的分布
状况。用镜头模糊滤镜处理的效果如图 9-88 所示。

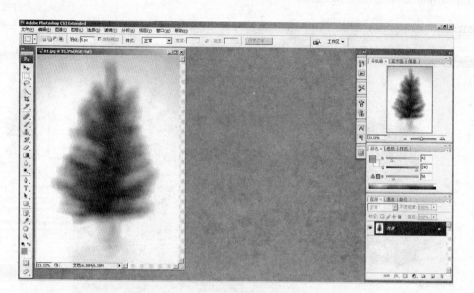

图 9-86　用方框模糊滤镜处理的效果

图 9-87　【镜头模糊】对话框

图 9-88　用镜头模糊滤镜处理的效果

9.7.10　平均滤镜

平均滤镜能够使图像产生单一的灰度模糊效果。选择【滤镜】→【模糊】→【平均】命令即可进行平均滤镜操作。用平均滤镜处理的效果如图 9-89 所示。

图 9-89　用平均滤镜处理的效果

9.7.11 形状模糊滤镜

形状模糊滤镜是使用指定的图形作为模糊中心进行模糊处理。选择【滤镜】→【模糊】→【形状模糊】命令，可弹出【形状模糊】对话框，如图 9-90 所示。其中，【半径】用来设置模糊半径的大小；其下区域中提供了可选的图形形状。用形状模糊滤镜处理的效果如图 9-91 所示。

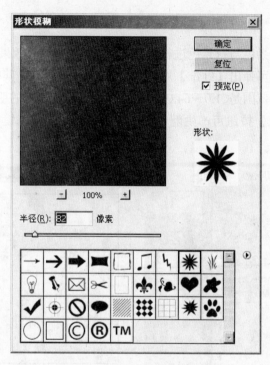

图 9-90 【形状模糊】对话框

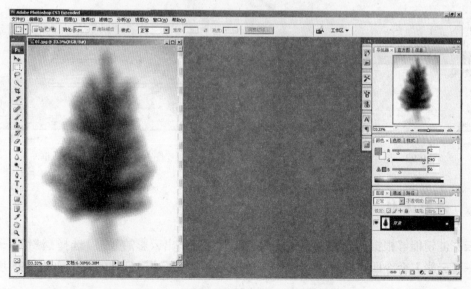

图 9-91 用形状模糊滤镜处理的效果

第 9 章 使用滤镜

9.8　渲染滤镜组

渲染滤镜组中的滤镜能使图像产生不同的光源效果、分层云彩形状、纤维效果等特效。渲染滤镜组中共有 5 种滤镜，如图 9-92 所示。

9.8.1　纤维滤镜

纤维滤镜能够将前景色与背景色进行结合，产生类似纤维的效果。选择【滤镜】→【渲染】→【纤维】命令，可弹出【纤维】对话框，如图 9-93 所示。其中，【差异】用来设置纤维的变化效果，取值范围是 1.0～64.0；【强度】用来设置纤维的明暗对比，取值范围是1.0～64.0；单击【随机】按钮可产生随机的纤维效果。用纤维滤镜处理的效果如图 9-94 所示。

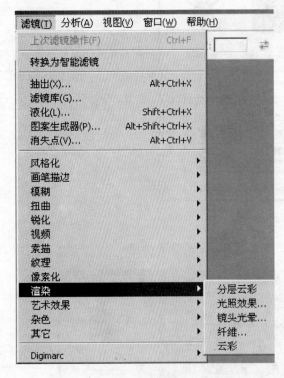

图 9-92　渲染滤镜组

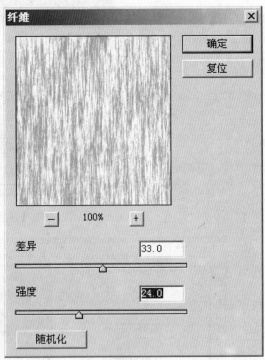

图 9-93　【纤维】对话框

9.8.2　云彩滤镜

云彩滤镜能够根据前景色和背景色的值随机地制作出云彩的效果。选择【滤镜】→【渲染】→【云彩】命令即可制作出随机的云彩效果。用云彩滤镜处理的效果如图 9-95 所示。

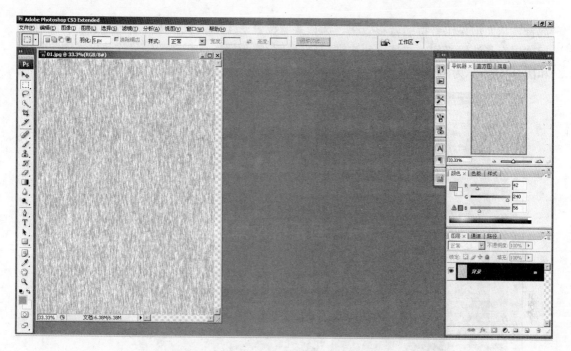

图 9-94　用纤维滤镜处理的效果

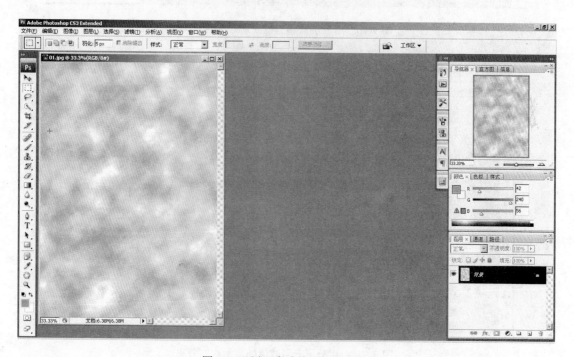

图 9-95　用云彩滤镜处理的效果

9.8.3　分层云彩滤镜

分层云彩滤镜能够用前景色和背景色随机地生成云彩，并且与另一个图像的色彩进行混合，从而渲染出奇特的云彩效果。选择【滤镜】→【渲染】→【分层云彩】命令即可进行分层云彩滤镜操作，并且每两次进行分层云彩滤镜操作，都能产生负片效果。如图 9-96 和图 9-97 所示为用分层云彩滤镜进行一次和两次处理的效果。

图 9-96　用分层云彩滤镜处理一次的效果

图 9-97　用分层云彩滤镜处理两次的效果

9.8.4　光照效果滤镜

光照效果滤镜可以对图像使用各种不同类型的光源照射，从而产生不同的光照效果。选择【滤镜】→【渲染】→【光照效果】命令，可弹出【光照效果】对话框，如图 9-98 所示。其中,【样式】用来选择不同的光照样式;【光照类型】用来选择不同的光照类型,共有3个可选项;【强度】用来设置光源的强度;【聚焦】用来设置光线的宽度;【光泽】用来设置表面的光滑度;【材料】用来设置图像对光照的反射度;【曝光度】用来设置光线的明暗程度;【环境】用来设置光照的范围大小;【纹理通道】用来选择不同的通道,为图像添加纹理效果。用光照效果滤镜处理的效果如图9-99所示。

图9-98 【光照效果】对话框

图9-99 用光照效果滤镜处理的效果

第9章 使用滤镜

9.8.5 镜头光晕滤镜

镜头光晕滤镜可模仿照相机逆光照相时的状态，为图像添加带有光晕的效果。选择【滤镜】→【渲染】→【镜头光晕】命令，可弹出【镜头光晕】对话框，如图 9-100 所示。其中，【光晕中心】用来设置光晕的中心位置，可以通过单击改变当前光晕中心的位置；【亮度】用来设置光线的亮度，取值范围是 10%～300%；【镜头类型】用来设置照相机的镜头种类。用镜头光晕滤镜处理的效果如图 9-101 所示。

图 9-100 【镜头光晕】对话框

图 9-101 用镜头光晕滤镜处理的效果

9.9 画笔描边滤镜组

画笔描边滤镜中的滤镜通过为图像添加杂色、画斑、颗粒、边缘细节、纹理、阴影等，使图像产生不同的类似于各种画笔的效果。画笔描边滤镜组不适用于 CMYK 和 Lab 模式的图像，该滤镜组中共有 8 种滤镜，如图 9-102 所示。

9.9.1 喷溅滤镜

喷溅滤镜能够使图像产生类似于经过喷枪喷射后所形成的效果。选择【滤镜】→【画笔描边】→【喷溅】命令，可弹出【喷溅】对话框，如图 9-103 所示。其中，【喷色半径】用来设置溅射的辐射范围，取值范围是 0～25，数值越大，范围越大；【平滑度】用来设置水花的光滑程度，取值范围是

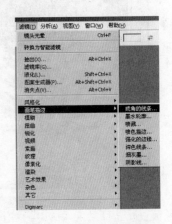

图 9-102 画笔描边滤镜组

1～15，数值越小，水花效果越明显。用喷溅滤镜处理的效果如图9-104所示。

图9-103 【喷溅】对话框

图9-104 用喷溅滤镜处理的效果

9.9.2 喷色描边滤镜

　　喷色描边滤镜能够产生按某一方向均匀地进行喷色处理而得到的效果。选择【滤镜】→【画笔描边】→【喷色描边】命令，可弹出【喷色描边】对话框，如图9-105所示。

其中,【描边长度】用来设置描边线条长度,取值范围是 0～20,数值越大,长度越长;【喷色半径】用来设置溅射的辐射范围,取值范围是 0～25,数值越大,范围越大;【描边方向】用来设置描边的方向。用喷色描边滤镜处理的效果如图 9-106 所示。

图 9-105 【喷色描边】对话框

图 9-106 用喷色描边滤镜处理的效果

9.9.3 强化的边缘滤镜

强化的边缘滤镜能对图像产生类似于画笔勾边的效果,从而使图像产生明显的边界线条。选择【滤镜】→【画笔描边】→【强化的边缘】命令,可弹出【强化的边缘】对话框,如图 9-107 所示。其中,【边缘宽度】用来设置边界的宽度;【边缘亮度】用来设置边界的明暗度;【平滑度】用来设置边界的平滑程度。用强化的边缘滤镜处理的效果如图 9-108所示。

图 9-107 【强化的边缘】对话框

图 9-108 用强化的边缘滤镜处理的效果

第 9 章 使用滤镜

280

9.9.4 成角的线条滤镜

成角的线条滤镜能产生类似于使用斜笔用同一方向的线条绘制图像亮部，用反方向线条绘制图像暗部的效果。选择【滤镜】→【画笔描边】→【成角的线条】命令，可弹出【成角的线条】对话框，如图 9-109 所示。其中，【方向平衡】用来设置画笔绘制的倾斜方向；【描边长度】用来设置笔触的描边长度；【锐化程度】用来设置笔触的锐利程度。用成角的线条滤镜处理的效果如图 9-110 所示。

图 9-109 【成角的线条】对话框

图 9-110 用成角的线条滤镜处理的效果

9.9.5 墨水轮廓滤镜

墨水轮廓滤镜能够使图像产生类似于用墨水勾勒后的轮廓线条效果。选择【滤镜】→【画笔描边】→【墨水轮廓】命令，可弹出【墨水轮廓】对话框，如图 9-111 所示。其中，【深色强度】用来设置图像深色部分的强度；【光照强度】用来设置图像亮度的强度。用墨水轮廓滤镜处理的效果如图 9-112 所示。

图 9-111 【墨水轮廓】对话框

图 9-112 用墨水轮廓滤镜处理的效果

9.9.6 深色线条滤镜

深色线条滤镜能够使用深色线条绘制图像的暗部，使用白色线条绘制图像的亮部，从而使图像产生一种强烈的黑白阴影效果。选择【滤镜】→【画笔描边】→【深色线条】命令，可弹出【深色线条】对话框，如图 9-113 所示。其中，【平衡】用来设置笔触的绘制方向；【黑色强度】用来设置图像暗部的强度；【白色强度】用来设置图像亮部的强度。用深色线条滤镜处理的效果如图 9-114 所示。

图 9-113 【深色线条】对话框

图 9-114 用深色线条滤镜处理的效果

9.9.7 烟灰墨滤镜

烟灰墨滤镜能够使图像产生类似于墨水渲染的效果。选择【滤镜】→【画笔描边】→【烟灰墨】命令，可弹出【烟灰墨】对话框，如图 9-115 所示。其中，【描边宽度】用来设置笔触的描边宽度；【描边压力】用来设置笔触的强度；【对比度】用来设置图像的对比度。用烟灰墨滤镜处理的效果如图 9-116 所示。

图 9-115 【烟灰墨】对话框

图 9-116 用烟灰墨滤镜处理的效果

第 9 章 使用滤镜

9.9.8 阴影线滤镜

阴影线滤镜类似于用交叉笔触绘制图像，使图像产生一种如编织物的效果。选择【滤镜】→【画笔描边】→【阴影线】命令，可弹出【阴影线】对话框，如图 9-117 所示。其中，【描边长度】用来设置交叉笔触绘制的线条长度；【锐化程度】用来设置线条的锐化程度；【强度】用来设置交叉笔触的力度。用阴影线滤镜处理的效果如图 9-118 所示。

图 9-117 【阴影线】对话框

图 9-118 用阴影线滤镜处理的效果

9.10　素描滤镜组

素描滤镜组中的滤镜利用前景色和背景色代替图像的颜色，产生类似于徒手速写的效果，仅对 RGB 模式的图像或灰阶图有效。素描滤镜组中共有 14 种滤镜，如图 9-119 所示。

9.10.1　便条纸滤镜

便条纸滤镜能够为图像产生一种有压陷痕迹的效果。选择【滤镜】→【素描】→【便条纸】命令，可弹出【便条纸】对话框，如图 9-120 所示。其中，【图像平衡】用来设置前景色和背景色的比例；【粒度】用来设置颗粒的尺寸；【凸现】用来设置凹凸的程度。用便条纸滤镜处理的效果如图 9-121 所示。

图 9-119　素描滤镜组

图 9-120　【便条纸】对话框

9.10.2　半调图案滤镜

半调图案滤镜能够将图像处理成由前景色和背景色所构成的网状图案，可以使处理后的图像保持一定的色调稳定性。选择【滤镜】→【素描】→【半调图案】命令，可弹出【半调图案】对话框，如图 9-122 所示。其中，【大小】用来设置网格间的间隔大小；【对比度】用来设置图像的对比度；【图案类型】用来选择网格图案的形状。用半调图案滤镜处理的效果如图 9-123 所示。

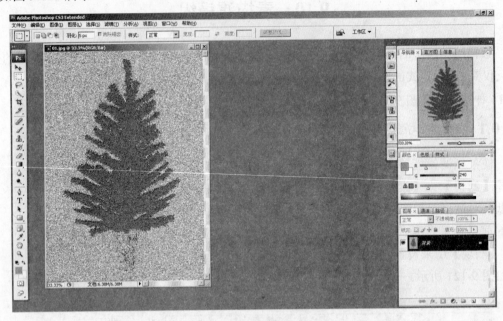

图 9-121　用便条纸滤镜处理的效果

图 9-122　【半调图案】对话框

9.10.3　图章滤镜

图章滤镜能够使图像产生一种类似于印章画的效果，特别是当前景色和背景色为黑色时效果最好。选择【滤镜】→【素描】→【图章】命令，可弹出【图章】对话框，如图 9-124 所示。其中，【明/暗平衡】用来设置前景色和背景色的比例；【平滑度】用来设置图像边缘的光滑程度。用图章滤镜处理的效果如图 9-125 所示。

图 9-123　用半调图案滤镜处理的效果

图 9-124　【图章】对话框

图 9-125　用图章滤镜处理的效果

9.10.4　塑料效果滤镜

塑料效果滤镜能够使图像产生类似于石膏画的效果。选择【滤镜】→【素描】→【塑料效果】命令，可弹出【塑料效果】对话框，如图 9-126 所示。其中，【图像平衡】用来设置前景色和背景色的比例；【平滑度】用来设置图像的光滑程度；【光照】用来选择光照的位置。用塑料效果滤镜处理的效果如图 9-127 所示。

图 9-126　【塑料效果】对话框

图 9-127　用塑料效果滤镜处理的效果

9.10.5　影印滤镜

　　影印滤镜能够使图像产生一种影印的效果，用前景色勾画图像的轮廓，用背景色填充轮廓内的部分。选择【滤镜】→【素描】→【影印】命令，可弹出【影印】对话框，如图 9-128 所示。其中，【细节】用来设置图像的细腻程度；【暗度】用来设置图像前景色的暗度。用影印滤镜处理的效果如图 9-129 所示。

图 9-128　【影印】对话框

图 9-129　用影印滤镜处理的效果

9.10.6　粉笔和炭笔滤镜

　　粉笔和炭笔滤镜能够使图像产生一种用粉笔和炭笔混合绘制的效果，粉笔颜色是前景色，炭笔颜色是背景色。选择【滤镜】→【素描】→【粉笔和炭笔】命令，可弹出【粉笔和炭笔】对话框，如图 9-130 所示。其中，【炭笔区】用来设置炭笔使用的区域；【粉笔区】用来设置粉笔使用的区域；【描边压力】用来设置笔触描边的压力。用粉笔和炭笔滤镜处理的效果如图 9-131 所示。

图 9-130　【粉笔和炭笔】对话框

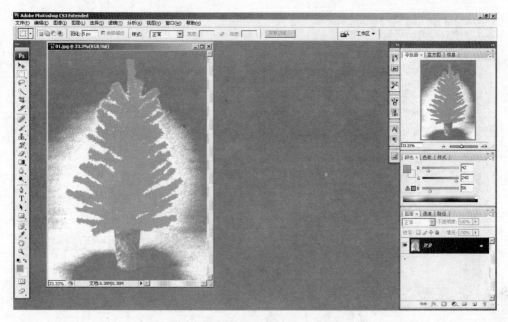

图 9-131　用粉笔和炭笔滤镜处理的效果

9.10.7　铬黄滤镜

　　铬黄滤镜能够使图像产生一种类似于液态金属的效果，而且经过处理后图像往往会发生很大的变化。选择【滤镜】→【素描】→【铬黄】命令，可弹出【铬黄渐变】对话框，如图 9-132 所示。其中，【细节】用来设置图像的细腻程度；【平滑度】用来设置图像的光滑程度。用铬黄滤镜处理的效果如图 9-133 所示。

图 9-132　【铬黄渐变】对话框

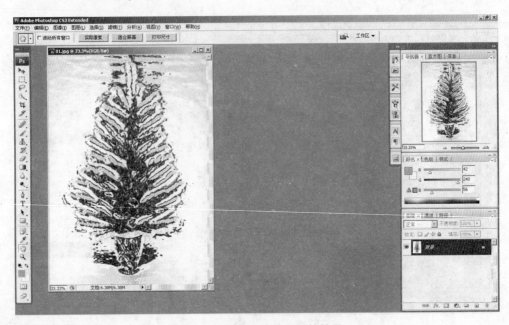

图 9-133　用铬黄滤镜处理的效果

9.10.8　绘图笔滤镜

绘图笔滤镜能够产生类似于用细线形式的笔触勾绘图像的效果。选择【滤镜】→【素描】→【绘图笔】命令，可弹出【绘图笔】对话框，如图 9-134 所示。其中，【描边长度】用来设置绘图细线的长度；【明/暗平衡】用来设置前景色和背景色的比例；【描边方向】用来选择笔触绘制的方向。用绘图笔滤镜处理的效果如图 9-135 所示。

图 9-134　【绘图笔】对话框

图 9-135 用绘图笔滤镜处理的效果

9.10.9 基底凸现滤镜

基底凸现滤镜能够根据图像的亮部和暗部，分别用背景色和前景色进行填充，并加上灯光照射，从而产生一种粗糙纹理的浮雕效果。选择【滤镜】→【素描】→【基底凸现】命令，可弹出【基底凸现】对话框，如图 9-136 所示。其中，【细节】用来设置图像的细腻程度；【平滑度】用来设置图像的光滑程度；【光照】用来选择光线照射的方向。用基底凸现滤镜处理的效果如图 9-137 所示。

图 9-136 【基底凸现】对话框

图 9-137　用基底凸现滤镜处理的效果

9.10.10　水彩画纸滤镜

　　水彩画纸滤镜能够使图像产生类似在潮湿的纤维纸上渗色涂抹的效果，使颜色流动并混合。选择【滤镜】→【素描】→【水彩画纸】命令，可弹出【水彩画纸】对话框，如图 9-138 所示。其中，【纤维长度】用来设置纸张的纤维长度；【亮度】用来设置图像的明暗程度；【对比度】用来设置图像的对比度。用水彩画纸滤镜处理的效果如图 9-139 所示。

图 9-138　【水彩画纸】对话框

图 9-139　用水彩画纸滤镜处理的效果

9.10.11　撕边滤镜

撕边滤镜能够重建图像，使之呈撕碎的纸片状效果，并使用前景色和背景色给图像上色。选择【滤镜】→【素描】→【撕边】命令，可弹出【撕边】对话框，如图 9-140 所示。其中，【图像平衡】用来设置前景色和背景色的比例；【平滑度】用来设置图像边缘的光滑程度；【对比度】用来设置图像的对比度。用撕边滤镜处理的效果如图 9-141 所示。

图 9-140　【撕边】对话框

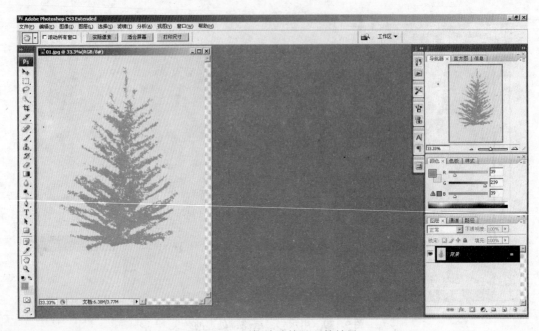

图 9-141　用撕边滤镜处理的效果

9.10.12　炭笔滤镜

　　炭笔滤镜能够将图像处理为炭笔画的效果，炭笔颜色为前景色，纸张用背景色来填充。选择【滤镜】→【素描】→【炭笔】命令，可弹出【炭笔】对话框，如图 9-142 所示。其中，【炭笔粗细】用来设置炭笔笔触的大小；【细节】用来设置图像的细腻度；【明/暗平衡】用来设置图像的明暗比例。用炭笔滤镜处理的效果如图 9-143 所示。

图 9-142　【炭笔】对话框

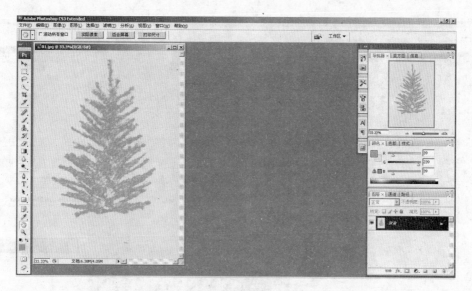

图 9-143　用炭笔滤镜处理的效果

9.10.13　炭精笔滤镜

炭精笔滤镜能够为图像添加浓黑或纯白的炭精笔的纹理效果，特别适用于处理灰阶图。选择【滤镜】→【素描】→【炭精笔】命令，可弹出【炭精笔】对话框，如图 9-144 所示。其中，【前景色阶】用来设置前景色的色阶变化范围；【背景色阶】用来设置背景色的色阶变化范围；【纹理】用来设置画布的纹理效果，共有 4 个可选项，分别是【砖形】、【粗麻布】、【画布】和【砂岩】，也可以自行载入纹理；【缩放】用来调节纹理的疏密程度；【凸现】用来设置纹理的起伏程度；【光照】用来设置光照的方向；【反相】用来设置纹理凹凸部位翻转。用炭精笔滤镜处理的效果如图 9-145 所示。

图 9-144　【炭精笔】对话框

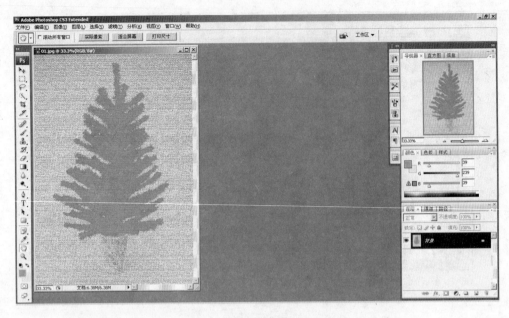

图 9-145　用炭精笔滤镜处理的效果

9.10.14　网状滤镜

网状滤镜能够使图像呈现出图像亮部被颗粒化，暗部被结块的不规则网纹覆盖的效果。选择【滤镜】→【素描】→【网状】命令，可弹出【网状】对话框，如图 9-146 所示。其中，【浓度】用来设置网纹的密度；【前景色阶】用来设置前景色的色阶变化范围；【背景色阶】用来设置背景色的色阶变化范围。用网状滤镜处理的效果如图 9-147 所示。

图 9-146　【网状】对话框

图 9-147　用网状滤镜处理的效果

9.11　纹理滤镜组

纹理滤镜组中的滤镜能够为图像创造出某种特殊的纹理或者材质的效果，从而增加组织结构的外观。纹理滤镜组中共有 6 种滤镜，如图 9-148 所示。

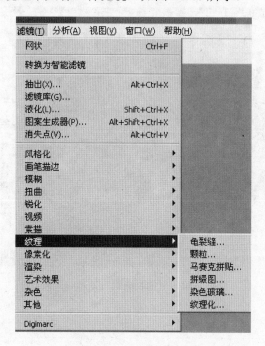

图 9-148　纹理滤镜组

9.11.1　龟裂缝滤镜

龟裂缝滤镜能够使图像产生一种凹凸不平的裂纹效果。选择【滤镜】→【纹理】→【龟裂缝】命令，可弹出【龟裂缝】对话框，如图 9-149 所示。其中，【裂缝间距】用来设置图像裂缝间的间隔距离；【裂缝深度】用来设置裂缝的深度；【裂缝亮度】用来设置裂缝的明暗程度。用龟裂缝滤镜处理的效果如图 9-150 所示。

图 9-149　【龟裂缝】对话框

图 9-150　用龟裂缝滤镜处理的效果

9.11.2　颗粒滤镜

颗粒滤镜能够以某种特定的方式，在图像上添加不同种类的颗粒，以产生颗粒状纹理。

选择【滤镜】→【纹理】→【颗粒】命令，可弹出【颗粒】对话框，如图 9-151 所示。其中，【强度】用来设置颗粒的强度；【对比度】用来设置图像的对比程度；【颗粒类型】用来选择颗粒的类型。用颗粒滤镜处理的效果如图 9-152 所示。

图 9-151 【颗粒】对话框

图 9-152 用颗粒滤镜处理的效果

9.11.3 马赛克拼贴滤镜

马赛克拼贴滤镜能够使图像产生马赛克状的若干小方块的纹理效果。选择【滤镜】→

【纹理】→【马赛克拼贴】命令，可弹出【马赛克拼贴】对话框，如图 9-153 所示。其中，【拼贴大小】用来设置马赛克的尺寸；【缝隙宽度】用来设置马赛克间的宽度；【加亮缝隙】用来设置马赛克间的明暗程度。用马赛克拼贴滤镜处理的效果如图 9-154 所示。

图 9-153　【马赛克拼贴】对话框

图 9-154　用马赛克拼贴滤镜处理的效果

9.11.4　拼缀图滤镜

拼缀图滤镜能够使图像产生马赛克效果，只是马赛克之间有强烈的阴影效果。选择【滤镜】→【纹理】→【拼缀图】命令，可弹出【拼缀图】对话框，如图 9-155 所示。其中，

【方形大小】用来设置图像上方块的大小；【凸现】用来设置方块的凹凸程度。用拼缀图滤镜处理的效果如图 9-156 所示。

图 9-155 【拼缀图】对话框

图 9-156 用拼缀图滤镜处理的效果

9.11.5 染色玻璃滤镜

染色玻璃滤镜能够将图像分割成不规则的多边形色块，产生如同彩色玻璃般的效果。

选择【滤镜】→【纹理】→【染色玻璃】命令，可弹出【染色玻璃】对话框，如图 9-157
所示。其中，【单元格大小】用来设置色块的大小；【边框粗细】用来设置色块的边框大小；
【光照强度】用来设置图像的明暗程度。用染色玻璃滤镜处理的效果如图 9-158 所示。

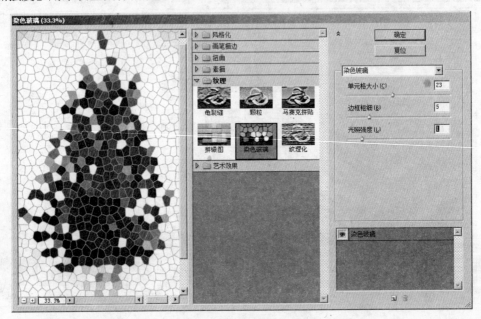

图 9-157 【染色玻璃】对话框

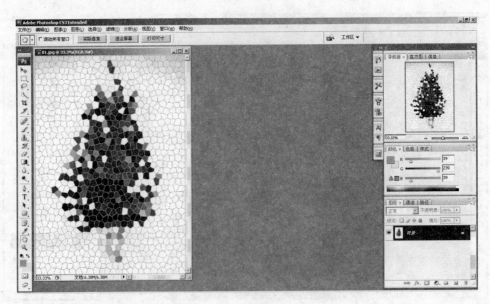

图 9-158 用染色玻璃滤镜处理的效果

9.11.6 纹理化滤镜

纹理化滤镜是在图像上应用所选择的或创建的某种纹理。选择【滤镜】→【纹理】→

【纹理化】命令，可弹出【纹理化】对话框，如图 9-159 所示。其中，【纹理】用来选择纹理的类型；【缩放】用来设置纹理的大小比例；【凸现】用来设置纹理的凹凸程度；【光照】用来设置光照的方向；【反相】用来设置纹理凹凸部位翻转。用纹理化滤镜处理的效果如图 9-160 所示。

图 9-159 【纹理化】对话框

图 9-160 用纹理化滤镜处理的效果

9.12 锐化滤镜组

锐化滤镜组中的滤镜能够增加图像的对比度，使图像变得更加清晰，主要用于增强扫描图像的轮廓。锐化滤镜组中共有 5 种滤镜，如图 9-161 所示。

9.12.1 锐化滤镜、进一步锐化滤镜和锐化边缘滤镜

锐化滤镜和进一步锐化滤镜都可以增强相邻像素间的对比度，从而得到清晰的效果，而且进一步锐化滤镜会得到比锐化滤镜更好的效果。执行锐化滤镜的操作方法是：选择【滤镜】→【锐化】→【锐化】命令；执行进一步锐化滤镜的操作方法是：选择【滤镜】→【锐化】→【进一步锐化】命令。锐化边缘滤镜能够锐化图像的边缘，使图像中的不同颜色间的界限更加分明。执行锐化边缘滤镜的操作方法是：选择【滤镜】→【锐化】→【锐化边缘】命令。

图 9-161　锐化滤镜组

图 9-162　【USM 锐化】对话框

图 9-163　用 USM 锐化滤镜处理的效果

9.12.2 USM 锐化滤镜

USM 锐化滤镜能够调整图像边缘细节的对比度，并在边缘的每一侧生成一条亮线和一条暗线强调边缘，从而产生更清晰的效果。选择【滤镜】→【锐化】→【USM 锐化】命令，可弹出【USM 锐化】对话框，如图 9-162 所示。其中，【数量】用来设置锐化的程度；【半径】用来设置锐化的像素范围；【阈值】用来设置锐化的像素点的颜色范围。用 USM 锐化滤镜处理的效果如图 9-163 所示。

9.12.3　智能锐化滤镜

　　智能锐化滤镜采用新的锐化运算方法或控制在阴影区和加亮区发生锐化的量来对图像的锐化进行控制，减少锐化所产生的晕影，从而进一步改善图像边缘的细节。选择【滤镜】→【锐化】→【智能锐化】命令，可弹出【智能锐化】对话框，如图 9-164 所示。其中，【数量】用来设置应用锐化的强度；【半径】用来设置锐化效果的宽度；【移去】用来选择要除去模糊的类型。用智能锐化滤镜处理的效果如图 9-165 所示。

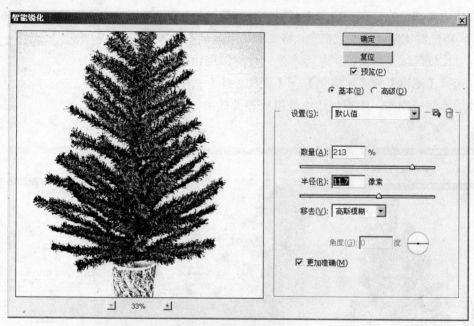

图 9-164　【智能锐化】对话框

图 9-165　用智能锐化滤镜处理的效果

9.13 风格化滤镜组

风格化滤镜组中的滤镜通过取代像素，或增加图像的对比度，为图像创建各种画派作品的风格。风格化滤镜组中共有 9 种滤镜，如图 9-166 所示。

9.13.1 查找边缘滤镜

查找边缘滤镜能够查找图像中有明显区别的颜色边缘并加以强调，将低对比度区域变成白色，将高对比度区域变成黑色，将中等对比度区域变成灰色，从而产生一种类似用铅笔绘制的效果。选择【滤镜】→【风格化】→【查找边缘】命令即可进行查找边缘滤镜操作。用查找边缘滤镜处理的效果如图 9-167 所示。

图 9-166 风格化滤镜组

图 9-167 用查找边缘滤镜处理的效果

9.13.2 等高线滤镜

等高线滤镜可以查找颜色过渡区域，并对每个颜色通道用细线进行勾绘，从而得到与等高线图中线条类似的效果。选择【滤镜】→【风格化】→【等高线】命令，可弹出【等高线】对话框，如图 9-168 所示。其中，【色阶】用来设置图像边缘的色阶范围；【边缘】用来选择需要勾边的对象，【较低】表示选择色阶值以下的颜色勾绘，【较高】表示选择色阶值以上的颜色勾绘。用等高线滤镜处理的效果如图 9-169 所示。

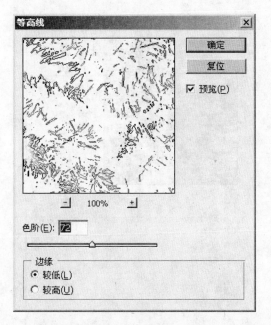

图 9-168 【等高线】对话框

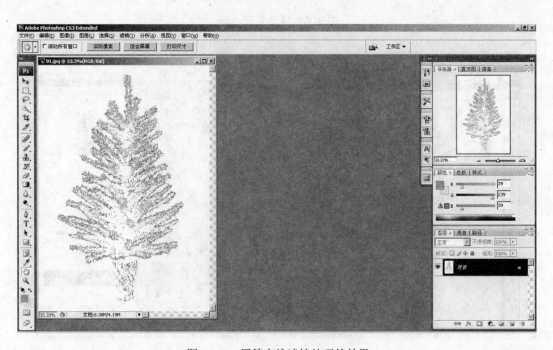

图 9-169 用等高线滤镜处理的效果

9.13.3 风滤镜

风滤镜是在图像上创建细小的水平线，用于模拟风吹的效果。选择【滤镜】→【风格化】→【风】命令，可弹出【风】对话框，如图 9-170 所示。其中，【方法】用来选择风的类型；【方向】用来选择风吹的方向。用风滤镜处理的效果如图 9-171 所示。

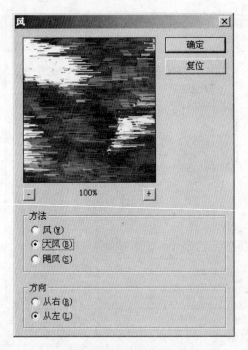

图 9-170 【风】对话框

图 9-171 用风滤镜处理的效果

9.13.4 浮雕效果滤镜

浮雕效果滤镜能将图像的填充色转换成灰色，并用原填充色来勾绘边缘，产生如同在石块、木材上雕刻所形成的浮雕效果。选择【滤镜】→【风格化】→【浮雕效果】命令，可弹出【浮雕效果】对话框，如图 9-172 所示。其中，【角度】用来设置图像的浮雕角度；

【高度】用来设置浮雕的高度；【数量】用来设置滤镜的作用范围。用浮雕效果滤镜处理的效果如图 9-173 所示。

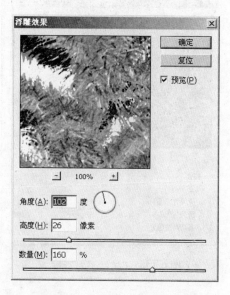

图 9-172 【浮雕效果】对话框

图 9-173 用浮雕效果滤镜处理的效果

9.13.5 扩散滤镜

扩散滤镜能够使图像显得不太聚焦，打乱并扩散图像中的像素，从而使图像产生扩散的效果。选择【滤镜】→【风格化】→【扩散】命令，可弹出【扩散】对话框，如图 9-174

所示。其中，【模式】用来选择扩散的方式。用扩散滤镜处理的效果如图 9-175 所示。

图 9-174 【扩散】对话框

图 9-175 用扩散滤镜处理的效果

9.13.6 拼贴滤镜

拼贴滤镜能够将图像分割成若干有规则的块，从而产生拼图的效果。选择【滤镜】→【风格化】→【拼贴】命令，可弹出【拼贴】对话框，如图 9-176 所示。其中，【拼贴数】用来设置拼贴的数目，取值范围是 1~99；【最大位移】用来设置块的偏移距离；【填充空白区域用】用来选择块和块之间的填补方式。用拼贴滤镜处理的效果如图 9-177 所示。

图 9-176 【拼贴】对话框

图 9-177 用拼贴滤镜处理的效果

9.13.7 曝光过度滤镜

曝光过度滤镜可以模拟照相时由于光线过强而导致的照片曝光过度的图像效果。选择【滤镜】→【风格化】→【曝光过度】命令即可进行曝光过度滤镜操作。用曝光过度滤镜处理的效果如图 9-178 所示。

图 9-178 用曝光过度滤镜处理的效果

9.13.8 凸出滤镜

凸出滤镜能将图像转换成由三维锥体或立方体组成的纹理效果。选择【滤镜】→【风格化】→【凸出】命令，可弹出【凸出】对话框，如图 9-179 所示。其中，【类型】用来设置凸出的形式；【大小】用来设置三维锥体或立方体的底面大小，取值范围是 2～255 像素；【深度】用来设置立体图形的凸出高度；【立方体正面】复选框在选择【类型】为【块】时被激活，选中该复选框，表示将平均地将颜色填充到立方体的正面；【蒙版不完整块】复选框被选中时，表示不能使凸出造型部分的像素保持原状。用凸出滤镜处理的效果如图 9-180 所示。

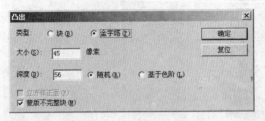

图 9-179 【凸出】对话框

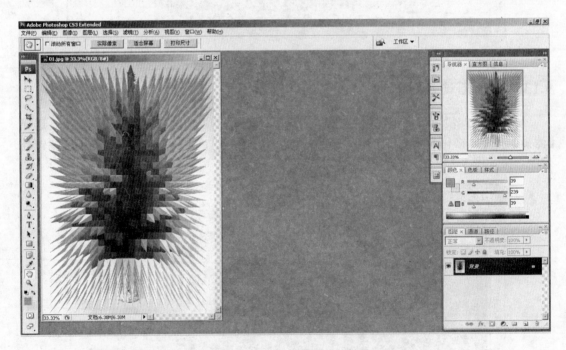

图 9-180 用凸出滤镜处理的效果

9.13.9 照亮边缘滤镜

照亮边缘滤镜可以调整图像轮廓的宽度、亮度，从而使图像产生轮廓发光的效果。选择【滤镜】→【风格化】→【照亮边缘】命令，可弹出【照亮边缘】对话框，如图 9-181 所示。其中，【边缘宽度】用来设置图像轮廓的宽度；【边缘亮度】用来设置图像轮廓的亮度；【平滑度】用来设置图像轮廓的光滑程度。用照亮边缘滤镜处理的效果如图 9-182 所示。

图 9-181　【照亮边缘】对话框

图 9-182　用照亮边缘滤镜处理的效果

9.14　艺术效果滤镜组

　　艺术效果滤镜组中的滤镜可以对图像进行各种艺术处理，如绘画效果、模仿天然或传统的媒体效果等，只适用于 RGB 模式的图像。艺术效果滤镜组中共有 15 种滤镜，如图 9-183

第 9 章　使用滤镜

所示。

9.14.1 壁画滤镜

壁画滤镜能够在图像上添加一些粗糙的斑点，制作出一种类似壁画的图片效果。选择【滤镜】→【艺术效果】→【壁画】命令，可弹出【壁画】对话框，如图 9-184 所示。其中，【画笔大小】用来设置画笔的尺寸；【画笔细节】用来设置画笔的精密程度；【纹理】用来设置图像的纹理效果。用壁画滤镜处理的效果如图 9-185 所示。

图 9-183　艺术效果滤镜组　　　　　　　　　图 9-184　【壁画】对话框

图 9-185　用壁画滤镜处理的效果

9.14.2 彩色铅笔滤镜

彩色铅笔滤镜能模拟使用彩色铅笔在背景上进行绘制，使图像看起来像是用彩色铅笔手绘的一样。选择【滤镜】→【艺术效果】→【彩色铅笔】命令，可弹出【彩色铅笔】对话框，如图 9-186 所示。其中，【铅笔宽度】用来设置笔触的宽度；【描边压力】用来设置绘制的强度；【纸张亮度】用来设置纸张的明暗程度。用彩色铅笔滤镜处理的效果如图 9-187 所示。

图 9-186 【彩色铅笔】对话框

图 9-187 用彩色铅笔滤镜处理的效果

9.14.3 粗糙蜡笔滤镜

粗糙蜡笔滤镜能够使图像看上去类似用彩色蜡笔绘制的效果，能产生一种不平整、具有浮雕感的纹理。选择【滤镜】→【艺术效果】→【粗糙蜡笔】命令，可弹出【粗糙蜡笔】对话框，如图 9-188 所示。其中，【描边长度】用来设置线条纹理的长度；【描边细节】用来设置笔触的细腻程度；【纹理】用来选择纹理的类型；【缩放】用来设置纹理的比例；【凸现】用来设置纹理的浮雕深度；【光照】用来设置光照的方向。用粗糙蜡笔滤镜处理的效果如图 9-189 所示。

图 9-188 【粗糙蜡笔】对话框

图 9-189 用粗糙蜡笔滤镜处理的效果

9.14.4　底纹效果滤镜

底纹效果滤镜能够在带纹理的背景上绘制图像，将最终纹理绘制在该图像上。选择【滤镜】→【艺术效果】→【底纹效果】命令，可弹出【底纹效果】对话框，如图9-190所示。其中，【画笔大小】用来设置笔触的宽度；【纹理覆盖】用来设置纹理作用的范围；【纹理】用来选择纹理的类型；【缩放】用来设置纹理的大小比例；【凸现】用来设置纹理的浮雕深度；【光照】用来设置光照的方向。用底纹效果滤镜处理的效果如图9-191所示。

图9-190　【底纹效果】对话框

图9-191　用底纹效果滤镜处理的效果

9.14.5 调色刀滤镜

调色刀滤镜能够减少图像的细节，制作出简洁的画面效果，类似于国画中的大写意笔法效果。选择【滤镜】→【艺术效果】→【调色刀】命令，可弹出【调色刀】对话框，如图 9-192 所示。其中，【描边大小】用来设置笔触的粗细；【描边细节】用来设置笔触的细腻程度；【软化度】用来设置图片的柔和程度。用调色刀滤镜处理的效果如图 9-193 所示。

图 9-192 【调色刀】对话框

图 9-193 用调色刀滤镜处理的效果

9.14.6 干画笔滤镜

干画笔滤镜能够为图像制作出具有干枯笔触的油画效果。选择【滤镜】→【艺术效果】→【干画笔】命令，可弹出【干画笔】对话框，如图 9-194 所示。其中，【画笔大小】用来设置笔触的宽度；【画笔细节】用来设置画笔的细腻程度；【纹理】用来设置颜色的过渡程度。用干画笔滤镜处理的效果如图 9-195 所示。

图 9-194 【干画笔】对话框

图 9-195 用干画笔滤镜处理的效果

9.14.7　海报边缘滤镜

海报边缘滤镜能够查找图像的边缘，并用黑色笔触进行绘制，从而提高图像的对比度。选择【滤镜】→【艺术效果】→【海报边缘】命令，可弹出【海报边缘】对话框，如图9-196所示。其中，【边缘厚度】用来设置边缘的宽度；【边缘强度】用来设置边缘的可见度；【海报化】用来设置颜色的渲染程度。用海报边缘滤镜处理的效果如图9-197所示。

图 9-196　【海报边缘】对话框

图 9-197　用海报边缘滤镜处理的效果

9.14.8　海绵滤镜

海绵滤镜能够制作出带对比颜色的纹理效果的图像，使图像看起来像是用海绵蘸上颜料在纸上涂抹一样。选择【滤镜】→【艺术效果】→【海绵】命令，可弹出【海绵】对话框，如图 9-198 所示。其中，【画笔大小】用来设置画笔的尺寸；【清晰度】用来设置图像的清晰程度；【平滑度】用来设置图像的光滑程度。用海绵滤镜处理的效果如图 9-199 所示。

图 9-198　【海绵】对话框

图 9-199　用海绵滤镜处理的效果

9.14.9 绘画涂抹滤镜

绘画涂抹滤镜能够使用各种类型的画笔来创建绘图的涂抹效果。选择【滤镜】→【艺术效果】→【绘画涂抹】命令，可弹出【绘画涂抹】对话框，如图 9-200 所示。其中,【画笔大小】用来设置画笔的尺寸;【锐化程度】用来设置图像的清晰程度;【画笔类型】用来选择画笔的类型。用绘画涂抹滤镜处理的效果如图 9-201 所示。

图 9-200 【绘画涂抹】对话框

图 9-201 用绘画涂抹滤镜处理的效果

9.14.10 胶片颗粒滤镜

胶片颗粒滤镜能够使图像产生胶片颗粒的效果。选择【滤镜】→【艺术效果】→【胶片颗粒】命令，可弹出【胶片颗粒】对话框，如图 9-202 所示。其中，【颗粒】用来设置颗粒的数量和大小；【高光区域】用来设置图像亮部的大小；【强度】用来设置颗粒纹理的强度。用胶片颗粒滤镜处理的效果如图 9-203 所示。

图 9-202　【胶片颗粒】对话框

图 9-203　用胶片颗粒滤镜处理的效果

9.14.11 木刻滤镜

木刻滤镜能够减少图像的原有颜色，相近的颜色用同一种颜色代替，从而使图像看起来像是由粗糙的几层颜色构成的。选择【滤镜】→【艺术效果】→【木刻】命令，可弹出【木刻】对话框，如图 9-204 所示。其中，【色阶数】用来设置当前图像的色阶数量；【边缘简化度】用来设置边缘的简化程度；【边缘逼真度】用来设置边缘的精确程度。用木刻滤镜处理的效果如图 9-205 所示。

图 9-204 【木刻】对话框

图 9-205 用木刻滤镜处理的效果

9.14.12 霓虹灯光滤镜

霓虹灯光滤镜能够使图像产生类似使用彩色灯光照射画面得到的效果。选择【滤镜】→【艺术效果】→【霓虹灯光】命令，可弹出【霓虹灯光】对话框，如图 9-206 所示。其中，【发光大小】用来设置光的照射范围；【发光亮度】用来设置光线的强度；【发光颜色】用来设置霓虹灯的颜色，可以在拾色器中进行选择。用霓虹灯光滤镜处理的效果如图 9-207 所示。

图 9-206 【霓虹灯光】对话框

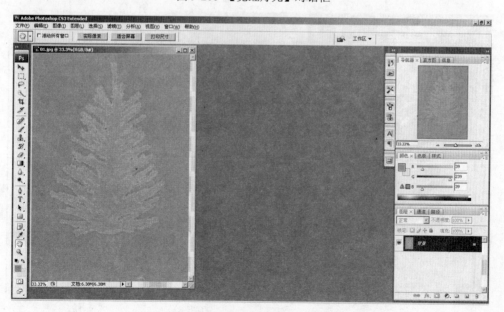

图 9-207 用霓虹灯光滤镜处理的效果

9.14.13 水彩滤镜

水彩滤镜能够使图像得到水彩风格的绘制效果，并且简化图像细节。选择【滤镜】→【艺术效果】→【水彩】命令，可弹出【水彩】对话框，如图 9-208 所示。其中，【画笔细节】用来设置画笔的细腻程度；【阴影强度】用来设置阴影的强弱程度；【纹理】用来设置阴影的纹理效果。用水彩滤镜处理的效果如图 9-209 所示。

图 9-208 【水彩】对话框

图 9-209 用水彩滤镜处理的效果

9.14.14　塑料包装滤镜

　　塑料包装滤镜能够给图像涂上一层发光的塑料，从而使图像具有光泽的塑料质感。选择【滤镜】→【艺术效果】→【塑料包装】命令，可弹出【塑料包装】对话框，如图 9-210 所示。其中，【高光强度】用来设置高光区域的明亮程度；【细节】用来设置图像的细腻程度；【平滑度】用来设置图像的光滑程度。用塑料包装滤镜处理的效果如图 9-211 所示。

图 9-210　【塑料包装】对话框

图 9-211　用塑料包装滤镜处理的效果

第9章　使用滤镜

9.14.15　涂抹棒滤镜

涂抹棒滤镜使用短的对角线涂抹图像的暗部，以柔化图像，而亮部会变得更亮。选择【滤镜】→【艺术效果】→【涂抹棒】命令，可弹出【涂抹棒】对话框，如图 9-212 所示。其中，【描边长度】用来设置笔画的长度；【高光区域】用来设置高光的范围；【强度】用来设置涂抹的强度。用涂抹棒滤镜处理的效果如图 9-213 所示。

图 9-212　【涂抹棒】对话框

图 9-213　用涂抹棒滤镜处理的效果

9.15   视频滤镜组

视频滤镜组中的滤镜用来处理视频图像，将其转换成普通图像，或者将普通图像转换成视频图像。视频滤镜组中共有两种滤镜，分别是逐行滤镜和 NTSC 颜色滤镜。

9.15.1   逐行滤镜

逐行滤镜能够通过移去视频图像中的奇数或偶数行线，使视频上捕捉的运动图像更加平滑。选择【滤镜】→【视频】→【逐行】命令，可弹出【逐行】对话框，如图 9-214 所示。其中，【消除】用来选择移去的是奇数行还是偶数行；【创建新场方式】用来选择移去奇数行或者偶数行线后创建新场的模式。用逐行滤镜处理的效果如图 9-215 所示。

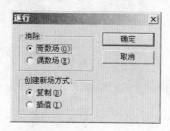

图 9-214   【逐行】对话框

图 9-215   用逐行滤镜处理的效果

9.15.2   NTSC 颜色滤镜

NTSC 颜色滤镜是运用 NTSC 滤镜降低图像的色彩，使图像的颜色成为电视机上能够接受的颜色，以防止过度饱和的颜色渗到电视扫描行中。选择【滤镜】→【视频】→【NTSC

颜色】命令即可进行 NTSC 颜色滤镜操作，效果如图 9-216 所示。

图 9-216　用 NTSC 颜色滤镜处理的效果

9.16　其他滤镜组

其他滤镜组中的滤镜共有 5 种，如图 9-217 所示。

9.16.1　高反差保留滤镜

高反差保留滤镜在有强烈颜色转变发生的地方，按指定的半径保留边缘细节，并且不显示图像的其余部分。选择【滤镜】→【其他】→【高反差保留】命令，可弹出【高反差保留】对话框，如图 9-218 所示。其中，【半径】用来设置处理的像素的范围。用高反差保留滤镜处理的效果如图 9-219 所示。

图 9-217　其他滤镜组

图 9-218　【高反差保留】对话框

图 9-219　用高反差保留滤镜处理的效果

9.16.2　位移滤镜

位移滤镜能够在水平方向或垂直方向上移动图像。选择【滤镜】→【其他】→【位移】命令，可弹出【位移】对话框，如图 9-220 所示。其中，【水平】用来设置水平方向上移动的距离；【垂直】用来设置垂直方向上移动的距离；【未定义区域】用来设置移动后空白处的填充模式。用位移滤镜处理的效果如图 9-221 所示。

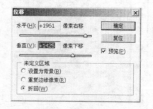

图 9-220　【位移】对话框

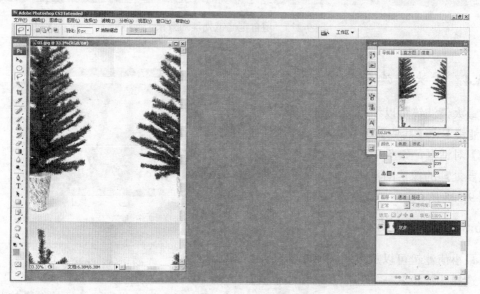

图 9-221　用位移滤镜处理的效果

9.16.3 自定滤镜

自定滤镜用来帮助用户设计自己的滤镜方式。选择【滤镜】→【其他】→【自定】命令，可弹出【自定】对话框，如图 9-222 所示。其中，方格组成的数值框组合提供用户自己输入数值，中心位置数值表示图像的加亮倍数，其他框中的数值表示与中心位置的数值相乘获得的数。用自定滤镜处理的效果如图 9-223 所示。

图 9-222 【自定】对话框

图 9-223 用自定滤镜处理的效果

9.16.4 最大值滤镜

最大值滤镜可以缩小图像的暗部，放大亮部。选择【滤镜】→【其他】→【最大值】命令，可弹出【最大值】对话框，如图 9-224 所示。其中，【半径】用来设置要处理的像素的范围。用最大值滤镜处理的效果如图 9-225 所示。

9.16.5 最小值滤镜

最小值滤镜可以放大图像的暗部，缩小图像的亮部。选择【滤镜】→【其他】→【最小值】命令，可弹出【最小值】对话框，如图 9-226 所示。其中，【半径】用来设置要处理的像素的范围。

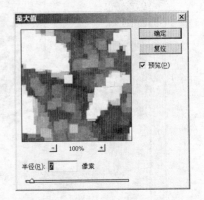

图 9-224 【最大值】对话框

用最小值滤镜处理的效果如图 9-227 所示。

图 9-225　用最大值滤镜处理的效果

图 9-226　【最小值】对话框

图 9-227　用最小值滤镜处理的效果

9.17　本 章 小 结

　　滤镜可以为图像创建各种非常奇妙的效果，是一种功能奇特的工具。本章重点介绍了
Photoshop CS3 所提供的滤镜的功能及其使用方法，并给出了具体滤镜操作的效果图。读者
可以通过上机实际操作加以练习，为综合地运用滤镜工具打下坚实的基础。

第10章　提高工作效率的工具

10.1　恢复历史操作

图像处理的过程非常复杂和烦琐，每一个操作都有可能出现差错，恢复历史操作工具可以记录和恢复已操作的步骤，帮助用户恢复到操作过程的任何一步，并从当前状态继续处理。同时还可以配合历史记录画笔工具，将图像的局部恢复到以前的状态，从而产生神奇的效果。

10.1.1　历史记录面板

历史记录面板是一个非常有用的工具，当打开一幅图像并对它进行编辑处理时，编辑处理的每一个操作步骤都会存储在该面板当中，并且还可以有选择地回退至图像的某一历史状态。选择【窗口】→【历史记录】命令，可以打开历史记录面板，如图 10-1 所示。

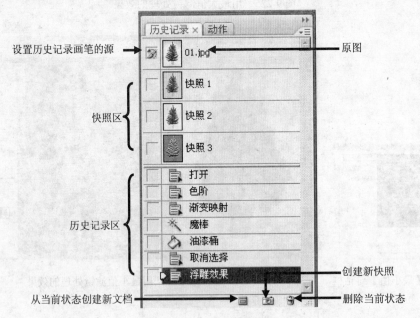

设置历史记录画笔的源　　　　　　　　　　　　　原图

快照区

历史记录区

创建新快照

从当前状态创建新文档　　　　　　　　　　删除当前状态

图 10-1　历史记录面板

历史记录区中的每一栏均代表图像的一种状态，用鼠标单击时，该栏的左端就会出现图标，表示图像编辑窗口中图像的当前状态。需要注意的是，历史记录面板不能记录所有的操作，一般只记录最近的 20 次操作状态，若超过 20 次，后面的记录会取代前面的记录。

10.1.2 从当前状态创建新文档

单击【从当前状态创建新文档】按钮🔲，可以从图像的当前状态建立一个新的图像文档，这样就可以比较处理前后图像的变化情况。如图 10-2 所示为从浮雕效果状态创建的新文档以及建立新文档后的历史记录面板。

图 10-2　从图像当前状态创建的新文档以及建立新文档后的历史记录面板

10.1.3 创建新快照

历史记录面板还可以对已经存盘的图像文件进行恢复，只要事先将操作过程保存为快照形式，使用【创建新快照】按钮🔳即可完成该操作，快照将定义好的图像状态暂时存放在计算机的内存中。创建快照对于一些关键操作是非常重要的，因为历史记录面板中最多只能记录 20 次操作状态，若超过 20 次，以前的关键步骤就没办法找到了。

要将图像恢复到某一个快照的图像状态，只需要单击快照名称即可。例如单击历史记录面板中的"快照 1"，即可得到其状态，如图 10-3 所示。

10.1.4 删除当前状态

单击【删除当前状态】按钮🗑可以删除选中的某个快照或者选中的某个历史操作状态。如果要删除历史记录面板中历史记录区中的某个状态，要先选中该状态，如选中"魔棒"状态，然后单击【删除当前状态】按钮🗑，默认情况下，该状态后的所有状态会一并删除，如图 10-4 和图 10-5 所示。

图 10-3　恢复到快照状态

图 10-4　删除前的历史记录状态

图 10-5　删除后的历史记录状态

10.1.5　历史记录画笔

　　使用历史记录面板恢复图像时整个图像都会恢复到历史状态，如果希望有选择性地恢复部分图像，可以使用历史记录画笔工具 和历史记录画笔艺术工具 ，但这两个工具必须配合历史记录面板才可以使用。

　　下面以一个具体实例来说明历史记录画笔工具和历史记录画笔艺术工具的使用方法，操作步骤如下：

　　（1）打开一幅图，如图 10-6 所示。

图 10-6　打开原图

（2）选择【滤镜】→【风格化】→【浮雕效果】命令，得到浮雕效果的图片，如图 10-7 所示。

图 10-7　用浮雕效果滤镜处理图片

（3）单击工具箱中的历史记录画笔工具 ，并对其选项栏中的参数进行设置，如图 10-8 所示。

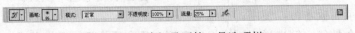

图 10-8　历史记录画笔工具选项栏

（4）在历史记录面板中，选取一个快照或一种状态作为历史画笔所要绘制的取样效果，如在"复制图层"左侧方格中单击，则在方格中会出现历史记录画笔工具图标 ，表示该状态将作为历史记录画笔的来源，如图 10-9 所示。

图 10-9　设置历史记录画笔的源

（5）用历史记录画笔工具在图像上进行绘制，可以得到想要的效果，如图 10-10 所示。

图 10-10　应用历史记录画笔后的效果

历史记录画笔艺术工具 与历史记录画笔工具的使用方法基本相同，其区别主要在于它可以设置各种不同的画笔笔触，从而产生具有强烈艺术效果的图像。

10.2　批　处　理

在处理一幅图像时，经常要进行大量的重复性操作，如果每次操作都要一个个处理，那么就会耗费大量的时间和精力。Photoshop 中提供了动作操作和批处理操作，以提高图像的处理效率，使所执行的操作自动化。Photoshop 中的动作操作只是针对某一个文件，但在实际操作中，往往要对多个文件进行相同的动作处理，这时就需要用到批处理操作。所谓批处理操作，是指对同一个文件夹中的所有文件进行成批次的动作处理。

10.2.1　动作面板

Photoshop 中提供了动作面板，用于将一些 Photoshop 命令、操作记录下来，组合成一个动作，然后对其他需要应用相同操作的图像进行同样的处理。

选择【窗口】→【动作】命令，打开动作面板，如图 10-11 所示。

* 停止播放/记录 ■。
* 开始记录 ●。
* 播放选定的动作 ▶。
* 创建新组 ▣：单击后会弹出【新建组】对话框，在该对话框中可以输入动作组的名称。

- 创建新动作 📄：单击后会弹出【新建动作】对话框。
- 删除 🗑：可以删除选定的动作。

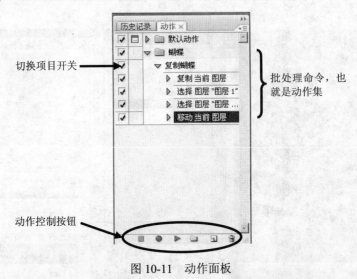

图 10-11　动作面板

10.2.2　录制自己的批处理

　　下面以一个具体实例来详细介绍动作的建立和使用，从而创建自己的批处理。操作步骤如下：

　　（1）打开一幅图，如图 10-12 所示。

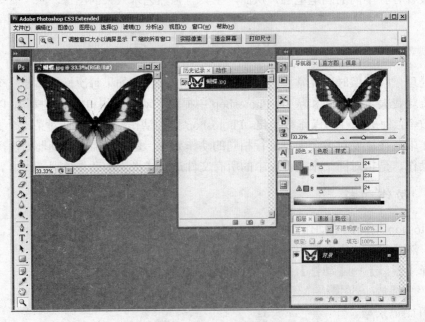

图 10-12　打开原图

　　（2）用魔棒工具选择背景图中的白色区域，然后反选，得到蝴蝶图案。选择【文件】

→【新建】命令，新建一个文档，输入文件名称为"蝴蝶"，预设画布大小为 1024×768 像素，模式为 RGB，背景为白色，然后选择移动工具，将蝴蝶拖到新建的文档中，并关闭原素材文件，如图 10-13 所示。

图 10-13 新建的蝴蝶文档

（3）选中蝴蝶图案所在的图层，选择【编辑】→【变换】→【缩放】命令，改变蝴蝶的大小，并将变小后的蝴蝶移动到如图 10-14 所示的位置。

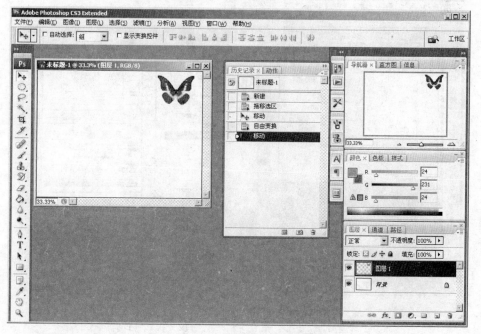

图 10-14 缩放和移动后的蝴蝶图案

343

（4）切换至动作面板，单击【创建新组】按钮 ，弹出【新建组】对话框，输入名称为"蝴蝶"，如图 10-15 所示。

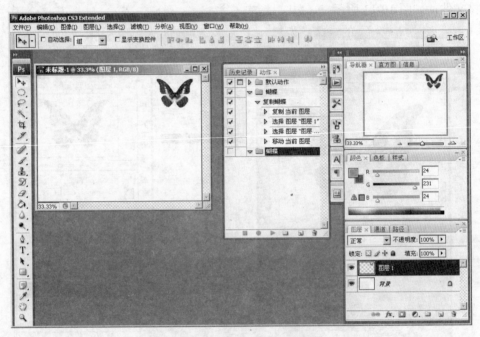

图 10-15　新建动作组"蝴蝶"

（5）单击【创建新动作】按钮 ，弹出【新建动作】对话框，为蝴蝶序列创建一个新的动作，并命名为"复制蝴蝶"，如图 10-16 所示。

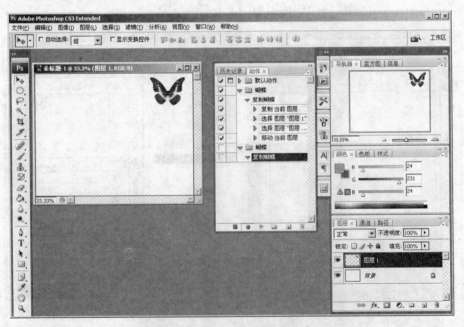

图 10-16　新建"复制蝴蝶"动作

（6）此时【开始记录】按钮 变成红色，表示动作已经开始记录了。

（7）选中放置蝴蝶的图层 1，并且复制该图层，得到完全相同的"图层 1 副本"，对该图层进行自由变换操作，对蝴蝶的大小、角度等进行处理。可以看到，在蝴蝶的中心位置上有一个控制点，拖动这个点，以其位置作为参考，让蝴蝶围着它旋转，为了使蝴蝶每次缩小 10%，把第二只蝴蝶的大小设为第一只的 90%，并保持其长宽比例，设置每次蝴蝶旋转的角度为 10°，如图 10-17 所示。

图 10-17　拖动参考点以及处理第二只蝴蝶后的效果

（8）现在动作已经记录好了，单击【停止播放/记录】按钮▇停止动作的记录，此时，红色的【开始记录】按钮变成了灰色。

（9）单击【播放选定的动作】按钮▶，即可开始不断地复制蝴蝶，得到如图 10-18 所示的蝴蝶效果。

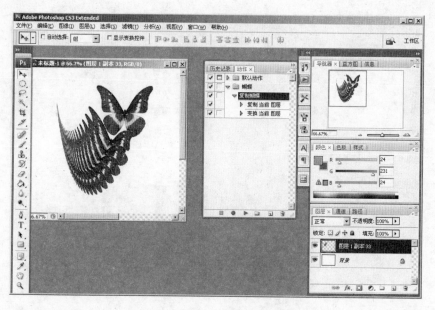

图 10-18　播放动作复制蝴蝶的效果

第 10 章　提高工作效率的工具

10.3 本 章 小 结

本章介绍了恢复历史操作和批处理功能。利用历史记录面板，用户可以将当前操作状态退回到前面的操作状态，从而避免误操作所导致的损失。而批处理功能可以利用动作面板，让用户快速地完成一系列的操作命令，避免了无意义的重复操作，从而提高了图像处理的工作效率。本章给出了具体的操作实例，读者可以按照所介绍的方法进行上机实践，提高自己使用 Photoshop 进行图像处理的能力。